大学计算机
基础教程

杨剑宁 主编

清华大学出版社
北京

内 容 简 介

本书是以全国计算机等级考试二级 MS Office 高级应用与设计考试大纲为依据，并融合了编者多年来对"MS Office 高级应用"的教学经验和教学方法编写而成的，本书包括主教材和配套的实训指导。

本书内容丰富、层次清晰、通俗易懂、图文并茂、易教易学，共 8 章，分别讲解计算机基础知识、Windows 10 操作系统、Office 的通用操作、计算机网络及应用，以及使用 Word 2016 高效创建电子文档、使用 Excel 2016 创建并处理电子表格、使用 PowerPoint 2016 制作演示文稿。本书侧重于对 Word、Excel 和 PowerPoint 三个组件的高级功能进行详细详解，以及阐述各组件之间的相互配合与共享。每章配有精心编制的练习题，以选择题为主，针对 Word、Excel 和 PowerPoint 章节还配有解决实际问题的上机题。

本书可以作为中、高等学校及其他各类计算机培训机构对 MS Office 高级应用与设计的教学用书，也可作为计算机爱好者的自学参考书。

本书封面贴有清华大学出版社防伪标签，无标签者不得销售。

版权所有，侵权必究。举报：010-62782989，beiqinquan@tup.tsinghua.edu.cn。

图书在版编目（CIP）数据

大学计算机基础教程/杨剑宁主编．—北京：清华大学出版社，2023.8（2024.9重印）
ISBN 978-7-302-64426-2

Ⅰ．①大… Ⅱ．①杨… Ⅲ．①电子计算机－高等学校－教材 Ⅳ．① TP3

中国国家版本馆 CIP 数据核字 (2023) 第 145315 号

责任编辑：张　莹
封面设计：傅瑞学
版式设计：方加青
责任校对：宋玉莲
责任印制：沈　露

出版发行：清华大学出版社
网　　址：https://www.tup.com.cn，https://www.wqxuetang.com
地　　址：北京清华大学学研大厦 A 座　　　邮　　编：100084
社 总 机：010-83470000　　　邮　　购：010-62786544
投稿与读者服务：010-62776969，c-service@tup.tsinghua.edu.cn
质 量 反 馈：010-62772015，zhiliang@tup.tsinghua.edu.cn

印 装 者：艺通印刷（天津）有限公司
经　　销：全国新华书店
开　　本：185mm×260mm　　　印　　张：23　　　字　　数：532 千字
版　　次：2023 年 8 月第 1 版　　　印　　次：2024 年 9 月第 4 次印刷
定　　价：65.00 元

产品编号：103018-01

前言

随着网络与计算机技术的迅猛发展,计算机的应用已经渗透到人们生活的方方面面,掌握计算机技术现已成为大学生就业所需的必备技能。大学计算机基础教育是各高等院校开设范围最广的一门公共基础课,也是培养学生计算机操作技能的重要课程。学习计算机基础课程在注重实际操作技能和应用能力培养的同时,可以使学生通过实践深化对计算机基础理论的理解,不仅启发学生学习新知识的主动性,培养学生的自主学习能力,激发学生的创新意识,更能培养学生的计算机思维,从而开阔视野,为学习其他学科的知识做好必要的准备。

本书对计算机基础知识、硬件与软件系统的应用、进制和数据结构、Windows 10 操作系统的应用、Office 的 Word、Excel 和 PowerPoint 组件的应用、网络技术的应用等进行了详细的介绍,让学生了解计算机的发展和应用情况,理解计算机的组成、工作原理和系统应用,了解办公自动化的概念、掌握网络的相关知识。本书通过简洁明了、通俗易懂的语言和翔实生动的应用展示使读者可以更轻松地理解枯燥的理论知识,从而快速熟悉并运用计算机的相关操作,为学习大学知识提供有效的帮助。

本书在内容结构安排上体现了内容丰富、层次清晰、图文并茂、通俗易懂、易教易学的特点。全书共分为 8 章,具体如下。

第 1 章主要介绍计算机基础知识,包括计算机的分类、发展简史、应用领域、多媒体技术的应用和发展、计算机硬件基础、计算机信息的表示与存储。

第 2 章主要介绍进制和数据结构,包括非十进制和十进制之间的转换、非十进制之间的转换、线性表栈和队列的内容、非线性表树与二叉树。

第 3 章主要介绍 Windows 10 操作系统的应用,包括 Windows 10 操作系统的简介、Windows 10 操作系统的启动和退出、Windows 10 操作系统的"开始"菜单、管理文件和文件夹、Windows 10 操作系统的个性化设置,以及 Windows 10 操作系统的安全设置。

第 4 章主要介绍 Office 的通用操作,Word、Excel 和 PowerPoint 是 Office 中常用的办

公组件，它们拥有统一的操作界面，以及通用的操作。本章包括 Office 界面，Office 文档的基本操作（新建、打开、保存、保护和关闭文档），Word、Excel 和 PowerPoint 之间的共享（主题共享、数据共享）。

第 5 章主要介绍 Word 2016 文字处理软件的应用，包括在 Word 2016 中输入并编辑文本、Word 长文档的编辑（页面设置、段落格式、项目符号和编号、样式的应用、分页和分栏、封面、目录、页眉和页脚）、Word 文档的强化（图像、表格、文本框、形状、SmartArt 图形和艺术字）、修订文档和合并邮件等内容。

第 6 章主要介绍 Excel 2016 电子表格数据处理软件的应用，主要包括工作簿和工作表的基本操作、单元格的基本操作、工作表的美化、数据处理、公式和函数、图表、数据透视表和数据透视图等。

第 7 章主要介绍 PowerPoint 2016 演示文稿处理软件的应用，主要包括幻灯片的基本操作、幻灯片母版、幻灯片元素的应用、动画、交互、放映与输出等。

第 8 章主要介绍计算机网络及应用，包括计算机网络的概念与分类、计算机网络的协议、Internet 的发展、IP 地址和域名地址、Internet 接入方法，以及计算机病毒的防范等。

本书在编写过程中力求严谨，但因时间和精力有限，不足之处在所难免，敬请广大读者批评指正。

目录

第 1 章　计算机基础知识 1
　　1.1　计算机概述 1
　　1.2　计算机软硬件基础 9
　　1.3　计算机信息的表示与存储 16
　　练习题 18

第 2 章　进制和数据结构 20
　　2.1　数制 20
　　2.2　栈和队列 29
　　2.3　树与二叉树 33
　　练习题 38

第 3 章　Windows 10 操作系统 39
　　3.1　Windows 10 操作系统概述 39
　　3.2　Windows 10 操作系统快速入门 43
　　3.3　管理文件和文件夹 46
　　3.4　Windows 10 操作系统个性化设置 49
　　3.5　Windows 10 操作系统基本安全设置 50
　　练习题 51

第 4 章　Office 的通用操作 53
　　4.1　Office 界面 53
　　4.2　Office 文档基本操作 58
　　4.3　Word、Excel 和 PowerPoint 之间的共享 72
　　练习题 82

第 5 章　使用 Word 2016 高效创建电子文档 83

5.1　输入并编辑文本 83
5.2　Word 长文档的编辑 111
5.3　Word 文档的强化 151
5.4　浏览 Word 文档 179
5.5　修订文档 189
5.6　邮件合并 197
练习题 206

第 6 章　使用 Excel 2016 创建并处理电子表格 208

6.1　工作簿和工作表的基本操作 208
6.2　Excel 2016 单元格的操作 217
6.3　工作表的美化 229
6.4　数据处理 244
6.5　公式和函数 255
6.6　图表 289
6.7　数据透视表和数据透视图 304
练习题 311

第 7 章　使用 PowerPoint 2016 制作演示文稿 314

7.1　幻灯片的基本操作 314
7.2　幻灯片母版 319
7.3　幻灯片元素的应用 323
7.4　动画 330
7.5　交互、放映与输出 334
练习题 343

第 8 章　计算机网络及应用 345

8.1　计算机网络概述 345
8.2　Internet 基础 350
8.3　计算机病毒及防范 357
练习题 360

全书练习题答案 362

第1章 计算机基础知识

计算机（computer）俗称"电脑"，是现代一种用于高速计算的电子计算机器，可以进行数值计算，又可以进行逻辑计算，还具有存储记忆功能，是能够按照程序运行，自动、高速处理海量数据的现代化智能设备。

本章主要介绍计算机的基础知识，包括计算机的发展历程、分类、应用领域、多媒体技术、计算机硬件等。通过学习本章，读者可以了解计算机的基础知识。

1.1 计算机概述

本节将介绍计算机的发展历程、分类、应用领域及多媒体技术，读者可以通过学习本节内容了解计算机发展的阶段、发展的方向、计算机的种类及多媒体的技术和工具等。

1.1.1 计算机的发展历程

计算机的历史作用可以被概括为：开辟了一个新时代——信息时代；孵化了一类新产业——信息产业；创立了一门新学科——计算机科学与技术；形成了一种新文化——计算机文化。以计算机为核心的信息技术作为一种崭新的生产力正在向社会的各个领域渗透。尤其是进入信息时代以后，计算机已经深入人类社会活动的方方面面，成为许多领域不可或缺的部分。

1. 图灵机与冯·诺依曼式计算机的诞生

现代计算机已经经历了近百年的发展，其中，英国科学家艾伦·图灵（Alan Turing）和美籍匈牙利科学家冯·诺依曼（Von Neumann）是这个时期的杰出代表。图灵对现代计算机的贡献主要是于1936年建立了"图灵机"的理论模型，发展了"可计算性"理论，并提出了定义机器智能的"图灵测试"；而冯·诺依曼的主要贡献是在1940年确定了现代计算机的基本结构，即"冯·诺依曼结构"。

所谓"图灵机"是一种理论模型，由一个控制器、一条无限延伸的带子和一个在带子上左右移动的读写头组成，在一串控制指令下读写头沿着纸带左右移动并读或写，一步一步地改变纸带上的1和0，经过有限步后图灵机停止移动，最后纸带上的内容就是预先设计的计算结果，如图1-1所示。图灵机的构造思想和运行原理揭示了数据的存储过程。正是因为有了图灵的理论基础，人们才有可能在20世纪中叶发明了计算机。

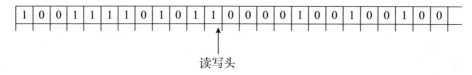

图 1-1 "图灵机"模型

20世纪40年代，在图灵机提出不到十年，世界上第一台存储程序式的通用电子数字计算机诞生了。1946年，宾夕法尼亚大学的约翰·W. 莫奇利（John W. Mauchly）博士和他的研究生 J. 普雷斯珀·埃克（J. Presper Ecker）一起研制了被称为电子数字积分计算机（Electronic Numerical Integrator And Calculator，ENIAC）的机器，它被公认为是世界上第一台存储程序式通用电子数字计算机，如图 1-2 所示。这台计算机一共用了 18 000 多个电子管，重量超过 30 吨，占地面积 167 平方米，在 1 秒钟内可以运行 5000 次加法运算和 500 次乘法运算。用现在人的眼光看，这是一台耗资巨大、功能不完善而且笨重的庞然大物，但在当时其却是科学史上一次划时代的创新，它奠定了电子计算机的基础。

图 1-2 第一台存储程序式通用电子数字计算机

1944 年 8 月至 1945 年 6 月，冯·诺依曼与莫尔学院的科研组合作，提出了一种存储程序的通用电子数字计算机方案——电子可变变量自动计算机（Electornic Discret Variable Automatic Computer，EDVAC），后来人们称之为冯·诺依曼式计算机。

在冯·诺依曼体系中，冯·诺依曼总结了以下 3 点原理和要点。

（1）采用二进制：在计算机内部，程序和数据应采用二进制代码表示。

（2）存储程序控制：程序和数据被存放在存储器中。计算机执行程序时无须人工操作，能自动、连续地执行程序，并且能得到预期的结果。

（3）计算机包含 5 个基本功能部件：运算器、控制器、存储器、输入设备和输出设备。

2. 计算机的发展阶段

世界上第一台电子数字计算机问世 70 多年来，从使用器件的角度来说，计算机的发展大致经历了五代。

1）电子管计算机时代（1946—1957 年）

这一代计算机硬件使用的主要逻辑元件是电子管，主存储器则先采用延迟线，后采用磁鼓、磁芯，外部存储器为磁带；采用机器语言和汇编语言编写程序，还没有软件的概念。这一时期计算机的主要特点是：硬件系统采用电子管作为开关元件；存储设备小而落后；运算速度仅为每秒几千至几万次；输入输出装置速度很慢；软件系统只有机器语言或汇编语言，即所有的指令与数据都用1和0表示，或用汇编语言的助记码表示。

2）晶体管计算机时代（1958—1964年）

这一代计算机硬件使用的主要逻辑元件是晶体管，主存储器采用磁芯，外部存储器为磁带和磁盘；引入了变址寄存器和浮点运算硬件；利用I/O处理机提高了输入输出能力。

软件方面，自从1958年世界上出现了第一个高级语言（即FORTRAN语言）以来，COBOL、ALGOL等一系列高级程序设计语言及其编译程序相继推出；另外，人们开始为计算机系统配置批处理管理程序和子程序库，后期更是开发了操作系统。这一时期计算机的主要特点是：用晶体管代替电子管，使得计算机体积缩小、成本降低、功能增强、可靠性提高；主存与外存均有改善，普遍采用了磁芯存储器作主存；计算速度为每秒几十万次。此时，计算机已经不仅被用于军事目的，在科学计算、数据处理、工程设计、实时过程控制等方面也被广泛应用。

3）集成电路时代（1965—1970年）

此时代计算机硬件已经用集成电路（Integrated Circuit，IC）取代了晶体管；半导体存储器淘汰了磁芯存储器，其存储容量大幅度提高；计算机运算速度提高到每秒几百万次；系统软件与应用软件也有很大发展，这一时期软件发展的基本思想是标准化、模块化、通用化和系列化，出现了结构化和模块化的程序设计方法；操作系统在规模与复杂性方面发展很快、功能日益完善。

4）大规模和超大规模集成电路时代（1971年以后）

这个时期的计算机主要逻辑元件是大规模和超大规模集成电路，其内部存储器采用了大容量的半导体存储器，外部存储器则采用大容量的软盘、硬盘，并开始引入光盘。

在软件方面，操作系统也得到了不断发展和完善，同时人们开发了数据库管理系统、通信软件、分布式操作系统及软件工程标准等。这一时期计算机的主要特点是：许多大型机的技术被垂直下放进入微机领域，出现了工作站（workstation）、微主机（micromainframe）、超小型机等体积小、功耗低、成本低、性价比高的微型计算机系列；计算速度可达到每秒上亿次至十几亿次；输入输出设备和技术有很大的发展，如光盘、条形码、激光打印机已经被普遍使用等；计算机技术与通信技术相结合改变了世界技术经济面貌，广域网、城域网和局域网正把世界紧密地联系在一起。

5）第五代计算机阶段

第五代计算机的研究目标是试图突破冯·诺依曼式计算机的体系结构，使计算机能够具有像人那样的思维、推理和判断能力。也就是说，新一代计算机的主要特征是人工智能，它将具有一些人类智能的属性，如自然语言理解能力、模式识别能力和推理判断能力等。第五代计算机的目标是把信息采集、存储处理、通信和人工智能结合在一起。

未来的计算机将向超高速、超小型、并行处理、智能化方向发展。超高速计算机将采用并行处理技术，使系统同时执行多条指令或同时处理多个数据。同时，计算机也将进入人工智能时代，它将具有感知、思考、判断、学习及一定的自然语言能力。随着新技术的发展，未来计算机的功能将越来越多，处理速度也将越来越快。

1.1.2 计算机的分类

计算机的种类繁多，分类的方法也很多，一般采用以下四种方法。

第一种是按功能划分，可将计算机分为专用计算机和通用计算机两类。专用计算机配有解决特定问题的软件和硬件，适用于某一特定的应用领域，如智能仪表、生产过程控制、军事装备的自动控制等，是最有效、最经济和最快速的计算机，但是它的适应性很差；通用计算机功能齐全、通用性强，具有广泛的用途和适用范围，可以应用于科学计算、数据处理和过程控制等，适用性很大，但是牺牲了效率、速度和经济性。人们平常所说的计算机一般都是指通用计算机。

第二种是按照计算机的硬件规模大小等来划分，可将计算机分为巨型机、大型机、小型机、微型机四大类。

巨型机（super computer）也称超级计算机，指每秒运算速度超过数百万亿次的超大型的计算机。巨型机采用大规模并行处理结构，因此其运算速度快、存储容量大、通道速度快、处理能力强，主要用于复杂的科学和工程计算，如天气预报、飞行器的设计以及科学研究等特殊领域。巨型机代表了一个国家的科学技术发展水平。

大型机（mainframe）有极强的综合处理能力，它的运算速度和存储容量次于巨型机，但也具有较高的运算速度，每秒钟可以执行数亿条以上指令，并具有较大的存储容量及较好的通用性，但价格比较昂贵。大型机主要用于计算机网络和大型计算中心，通常用于大型企业和科研机构等。不过，随着微机与网络的迅速发展，大型机正在走下坡路。

小型机（minicomputer）的规模小，结构简单（与以上两种机型相比较），价格便宜，而且通用性强，维修使用方便。它主要用于科学计算、数据处理，还用于生产过程的自动控制及数据采集、分析计算等，适合工业、商业和事务处理应用。

微型机（microcomputer，即微型计算机），分为台式计算机和便携式计算机两大类。微型机因体积小、功耗低、成本低、灵活性大、使用方便、可靠性强等优势很快遍及各个领域，真正成了人们信息处理的工具。微型机的普及程度代表了一个国家的计算机应用水平。

第三种是按照计算机的用途划分，可将计算机分为工作站和服务器等两类。

工作站（workstation）配有大容量主存，具有高速运算能力和很强的图形处理功能，以及较强的网络通信能力，是一种高档微型计算机。工作站是为了某种特殊用途由高性能的微型计算机系统、输入输出设备及专用软件组成的。

服务器（server）是一种在网络环境下为多个用户提供服务的共享设备，其还可分为文件服务器、通信服务器、打印服务器等，如网络中心、各个网站的网络服务器等。

第四种是按照计算机处理数据的类型划分，可将计算机分为模拟计算机、数字计算机、数字与模拟计算机等类型。

1.1.3 计算机的应用领域

人类社会发展到信息时代的今天,特别是诸多高新技术如生命科学、空间技术、材料科学、能源开发技术等的出现,都与计算机的应用和发展密不可分,可以说计算机已经渗透到人们生活的方方面面,成为人们不可或缺的工具。另外,计算机对人类科学技术的发展产生了深远的影响,极大地增强了人类认识世界、改造世界的能力。

1. 科学计算

科学计算又称数值计算,是微机最早的应用领域,指利用微机来完成科学研究和工程技术提出的数值计算问题。随着现代科学技术的进一步发展,数值计算在现代科学研究中的地位不断提高,在尖端科学领域显得尤为重要。例如,工程设计、火箭发射、计算人造卫星的轨迹、研究设计宇宙飞船、原子能的利用、生命科学、材料科学、海洋工程等现代科学技术研究都离不开计算机的精确计算。

在工业、农业等人类社会的各领域中,计算机的应用都取得了许多重大突破,就连人们每天收听收看的天气预报都离不开计算机的科学计算。

2. 信息管理

信息管理是以数据库管理系统为基础,辅助管理者提高决策水平、改善运营策略的微机技术。信息管理包括信息的收集、分类、排序、加工、整理、合并、统计、制表、检索,以及存储、计算、传输等操作。目前,计算机的信息管理应用已经非常普遍,如人事管理、财务管理、图书资料管理、商业数据交流、情报检索、经济管理、办公自动化等都属于这方面的应用。

信息管理已成为当代计算机的主要任务,是现代化管理的基础。据统计,现在全世界用于数据处理的计算机占全部计算机的80%以上,这类计算机提高了人们的工作效率,同时也提高了全社会的管理水平。

3. 自动控制

计算机自动控制技术被广泛应用于操作复杂的钢铁、石油、化工、电力、医药、机器制造等工业企业的生产过程中,极大地提高了工业控制的实时性和准确性,提高了生产效率和产品质量,降低了成本,缩短了生产周期。计算机对某一过程的自动控制无须人工干预,即可按照人事先设定的目标和预定的状态进行过程控制(亦称实时控制,其可以利用微机实时采集、分析数据,按最优值迅速对控制对象进行自动调节或控制)。计算机自动控制还在国防和航空航天工业中起着决定性作用,导弹、人造卫星、宇宙飞船等飞行器的控制都离不开计算机,可以说计算机是现代国防和航空航天领域的"神经中枢"。

4. 辅助工程

人们一般认为计算机辅助工程包括计算机辅助设计(Computer-Aided Design,CAD)、计算机辅助制造(Computer-Aided Manufacturing,CAM)、计算机集成制造系统(Computer Integrated Manufacturing System,CIMS)和计算机辅助教学(Computer-Aided Instruction,CAI)等。

1）CAD

计算机辅助设计（CAD）是利用计算机系统辅助设计人员进行工程或产品设计，以实现最佳设计效果的一种技术。目前 CAD 技术已经被广泛应用于飞机设计、船舶设计、建筑设计、汽车设计、机械设计、大规模集成电路设计等领域，其技术也得到各国政府和广大技术人员的高度重视和广泛应用。有些国家已经把 CAD 和计算机辅助制造（CAM）、计算机辅助测试（Computer Aided Test，CAT）及计算机辅助工程（Computer Aided Engineering，CAE）组成一个集成系统，使设计、制造、测试和管理有机地组成为一体，形成高度的自动化系统，因此产生了自动化生产线甚至"无人工厂"。

2）CAM

计算机辅助制造（CAM）是利用计算机系统进行的产品加工控制。在机器制造业中，从对设计文档、工艺流程、生产设备等的管理到对加工与生产装置的控制和操作都可以在计算机的辅助下完成。例如，计算机监视系统、计算机过程控制系统和计算机生产计划与作业调度系统等都属于计算机辅助制造的范畴。使用 CAM 技术可以提高产品质量、降低成本、缩短生产周期，提高生产率和改善劳动条件，将 CAD 和 CAM 技术集成可实现设计产品生产自动化。

3）CIMS

计算机集成制造系统（CIMS）可以将计算机技术集成到制造工厂的制造全过程中，使企业内的信息流、物流、能量流和人员活动形成一个统一协调的整体。CIMS 的对象是制造业，手段是计算机信息技术，实现的关键是集成，集成的核心则是数据管理。

4）CAI

计算机辅助教学（CAI）可以利用计算机系统进行课堂教学，它能动态演示实验原理或操作过程，使教学内容生动形象，提高教学质量。CAI 涉及的层面覆盖各个教学环节，应用非常广泛。从校园网到互联网，从 CAI 课件的制作到远程教学，从辅助儿童的智力开发到中小学教学及大学的教学，从辅助学生自学到辅助教师授课，从计算机辅助实验到学校的教学管理等，都可以在计算机的辅助下进行。

5. 办公自动化

办公自动化（Office Automation，OA）是 20 世纪 70 年代中期在发达国家迅速发展起来的一门综合性技术，是现代信息社会的重要标志之一，其涉及系统工程学、行为科学、管理学、人机工程学、社会学等基本理论，由计算机、通信、自动化等支撑技术，属于复杂的大系统科学与工程。一个比较完整的办公自动化系统应该包括信息采集、信息加工、信息传输、信息保存这 4 个基本环节，其核心任务是为各领域、各层次的办公人员提供所需的信息。

办公自动化系统在功能上一般可分为 3 个层次（或者 3 个子系统），即事务型办公自动化系统、管理型办公自动化系统和决策型办公自动化系统。面对不同层次的使用者，办公自动化会有不同的功能表现和结构组成。

办公自动化的核心强调的就是办公的便捷与方便，目的是提高效率，所以，办公软件应该具备三大特性：易用性、健壮性、开放性。

6. 人工智能

人工智能（Artificial Intelligence，AI），指计算机模拟人类某些智力行为的理论、技术，诸如感知、判断、理解、学习、问题的求解、图像识别等。它是计算机应用的新领域，在医疗诊断、模式识别、智能检索、语言翻译、机器人等方面已有显著成效。例如，用计算机模拟人脑的部分功能学习、推理、联想和决策，使计算机具有一定"思维能力"。

7. 其他应用领域

计算机具有强大功能，故产生了巨大的市场需求，未来计算机将向着微型化、网络化、智能化和巨型化的方向发展。随着通信和计算机技术的发展，人们已经有能力把文本、视频、音频、动画、图形和图像等各种"媒体"综合起来，构成一种全新的概念——"多媒体"（multimedia），它在医疗、教育、商业、银行、保险、行政管理、军事和出版等领域发展得很快。

计算机网络化彻底改变了人类世界。人们通过互联网进行沟通、交流（QQ、微博等）、实现教育资源共享（文献查阅、远程教育等）、信息查阅共享（百度、谷歌）等，特别是无线网络的出现极大地提高了人们使用网络的便捷性，未来，计算机将进一步向网络化方向发展。

随着网络技术的发展，计算机的应用进一步深入到社会的各行各业，通过高速信息网实现数据与信息的查询、高速通信服务（电子邮件、电视会议、电视电话、文档传输）、电子教育、电子娱乐、电子购物、远程医疗和会诊、交通信息管理等。

在传统的工业生产中，人们常使用"模拟"的方法对产品或工程进行分析和设计。20世纪末期，人们开始尝试利用计算机程序代替实物模型进行实验，并为此开发了一系列通用模拟语言。事实证明，计算机容易实现对环境、器件的模拟，特别是实现破坏性试验的模拟，具备更突出的优势，从而被科研部门广泛应用（如模拟核爆炸试验）。

除此之外，计算机在电子商务、电子政务等领域的应用也得到了快速的发展。

1.1.4 计算机多媒体技术

多媒体技术指通过计算机处理和管理文字、数据、图形、图像、动画、声音等多种媒体信息，使用户可以与计算机进行实时信息交互的技术。

多媒体信息可以是模拟数据（相对于数字量而言，指的是取值范围连续的变量或者数值），也可以是数字数据。随着技术的飞速进步，计算机多媒体硬件系统（如多种媒体输入输出设备、数字/模拟信号转换装置、音/视频处理器通信传输设备及接口装置，特别是根据多媒体技术标准研制而成的多媒体信息处理芯片和板卡、光盘等）实现了对多媒体信息的高效数字化处理，如图1-3所示。

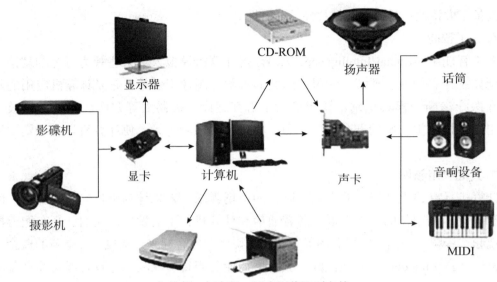

图 1-3　计算机多媒体硬件系统

1. 多媒体基本要素

多媒体的元素主要有文本、图形、图像、声音、动画和视频等，在计算机中，它们以如下所述的文件形式存储。

文本（text）由字符型数据（数字、字母、符号、汉字等）组成，文本信息的数字化主要是以统一的二进制编码表示文本字符。字符信息的输入方式有键盘人工输入、扫描仪输入后由OCR（光学字符识别）软件识别、采用语音输入后由计算机自动转换为文本方式等。文本信息可供人们反复阅读、从容理解、不受时间、空间的限制。

文本文件主要可以分为纯文本（.txt 文件）、富文本（.pdf 文件、.doc 文件）、超文本（.html 文件）等。

"图片"（picture）包括矢量图（Vector Illustration）和位图（Bit Map）两种。矢量图即图形，指的是从点、线、面到三维空间的黑白或彩色几何图，其特点在于放大和缩小均不会影响成像的质量，但难以表现色彩层次丰富的逼真效果。位图也称图像，是一个矩阵，矩阵中的元素代表空间的一个点，即像素点（pixel）。位图可以模仿照片的真实效果，具有表现力强、细腻、层次多和细节多等优点，缺点是在缩放时会失真。

常见的矢量图有 .ai 文件、.cdr 文件、.swf 文件等；常见的位图有 .bmp 文件、.jpg 文件（.jpe 文件、.jpeg 文件）、.gif 文件等。

动画（animation）是多幅按一定频率连续播放的静态图像或由程序控制绘制的即时变化图形。计算机动画可以分为二维动画和三维动画。二维动画指的是平面上的画面，如纸张、照片和计算机屏幕显示的画面，无论立体感多强，终究是在二维空间上模拟三维空间效果。三维动画是采用计算机模拟真实的三维空间，在计算机中构成三维的几何造型，并赋给它表面颜色、纹理，然后设计三维物体的运动、变形、设计对物体的灯光方向、灯光强度、位置及移动，最后生成一系列可供动态实时播放的连续图像的技术。

音频文件可以分为波形声音文件（.wav 文件、.mp3 文件）和数字声音文件（.midi 文件）两大类，由于它们对自然声音记录方式不同，故其文件大小与音频效果相差很大，波形声音文件通过录入设备录制原始声音直接记录真实声音的二进制采样数据，通常文件较大，数字声音文件则记录的是电子乐谱，需专用程序解读并演奏。

视频文件是由一连串附有音轨的顺序帧（frame）组成。这些帧在显示器上迅速按顺序出现，利用人类眼睛的视觉残留特性产生活动影响的效果。视频的画面大小被称为"分辨率"，其以像素为度量单位。标清电视分辨率为 720/704/640×480（NTSC）或 768/720×576（PAL/SECAM）；新的高清电视（HDTV）分辨率可达 1920×1080，即每条水平扫描线有 1920 个像素，每个画面有 1080 条扫描线。

计算机视频文件主要有 .avi（Audio Video Interactive，AVI）文件、.asf（Advanced Streaming Format，ASF）文件等。

2. 多媒体文件的编辑工具

制作多媒体素材需要熟悉和掌握多种类型的编辑软件。多媒体应用软件的创作工具（Authoring Tools）用于帮助开发人员提高开发工作效率，它们大体上都是一些应用程序生成器，可将多种媒体素材按照超文本节点和链接结构的形式组织起来，形成多媒体应用系统。其他多媒体编辑工具有以下的五大类。

（1）文字编辑软件：记事本、写字板、Word、WPS Office。

（2）图形图像处理软件：Photoshop、CorelDRAW、Illustrator。

（3）动画制作软件：SAI、3DS MAX、Maya。

（4）音频处理软件：Cakewalk Sonar、Audition（Cool Edit）、GoldWave。

（5）视频处理软件：Ulead Media Studio、Premiere Pro、After Effects。

3. 压缩多媒体数据

多媒体信息的数字化导致计算机存储的数据呈几何级的增加，因此人们需要对多媒体数据进行压缩，以减少多媒体数据的磁盘占用量。数据压缩分为无损压缩和有损压缩两类。

1）无损压缩

无损压缩是利用数据的统计冗余进行压缩，被压缩的数据可完全恢复原始数据而不会造成任何失真，故其也被称为可逆编码。其原理是统计被压缩数据中重复出现次数以进行二次编码。

无损压缩的优点是能够比较好地保存文件数据的质量，不受信号源的影响，而且转换方便。其缺点是占用空间大，压缩比不高。无损压缩常用于文本数据、程序和图像的压缩。

2）有损压缩

有损压缩也被称为不可逆编码，指从压缩后的数据不能完全地还原成压缩前的数据，只能恢复近似版本数据的压缩方法。有损压缩以损失文件中某些信息为代价换取较高的压缩比。

1.2 计算机软硬件基础

一个完整的计算机系统由硬件和软件两部分组成，计算机硬件系统包括运算器、存储器、控制器、输入设备和输出设备5个基本的部件。在计算机的基本部件中，运算器和控制器共同组成中央处理器（Central Processing Unit，CPU），而 CPU 和存储器又构成了计算的主机。计算机软件系统通常被分为系统软件和应用软件两大类。本节将详细介绍计算机硬件系统和软件系统。

1.2.1 计算机硬件系统

现代计算机的工作原理是由冯·诺依曼于 1946 年提出的，根据这一原理设计并制造的计算机称为冯·诺依曼计算机。冯·诺依曼提出程序存储式电子数字自动计算机的方案，并确定了计算机硬件系统结构的 5 个基本部分，这 5 个部分也称计算机的 5 大功能部件，其结构如图 1-4 所示。

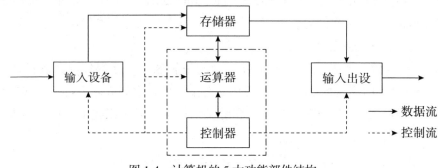

图 1-4 计算机的 5 大功能部件结构

1. 控制器

控制器是计算机的重要部件，在控制器的控制下，计算机能够自动按照程序设定的步骤进行一系列操作，以完成特定任务。控制器是发布命令的"决策机构"，协调和指挥整个计算机系统。

控制器主要由以下几个部件组成。

（1）指令寄存器：保存当前执行或即将执行的指令代码。

（2）指令译码器：解析和识别指令寄存器中存储的指令，即将指令中的操作码翻译成控制信号。

（3）操作控制器：根据指令译码器的译码结果产生该指令执行过程中所需要的全部控制信号和时序信号。

（4）程序计数器：计算并指出下一条指令的地址，从而使程序可以自动、持续地运行。

2. 运算器

运算器是执行各种算术和逻辑运算操作的部件，其基本操作包括加、减、乘、除四则运算，与、或、非、异或等逻辑操作，以及移位、比较和传送等。运算器的核心是加法器，为了能暂时存放操作数（将每次运算的中间结果暂时保留），运算器还需要若干个寄存数据的寄存器。运算器的处理对象是数据，处理的数据来自存储器，处理后的结果通常被送回存储器或暂时存在运算器中。

运算器的性能指标是衡量一台计算机性能的重要因素之一,与运算器相关的性能指标包括计算机的字长和运算速度。

(1)字长:运算器一次能同时处理的二进制数据的位数。字长越长,计算机的运算精度就越高,处理数据的能力就越强。目前市场上主流的计算机大多支持32位或64位的字长。

(2)运算速度:计算机的运算速度通常指每秒所能执行的加法指令的数目,常用"百万次/秒"表示,该指标直观地反映了计算机的速度。

3. 存储器

存储器是一种利用半导体技术制造的电子设备,用来存储数据。计算机中的全部信息,包括原始数据、计算过程中所产生的数据、计算所需程序、计算最终结果数据等都被保存在存储器中。

计算机采用数字0和1来表示数据,日常使用的十进制数字必须被转换成等值的二进制数才能存入存储器中。根据用途,存储器可分为内存和外存两种。

1)内存

内存又称主存,是CPU能直接寻址的存储空间,其由半导体器件制成,是计算机中重要的部件之一。计算机所有程序都是在内存中运行的,因此内存的性能对计算机的影响非常大。

内存为半导体存储器,可分为随机存储器(RAM)、只读存储器(ROM)和高速缓存(cache)。

随机存储器(RAM)可随时根据需要读取数据,也可随时重新被写入新的数据,是计算机对信息进行操作的直接工作区域,用来存放用户的程序和数据,也可存放临时调用的系统程序。因此,其存储容量越大,速度越快,性能就越好,图1-5是DDR4内存条,一种典型的随机存储器。

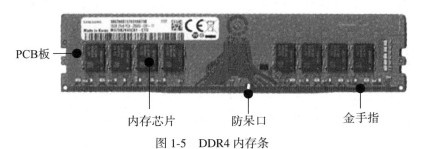

图1-5 DDR4内存条

只读存储器(ROM)所存数据一般是被事先写入的,整机工作过程中只能被读出,而不像随机存储器那样能快速地、方便地改写。ROM所存数据稳定,断电后所存数据也不会被改变。其结构较简单,读取较方便,因而常被用于存储各种固定程序和数据。

高速缓存(cache)是为了解决CPU和主存速度不匹配问题,以及提高存储器速度而设计的。CPU向内存写入或读取数据时,这个数据也被先存储在cache中,当CPU再次需要这些数据时可以直接从cache中读取数据,而不是访问速度较慢的内存。

2)外存

外存可以存放大量程序和数据,而且断电后数据不会丢失。但是 CPU 不能直接访问外存,必须先将要访问的程序或数据调入内存,才能访问之。常见的外存有硬盘、U 盘和光盘等。

硬盘是计算机主要的外部存储设备,传统的机械硬盘由若干个盘片组成,盘片由表面涂有磁性材料的铝合金构成。衡量硬盘的常用指标有尺寸、容量、转速、硬盘自带 Cache 的容量、接口类型和数据传输速率等。

硬盘的尺寸包括 3.5 英寸、2.5 英寸,其中,3.5 英寸硬盘多应用于台式计算机系统,2.5 英寸硬盘则多用于笔记本计算机、一体机和移动硬盘。图 1-6 是 3.5 英寸台式计算机硬盘。

移动硬盘(mobile hard disk)以硬盘为存储介质,由硬盘、外壳和电路板共三大部分组成,图 1-7 是移动硬盘。

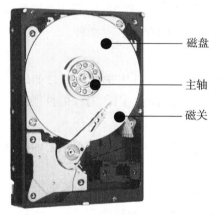

图 1-6　台式机硬盘

图 1-7　移动硬盘

U 盘也称闪速存储器,它是采用闪存为存储介质,通过 USB 接口与计算机交换数据的可移动存储设备。U 盘具有即插即用的功能,使用者只需将其插入 USB 接口,计算机会自动检测到 U 盘设备,图 1-8 是一款双按口 U 盘。

光盘是利用光学原理存取信息的存储器,其基本工作原理是利用激光改变存储单元的性质,而性质状态的变化可以表示被存储的数据,识别性质状态的变化就可以读出存储的数据。根据结构,光盘主要分为 CD、DVD、蓝光光盘等几种类型,这几种类型的光盘在结构上有所区别,但主要结构原理是一致的,图 1-9 是 CD 光盘。

图 1-8　U 盘

图 1-9　CD 光盘

4. 输入/输出设备

输入/输出（Input/Output，IO）设备是数据处理系统的关键外部设备之一，可与各计算机本体交互。

1）输入设备

输入设备是向计算机输入数据和信息的设备，常见的输入设备有键盘、鼠标、摄像头、扫描仪、光笔、手写输入板、游戏杆、语音输入装置等，图1-10是键盘布局示意图。

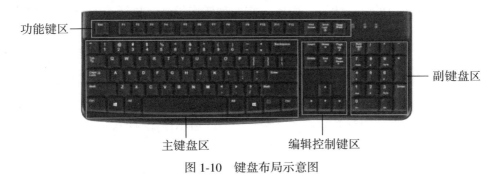

图 1-10　键盘布局示意图

2）输出设备

输出设备的功能是将内存中计算机处理后的信息以各种形式输出。常见的输出设备有显示器、打印机、绘图仪，其可分为影像输出系统、语音输出系统、磁记录设备等。

5. 总线

总线是一组连接各部件的公共通信线路，其传输介质一般为同轴电缆，也可以是光缆。根据信号不同，人们将总线分为数据总线、地址总线和控制总线。

（1）数据总线：用来在存储器、运算器和输入/输出设备之间传输数据信号的公共通路，也可以将其他部件的数据传送到CPU。

（2）地址总线：也被称为位址总线，地址总线的位数决定了CPU可直接寻址的内存空间的大小。地址总线的宽度随可用寻址的内存元件大小而改变，它决定了多少内存可以被存取。

（3）控制总线：用来在存储器、运算器和输入/输出设备之间传输控制信号的公共通路。其传输的控制信号中既有微处理器送往存储器和输入/输出设备接口电路的，又有其他部件反馈给CPU的。

1.2.2　计算机软件系统

计算机软件系统指计算机运行的各种程序、数据及相关的文档资料。计算机的硬件系统和软件系统是相互依赖，不可分割的。没有软件系统，计算机是无法工作的。

1. 计算机软件的概念

计算机软件是为运行、管理和维护计算机而编制的各种指令、程序和文档的总称。软件是计算机的"灵魂"，是用户与硬件之间的接口，用户通过软件才能使用计算机硬件资源。

程序是按照一定顺序执行的、能够完成某一任务的指令集合。计算机的运行要按部就班，需要程序控制计算机的工作流程、实现一定的逻辑功能、完成特定的任务。

程序设计语言也称编程语言，是开发软件的基础技术，是用来定义计算机程序的语法规则，由单词、语句、函数和程序文件等组成。程序设计语言按指令代码的类型分为机器语言、汇编语言和高级语言。

（1）机器语言：指挥计算机完成某个基本操作的命令称为指令，所有的指令集合称为指令系统，直接用二进制代码表示指令系统的语言就是机器语言。机器语言是能被计算机硬件系统理解和执行的唯一语言，因此，它处理效率最高，执行速度最快，而且不需要"翻译"，但是机器语言的编写、修改和维护都很烦琐。

（2）汇编语言：汇编语言是机器语言中地址部分符号化的结果。计算机硬件系统不能直接识别使用汇编语言编写的程序，需要由一种程序将汇编语言翻译成机器语言，这种起翻译作用的程序被称为汇编程序。汇编语言翻译的过程如图 1-11 所示。相比机器语言，汇编语言比较容易掌握，但是其需要经过翻译，因此通用性比较差。

图 1-11 汇编语言翻译的过程

（3）高级语言：高级语言是最接近人类自然语言的编程语言，其基本上脱离了计算机的硬件系统，所以高级语言具有容易使用、可读性好和可移植性好的特点。使用高级语言编写的程序在计算机中是不能直接执行的，也需要被翻译成机器语言，所以效率较低。目前常用的高级语言有 C、C++、Java 和 C# 等。高级语言的翻译过程如图 1-12 所示。

图 1-12 高级语言的翻译过程

2. 计算机软件的组成

计算机软件通常分为系统软件和应用软件两大类。系统软件能保证计算机按照用户的意愿正常运行，满足用户使用计算机的各种需求，帮助用户管理计算机和维护资源执行用户命令、控制系统调度等任务。应用软件是为了完成某特定任务或特殊目的而开发的软件，可以是一个特定和程序，也可以是一组功能紧密协作的软件集合。计算机软件的组成如图 1-13 所示。

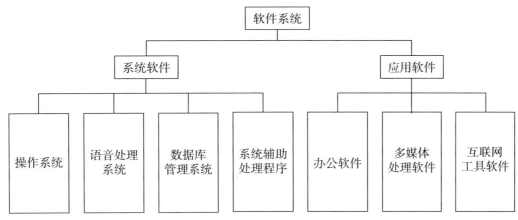

图 1-13　计算机软件的组成

1）系统软件

系统软件指控制计算机的运行，管理计算机的各种资源，并为应用软件提供支持和服务的软件。系统软件居于计算机系统中最接近计算机硬件的一层。系统软件通常分为操作系统、语言处理系统、网络服务系统、数据库系统等。

操作系统（Operating System，OS）是负责直接控制和管理硬件的系统软件，也是最基本、最重要的系统软件。操作系统可以让计算机系统的所有软硬件资源协调一致、有条不紊地工作，其功能通常包括处理器管理、存储管理、文件管理、设备管理和作业管理等。当多个软件同时运行时，操作系统还负责规划及优化系统资源，将系统资源分配给各软件。操作系统一般可分为批处理操作系统、分时操作系统、实时操作系统、网络操作系统、分布式操作系统等，目前常用的操作系统有 DOS、Linux、Unix、Windows 和 macOS 等。

语言处理系统是对软件语言进行处理的程序子系统，早期的第一代和第二代计算机所使用的编程语言，一般是由厂商随机器配置的，都依赖语言处理系统工作。

操作系统往往自带一些小型的网络服务功能，但大型的网络服务必须由专业软件提供。网格服务程序提供大型的网络后台服务，主要用于网络服务提供商和企业网络管理人员。个人用户在利用网络进行工作或娱乐时就是通过这些软件上网的，如提供邮件服务的软件有 Notes/Domino、Qmail 等。

数据库系统（database system）是由数据库及其管理软件组成的系统，是为适应数据处理的需要而发展起来的系统软件，其由存储介质、处理对象和管理系统组成。

2）应用软件

应用软件是为了完成特定任务或特殊目的而开发的软件，可以是一个特定的程序，也可以是一组功能紧密协作的软件集合。应用软件是基于系统软件工作的，因此其不面向最基础的硬件，只根据系统软件提供的各种资源运作。

应用软件可分为两大类，一类是针对某个应用领域的具体问题而开发的程序，具有很强的实用性和专业性，这些软件可以由计算机专业企业开发，也可以由企业人员开发。由于该类软件的发展，计算机在各个领域日益发展，如今已经渗透到各个行业中。

另一类是大型专业软件企业开发的通用的软件，这类软件的功能非常强大，适用性也很好，因此应用很广泛。

1.3 计算机信息的表示与存储

计算机科学主要作用是对信息的采集、存储、处理和传输进行研究，这些内容都与信息的表示和量化有密切的关系。

1.3.1 计算机中的数据和单位

数据是由人工或自动化手段加以处理的事实、场景、概念和指示的符号表示，字符、声音、表格、符号都是不同形式的数据。

冯·诺依曼提出了二进制的数据表示方法，二进制数据只有 0 和 1 两个数字，具有占用的空间小、消耗的能量小、机器可靠性高等优点。

1. 位

计算机内所有信息均是以二进制的形式表示，而二进制数据的最小单位是位（bit），8个二进制位被称为 1 个字节（byte,B）。

位是度量数据的最小单位，代码只有 0 和 1。计算机采用多个数码表示一个数，其中每一个数码被称为 1 位。

2. 字节

一个字节由 8 位二进制数字组成。字节也是信息组织和存储的基本单位，是计算机体系结构的基本单位，常见的以字节为基础的存储单位如表 1-1 所示。

表 1-1 常见的以字节为基础的存储单位

名　称	单　位	含　义
千字节	KB	$1KB=1024B=2^{10}B$
兆字节	MB	$1MB=1024KB=2^{20}B$
吉字节	GB	$1GB=1024MB=2^{30}B$
太字节	TB	$1TB=1024GB=2^{40}B$

1.3.2 字符的编码

计算机中所谓编码是计算机表示信息的方法，其通常使用一些代码表示对应的具体字符。计算机是以二进制数据的形式存储和处理数据的，因此字符必须按特定的规则进行二进制编码才可进入计算机。

1. 西文字符的编码

目前国际上普遍采用的一种字符系统是七单位的 IRA 码，其美国版称为 ASCII 码（American Standard Code for Information Interchange，美国信息交换标准代码）。ASCII 码是基于拉丁字母的一套计算机编码系统，主要用于显示现代英语和其他西欧语言。它是现今最通用的单字节编码系统，并等同于国际标准 ISO/IEC 646。

标准的 ASCII 码是用 7 位二进制编码，它可以表示 2^7（即 128）个字符，它们的对应关系如表 1-2 所示。表中编码符号的排列次序为 $b_7b_6b_5b_4b_3b_2b_1b_0$，其中 b_7 恒为 0，表中未给出，$b_6b_5b_4$ 表示高位部分，$b_3b_2b_1b_0$ 表示低位部分。

表 1-2　7 位 ASCII 字符编码表

$b_3b_2b_1b_0$ 位	$b_6b_5b_4$ 位							
	000	001	010	011	100	101	110	111
0000	NUL	DLE	SP	0	@	P	、	p
0001	SOH	DC1	!	1	A	Q	a	q
0010	STX	DC2	"	2	B	R	b	r
0011	ETX	DC3	#	3	C	S	c	s
0100	EOT	DC4	$	4	D	T	d	t
0101	ENQ	NAK	%	5	E	U	e	u
0110	ACK	SYN	&	6	F	V	f	v
0111	BEL	ETB	'	7	G	W	g	w
1000	BS	CAN	(	8	H	X	h	x
1001	HT	EM	)	9	I	Y	i	y
1010	LF	SUB	*	:	J	Z	j	z
1011	VT	ESC	+	;	K	[	k	{
1100	FF	FS	`	<	L	\	l	|
1101	CR	GS	-	=	M	]	m	}
1110	SO	RS	.	>	N	↑	n	~
1111	SI	US	/	?	O	↓	o	DEL

ASCII 码表中有 34 个非图形字符，其余 94 个为可打印字符。计算机内部通常以一个字节（8 个二进制位）存放一个 7 位 ASCII 码，其中最高位为 0。

2. 汉字字符的编码

在计算机中一个汉字通常由两个字节的编码表示，我国于 1980 年制定了《信息交换汉字编码字符集　基本集》（GB/T 2312—1980），简称 GB 码或国标码，是计算机进行汉字信息处理和汉字信息交换的标准编码。

GB/T 2312—1980 标准包括 6763 个汉字，其按使用的频度分为 3755 个一级汉字和 3908 个二级汉字，一级汉字按拼音排序，二级汉字按部首排序。此外，该标准还包括标点符号、数种西文字母、图形等 682 个符号。

国标编码规定，所有的国标汉字与符号组成一个 94×94 的矩阵，实际上构成了一个二维数组，每一行被称为一"区"，区号为 01~94；每一列被称为一"位"，位号也是 01~94，一区包含 94 位。其中，非汉字图形符号位于第 1~15 区，一级汉字位于第 16~55 区，二级汉字位于第 56~87 区，88~94 区为自定义汉字区。

计算机在处理汉字时要进行一系列的汉字编码及转换（即需要经过汉字输入码、汉字机内码、汉字字形码和汉字地址码的转换）。

1）汉字输入码

在计算机系统中使用汉字首先需要把汉字输入到计算机内。为了能直接使用西文标准键盘把汉字输入计算机，就必须为汉字设计相应的输入编码方法。

目前，汉字输入编码法的研究和发展迅速，市面上已有几百种汉字输入编码法，常用的输入法大致分为拼音编码和字形编码两类。

2）汉字机内码

汉字机内码是汉字在设备或信息处理系统内部最基本的表示形式，是在设备和信息处理系统内部存储、处理、传输汉字时采用的编码，也称汉字内部码或汉字内码。

一个国标码占两个字节，每个字节最高位为 0；英文字符的机内代码是 7 位 ASCII 码，每个字节最高位也为 0。为了在计算机内部能够区分汉字编码和 ASCII 码，人们将国标码的每个字节的最高位由 0 变为 1，变换后的国标码就是汉字机内码。

3）汉字字形码

如要把经过计算机处理后的汉字显示或打印出来，必须把汉字的机内码转换成人们可以阅读的方块字形式，而以点阵表示的汉字字形代码则是汉字的输出形式。

根据汉字输出的要求不同，点阵的多少也不同。简易型的汉字为 16×16 点阵，提高型汉字为 24×24 点阵、32×32 点阵、64×64 点阵，甚至还有更高的 96×96 点阵、128×128 点阵、256×256 点阵等。汉字方块中行数和列数越多，描绘的汉字越细腻，但占用的存储空间也越大，字模读取速度就越慢。例如，16×16 点阵的每个汉字的字形码需要占用 32B（16×16÷8=32）存储空间。

4）汉字地址码

汉字地址码是汉字库中存储汉字字形信息的逻辑地址码。从汉字编码的过程可看出，计算处理汉字编码其实就是在各种汉字编码间转换之，其流程如图 1-14 所示。

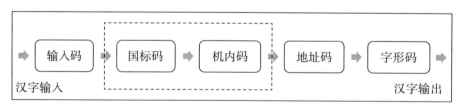

图 1-14　汉字地址码流程

练习题

1. 世界上公认的第一台通用电子计算机诞生于（　　）。
　　A. 20 世纪 30 年代　　　　　　　　B. 20 世纪 40 年代
　　C. 20 世纪 50 年代　　　　　　　　D. 20 世纪 60 年代
2. 根据计算机使用的元器件可将计算机的发展分为（　　）几个阶段。
　　A. 晶体管计算机、小规模集成电路计算机、中小规模集成电路计算机、大规模集

成电路计算机、超大规模集成电路计算机

　　B. 电子计算机、晶体管计算机、手摇计算机、集成电路计算机

　　C. 小规模集成电路计算机、电子管计算、中小规模集成电路计算机、大规模集成电路计算机、超大规模集成电路计算机

　　D. 电子管计算机、晶体管计算机、中小规模集成电路计算机、大规模集成电路计算机、超大规模集成电路计算机

3. 计算机中访问速度最快的存储器是（　　）。

　　A. 内存　　　　　　　　　　　　B. CD-ROM

　　C. 硬盘　　　　　　　　　　　　D. U 盘

4. 计算机辅助工程包括（　　）。

　　A. 计算机辅助设计　　　　　　　B. 计算机辅助制造

　　C. 计算机辅助教学　　　　　　　D. 以上都是

5. 在计算机内部，大写字母 G 的 ASCII 码为 1000111，大写字母 K 的 ASCII 码为（　　）。

　　A. 1001001　　　　　　　　　　B. 1001100

　　C. 1001010　　　　　　　　　　D. 1001011

6. 下面哪种计算机类型是根据计算机处理数据的类型划分的？（　　）

　　A. 数字计算机　　　　　　　　　B. 专用计算机

　　C. 微型计算机　　　　　　　　　D. 服务器

7. 关于多媒体数据压缩，以下说法正确的一项是（　　）。

　　A. 数据压缩分为无损压缩、有损压缩和高质量压缩

　　B. 有损压缩指压缩后的数据不能完全被还原成压缩前的数据，与原始数据不同但是非常接近的压缩方法

　　C. 有损压缩是利用数据的统计冗余进行压缩，可完全恢复原始数据而不引入任何失真

　　D. 无损压缩常用于音频、视频和图像的压缩

8. C、C++ 和 Java 是（　　）。

　　A. 机器语言　　　　　　　　　　B. 高级语言

　　C. 数据库系统　　　　　　　　　D. 汇编语言

9. 计算机硬件系统中的运算器主要功能是进行（　　）。

　　A. 逻辑运算　　　　　　　　　　B. 算术运算

　　C. 算术运算和微积分运算　　　　D. 算术运算和逻辑运算

10. 下面计算机硬件中，不属于计算机内存的是（　　）。

　　A. 只读存储器　　　　　　　　　B. 固态硬盘

　　C. 随机存储器　　　　　　　　　D. 高速缓冲存储器

11. 在计算机软件系统中，不属于系统软件的是（　　）

　　A. 操作系统　　　　　　　　　　B. 语音处理程序

　　C. Internet 工具软件　　　　　　D. 系统辅助处理程序

第 2 章 进制和数据结构

本章将介绍关于计算系统应用的相关知识,包括数制、栈和队列、树与二叉树。其中,数制部分主要介绍数制的概念和转换;栈和队列为线性表,该部分主要介绍各自的存储结构和运算;树与二叉树为非线性表,该部分主要介绍树的概念和术语、二叉树的存储结构、遍历的方法等。

2.1 数制

人与计算机进行信息交换时通常需要使用程序设计语言,即使不使用最低层的机器语言处理数据,了解计算机处理数据时使用的各种数字进制也是很有必要的。

2.1.1 数制的基本概念

数制也称计数制,是用一组固定的符号和统一的规则表示数值的方法,一般可分为进位计数制和非进位计数制。

非进位计数制的数码表示的数值大小与它在数中的位置无关,目前非进位计数制使用较少,典型非进位计数制是罗马数据。进位计数制是将数字符号按序排列成数位,并遵照某种由低位到高位进位的方法计数以表示数值的方式,亦被称作进位计数制。例如,人类日常生活常用的是十进位计数制(简称十进制)就是按照"逢十进一"的原则进行计数的计数制。进位计数制的表示主要包含三个基本要素:数位、基数和位权。

(1)数位:表示数码在一个数中所处的位置。

(2)数码:用不同的数字符号表示一种数制的数值,这组数字符号称为"数码"。例如:十进制的数码是 0、1、2、3、4、5、6、7、8、9;二进制的数码是 0、1。

(3)基数:进位制的基数,就是在该进位制中可能用到的数码个数。例如:十进位计数制中,每个数位上可能使用的数码为 0、1、2、3、4、5、6、7、8、9 十个数码,其基数为 10;二进位计数制中,其数码为 0、1,其基数为 2。也就是说在基数为 B 的进位计数制中,其数码包括 0、1、2、…、B-1,进位的规律是"逢 B 进一",称为 B 进位计数制。

（4）位权：指一个固定值，指在某种进位计数制中，每个数位上的数码所代表的数值的大小，等于在这个数位上的数码乘上一个固定的数值，这个固定的数值就是这种进位计数制中该数位上的位权（简单地说就是位数的次幂）。例如，十进制的位权是10的整数次幂，其中个位的位权是10^0，十位的位权是10^1，以此类推，十进制2345中每个数字表示的值是不同的，2表示2×10^3，3表示3×10^2，4表示4×10^1，5表示5×10^0，其中10^3、10^2、10^1、10^0分别是2、3、4、5的位权。

进位计数法是一种计数的方法，人们在表示数字时，仅用一位数码往往不够用，必须用进位计数的方法组成多位数码。常见的进位计数法有十进制数、二进制数、十六进制数、八进制数等。十进制数是人们在日常生活中最常使用的，而在计算机中通常使用二进制数、八进制数和十六进制数。

下面通过表2-1表示各种常用进位计数制及其数码、基数和位权之间的关系。

表2-1 常用进位计数制及其数码、基数和位权

数制	数码	基数	位权				.				
			a_n	a_{n-1}	…	a_1	a_0	a_{-1}	a_{-2}	…	a_{-m}
二进制	0,1	2	2^n	2^{n-1}	…	2^1	2^0	2^{-1}	2^{-2}	…	2^{-m}
八进制	0、1、2、3、4、5、6、7	8	8^n	8^{n-1}	…	8^1	8^0	8^{-1}	8^{-2}	…	8^{-m}
十进制	0、1、2、3、4、5、6、7、8、9	10	10^n	10^{n-1}	…	10^1	10^0	10^{-1}	10^{-2}	…	10^{-m}
十六进制	0、1、2、3、4、5、6、7、8、9、A、B、C、D、E、F	16	16^n	16^{n-1}	…	16^1	16^0	16^{-1}	16^{-2}	…	16^{-m}

在计算机中，人们通常为数字后添加一个字母表示该数的进位计数制。其中，十进制数用D（decimal）或d表示，二进制数用B（binary）或b表示，八进制数用O（octal）或o表示，十六进制数用H（hexadicimal）或h表示。因为十进制是人们最常用的表示方式，所以十进制数后面的D或d可以省略。在书写时也可以通过添加下标（X）下标的方式表示不同的进位制，例如，$(1001.01)_2$表示此数字为二进制，也可以写成1001.01B或者1001.01b；$(526.36)_{10}$表示此数字为十进制，也可以写成526.36D、526.36d或526.36；十六进制数$(6A2E.B3)_{16}$也可以写成6A2E.B3H、6A2E.B3h。

1. 二进位计数制

二进位计数制简称二进制；有两个不同的数码符号：0、1。二进制下每个数码符号根据它在这个数中所处的位置（数位），按"逢二进一"决定其实际数值，即各数位的位权是以2为底的幂次方。二进制由18世纪德国数理哲学大师莱布尼兹发明，当前的计算机系统使用的基本上是二进制系统。

例如，二进制数$(1101.01)_2$可以被表示为

$(1101.01)_2 = 1 \times 2^3 + 1 \times 2^2 + 0 \times 2^1 + 1 \times 2^0 + 0 \times 2^{-1} + 1 \times 2^{-2}$

2. 八进位计数制

八进位计数制简称八进制，是一种以8为基数的计数法，其有8个不同数码符号0、

1、2、3、4、5、6、7，进位规律是"逢八进一"，各数位的位权是以 8 为底的幂。

例如，八进制数（442.02）$_8$ 可以表示为

（442.02）$_8$=4×8^2+4×8^1+2×8^0+0×8^{-1}+2×8^{-2}

3. 十进位计数制

十进位计数制简称十进制，有 10 个不同的数码符号 0、1、2、3、4、5、6、7、8、9。每个数码符号根据它在这个数中所处的位置（数位），按"逢十进一"决定其实际数值，即各数位的位权是以 10 为底的幂次方。

4. 十六进位计数制

十六进位计数制简称十六进制，有 16 个不同的数码符号 0、1、2、3、4、5、6、7、8、9、A、B、C、D、E、F，每个数码符号根据它在这个数中所处的位置（数位），按"逢十六进一"决定其实际数值，即各数位的位权是以 16 为底的幂次方。

例如，十六进制数（1B2E.C4）$_{16}$ 可以表示为

（1B2E.C4）$_{16}$=1×16^3+B×16^2+2×16^1+E×16^0+C×16^{-1}+4×16^{-2}

根据以上 4 种进制的介绍，可以将它们的特点概括为每一种计数制都有一个固定的基数，每一个数位可取基数中的不同数值；每一种计数制都有自己的位权，并且遵循"逢基数进一"的原则。根据进制数及特点，可以将其扩展到一般形式，一个 R 进制数，基数为 R，用 0、1、…、R-1 总共 R 个数字符号表示，进位规则为逢 R 进一，各位的位权是以 R 为底的幂，此时一个 R 进制数据可以表示为

（N）$_R$=K_n×R^n+K_{n-1}×R^{n-1}+…+K_1×R^1+K_0×R^0+K_{-1}×R^{-1}+K_{-2}×R^{-2}+…+K_{-m}×R^{-m}

2.1.2 数制间的转换

首先以图的形式介绍二进制、八进制、十进制和十六进制之间的转换方法，如图 2-1 所示。

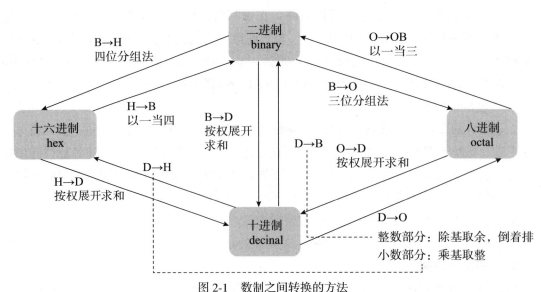

图 2-1 数制之间转换的方法

下面以表格的形式展示各计数制数值对照表，如表 2-2 所示。

表 2-2　常用计数制数值对照表

十进制	二进制	八进制	十六进制	十进制	二进制	八进制	十六进制
0	0	0	0	9	1001	11	9
1	1	1	1	10	1010	12	A
2	10	2	2	11	1011	13	B
3	11	3	3	12	1100	14	C
4	100	4	4	13	1101	15	D
5	101	5	5	14	1110	16	E
6	110	6	6	15	1111	17	F
7	111	7	7	16	10000	20	10
8	1000	10	8	…	…	…	…

1. 非十进制数之间的转换

非十进制数之间存在特殊的关系：$2^3=8$，$2^4=16$，也就是说一位八进制数相当于 3 位二进制数，一位十六进制数相当于 4 位二进制数。在学习二进制数、八进制数和十六进制数之间转换方法前可先通过表格了解它们之间的关系，如表 2-3 所示。

表 2-3　非十进制之间的关系

二进制	八进制	二进制	十六进制	二进制	十六进制
000	0	0000	0	1000	8
001	1	0001	1	1001	9
010	2	0010	2	1010	A
011	3	0011	3	1011	B
100	4	0100	4	1100	C
101	5	0101	5	1101	D
110	6	0110	6	1110	E
111	7	0111	7	1111	F

下面分别介绍二进制和八进制、十六进制相互的转换方法。

1）二进制数转换八进制数

二进制数转换成八进制数的方法是从小数点开始，整数部分向左、小数部分向右，每 3 位数为一组由一位八进制数的数字表示，不足 3 位的要用 0 补足 3 位，然后根据表 2-3 中二进制和八进制对应的数将每 3 位二进制数转换为 1 位八进制数。

例如，将二进制数（11 101 001 010.011 001 01）$_2$ 转换为八进制数，转换方法如图 2-2 所示。

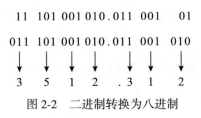

图 2-2 二进制转换为八进制

转换结果:(11 101 001 010.011 001 01)$_2$=(3512.312)$_8$。

2)二进制数转换十六进制数

二进为制数转换成十六进制数的方法是从小数点位置开始,将向左或向右每 4 位二进制数划分为一组(不足 4 位数补 0),然后将每一组二进制数转换为对应的十六进制。例如,将二进制数(10 100 101 110.011 101 01)$_2$ 转换为十六进制数,转换方法如图 2-3 所示。

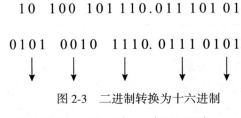

图 2-3 二进制转换为十六进制

转换结果:(10 100 101 110.011 101 01)$_2$=(52E.75)$_{16}$。

3)八进制数转换二进制数

八进制数转换成二进制数的方法与将二进制数转换成八进制数相反,将每位八进制数展开为等值的 3 位二进制数即可。例如,将八进制数(1 340.52)$_8$ 转换为二进制数,如图 2-4 所示。

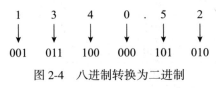

图 2-4 八进制转换为二进制

转换结果:(1340.52)$_8$=(001 011 100 000.101 010)$_2$。

4)十六进制数转换二进制数

十六进制数转换成二进制数的方法与将二进制数转换成十六进制数相反,将每位十六进制数展开为等值的 4 位二进制数即可,例如,将十六进制数(179CF.32CA)$_{16}$ 转换为二进制数,如图 2-5 所示。

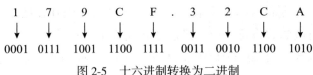

图 2-5 十六进制转换为二进制

转换结果:(179CF.32CA)$_{16}$=(00 010 111 100 111 001 111.001 100 101 100 101 0)$_2$。

2. 非十进制数和十进制之间的转换

1）非十进制数转换十进制数

将非十进制的数各位数码与它们的权重相乘，再把乘积相加，就得到了一个十进制数，这种方法称为按权展开相加法。简单地说，就是将二进制数、八进制数、十六进制数按权展开求和，所得的结果就是十进制数。

例如，将（11 001.101）$_2$、（24.13）$_8$ 和（2B5.6）$_{16}$ 3种不同进制数转换成十进制数，如下所示。

（11001.101）$_2$=11001.101B
$$=1×2^4+1×2^3+0×2^2+0×2^1+1×2^0+1×2^{-1}+0×2^{-2}+1×2^{-3}$$
$$=16+8+0+0+1+0.5+0+0.125$$
$$=（25.625）_{10}=25.625D$$

（24.13）$_8$=24.13O
$$=2×8^1+4×8^0+1×8^{-1}+3×8^{-2}$$
$$=16+4+0.125+0.046875$$
$$=（20.171875）_{10}$$
$$=20.171875D$$

（2B5.6）$_{16}$=2B5.6H
$$=2×16^2+B×16^1+5×16^0+6×16^{-1}$$
$$=512+176+5+0.375$$
$$=693.375$$

2）十进制数转换非十进制数

将十进制数转换为二进制数、八进制数和十六进制数时，可将十进制数分成整数与小数两部分转换，再将两次结果合并。

将十进制数的整数部分转换为非十进制数时可采用除基取余法，就是整数部分除基取余，最先取得的余数为数的最低位，最后取得的余数为数的最高位，商为0时结束。

处理十进制数的小数部分时可采用乘基取整法，就是将小数部分乘基取整，最先得到的整数为数的最高位，最后取得的整数为数的最低位，乘积为0（或满足精度要求）时结束。

例如，将十进制数123.6875转换为二进制数，整数部分转换过程如图2-6所示。

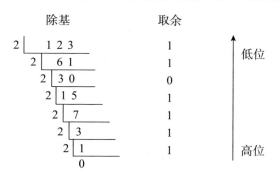

图2-6 整数部分转换过程

所以，十进制数整数部分 123=（1 111 011）$_2$。
其小数部分转换过程如图 2-7 所示。

```
         乘基         取整
        0.6875
      ×    2
      ─────────
        1.3750        1        ↑高位
        0.3750
      ×    2
      ─────────
        0.7500        0
      ×    2
      ─────────
        1.5000        1
        0.5000
      ×    2                   ↓低位
      ─────────
        1.0000        1
```

图 2-7 小数部分转换过程

所 以，十 进 制 数 小 数 部 分 0.6875=（0.1011）$_2$，最 终 十 进 制 数 123.6875=（1 111 011.101 1）$_2$。

学习了十进制数转换成二进制数的方法后可以发现十进制数转换成八进制数和十六进制数的方法都一样，只是整数部分需要除以 8 取余或除以 16 取余，小数部分同样需要乘以 8 取整数或乘以 16 取整。应计算小数部分时常会遇到乘以基数时结果是无限的，此时可以根据需要保留小数位数即可，如保留小数点后 4 位即可。

2.1.3 二进制系统的特征

计算机最基本的功能是对数据进行计算和加工处理，这些数据可以是数值、字符、图形、图像或声音等。在计算机内不管是什么样的数据都可以二进制的形式来表示，采用二进制的原因是它具有以下几点特征。

1. 可行性

计算机内部是由集成电路这种电子元件构成的，电路只可以表示两种状态，即通电、断电，由于这个特性，计算机内部只能处理二进制数据。二进制只有 0 和 1 两个状态，且状态分明，工作可靠，抗干扰能力强。

2. 简易性

二进制的运算法则少，运算简单，可以使计算机运算器的硬件结构大大简化。例如，十进制的乘法口诀表有 45 条公式，而二进制只有 4 条。下面介绍二进制数的运算规则。

加法规则：0+0=0　0+1=1
　　　　　1+0=1　1+1=10（0 进位为 1）

例如，计算（110 011）$_2$ 和（1001）$_2$ 两个二进制数之和，具体计算方法如图 2-8 所示。

```
        1 1 0 0 1 1
   +        1 0 0 1
              1 1   ─────→ 逢二进一
   ─────────────────
        1 1 1 1 0 0
```

图 2-8　二进制加法运算

减法规则：0 – 0=0　1 – 0=1
　　　　　1–1=0　0 – 1=1（向高位借 1）

例如，计算（110 011）$_2$ 和（1001）$_2$ 两个二进制数之差，具体计算方法如图 2-9 所示。

```
         1  ──────→ 向高位借1
    1 1 0 0 1 1
  –      1 0 0 1
   ─────────────
    1 0 1 0 1 0
```

图 2-9　二进制减法运算

乘法规则：0×0=0　1×0=0
　　　　　0×1=0　1×1=1

例如，计算（110 011）$_2$ 和（1001）$_2$ 两个二进制数的乘积，具体计算方法如图 2-10 所示。

```
         1 1 0 0 1 1
       ×     1 0 0 1
       ─────────────
         1 1 0 0 1 1
         0 0 0 0 0 0
         0 0 0 0 0 0
         1 1 0 0 1 1
       ─────────────
       1 1 1 0 0 1 0 1 1
```

图 2-10　二进制乘法运算

除法规则：0÷1=0　1÷1=1

用户在计算二进制数的加减法时一定要联系十进制数的加、减法运算规则，因为二进制和十进制的运算原理是一样的。在十进制数的加法中，进 1 仍旧当 1，在二进制数中也是进 1 当 1。在十进制数减法中向高位借 1 当 10，在二进制数中就是借 1 当 2，而被借的数仍然只是减少了 1，这与十进制数一样，把二进制数中的 0 和 1 全部当成是十进制数中的 0 和 1 即可。根据十进制数中的乘法运算可知，任何数与 0 相乘所得的积均为 0，这一点同样适用于二进制数的乘法运算，只有 1 与 1 相乘才等于 1。

3. 逻辑性

逻辑变量之间的运算称为逻辑运算。二进制数 1 和 0 在逻辑上可以代表"真"与"假"、"是"与"否"、"有"与"无"，在逻辑运算中可以使用逻辑代数。

逻辑运算主要包括 3 种基本运算：逻辑加法（又称"或"运算）、逻辑乘法（又称"与"运算）和逻辑否定（又称"非"运算）。其他复杂的逻辑关系都可以由这 3 个基本逻辑关系组合而成。

1）逻辑加法

逻辑加法通常用符号"+"或"∨"表示，其运算规则如表 2-4 所示。

表 2-4　逻辑加法的运算规则

0+0=0	0 ∨ 0=0
0+1=1	0 ∨ 1=1
1+0=1	1 ∨ 0=1
1+1=1	1 ∨ 1=1

其中"+"和"∨"表示或运算，读作"或"。0 表示逻辑值的假，1 表示逻辑值的真，由此规则可见两个逻辑变量进行或运算时，只要有一个值为"真"，则逻辑运算的结果就为"真"。

2）逻辑乘法

逻辑乘法通常用符号"×""∧"或"·"表示，其运算规则如表 2-5 所示。

表 2-5　逻辑乘法的运算规则

0×0=0	0 ∧ 0=0	0·0=0
0×1=0	0 ∧ 1=0	0·1=0
1×0=0	1 ∧ 0=0	1·0=0
1×1=1	1 ∧ 1=1	1·1=1

"×""∧"和"·"表示与运算，读作"与"。由此规则可见只有当两个逻辑变量都为"真"时，逻辑运算的结果才为"真"，只要有一个为"假"则运算结果为"假"。

3）逻辑否定

逻辑非运算又称逻辑否运算，其运算规则如表 2-6 所示。

表 2-6　逻辑否运算规则

逻辑否定	含　义
0=1	"非" 0 等于 1
1=0	"非" 1 等于 0

除了上述介绍的 3 种运算外，逻辑运算还包括"异或"运算，其也称为"半加"运算。异或运算通常用符号"⊕"表示，其运算规则如表 2-7 所示。

表 2-7　"异或"运算规则

异或运算	含　义
0 ⊕ 0=0	0 同 0 异或，结果为 0
0 ⊕ 1=1	0 同 1 异或，结果为 1
1 ⊕ 0=1	1 同 0 异或，结果为 1
1 ⊕ 1=0	1 同 1 异或，结果为 0

由此规则可见仅当两个逻辑变量不同时逻辑运算的结果为 1，否则逻辑运算结果为 0。

二进制数据的缺点是书写长，不便记忆和阅读，因此，人们常采用八进制数据和十六进制数替代之。这两种数据进制不但容易书写和阅读、便于记忆，而且具有二进制数据的部分特点，十分容易转换成二进制数。

2.2 栈和队列

栈和队列是两种重要的线性结构。从数据结构角度来看，栈和队列都是线性表，其特殊性在于栈和队列的基本操作是线性表操作的子集，是操作受限的线性表，因此，可以称之为限定性的数据结构。

2.2.1 栈及其基本运算

1. 栈的定义

栈（stack）实际上是一种特殊的线性表，是限定仅能在表尾插入或删除元素的线性表，而其另一端是封闭的，不允许插入与删除。在顺序存储结构下，对这种线性表的插入与删除运算是不需要移动表中其他数据元素的。

在栈中，允许插入与删除运算的一端称为栈顶，由 top 指针指示栈顶；不允许插入与删除运算的一端称为栈底，由 bottom 指针指向栈底。没有元素的栈被称为空栈。栈示意图如图 2-11 所示。

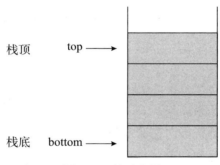

图 2-11　栈示意图

基于栈结构的特点，在实际应用中可向栈执行以下两种操作。

1）入栈

向栈中添加一个元素，这个过程就是入栈，也称为压栈。栈顶指针 top 反映添加元素的变化如图 2-12 所示。

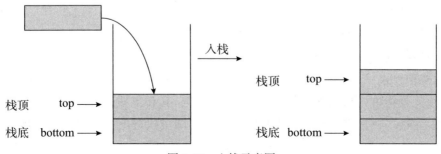

图 2-12　入栈示意图

2）出栈

从栈中删除一个元素，这个过程是出栈，也被称为退栈。出栈示意图如图 2-13 所示。

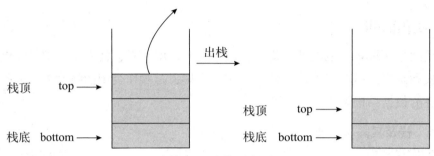

图 2-13　出栈示意图

2. 栈的特点

（1）栈顶元素是最后被插入的元素，也是最先被删除的元素。

（2）栈底元素是最先被插入的元素，也是最后被删除的元素。

（3）栈具有记忆作用。

（4）栈顶指针 top 动态反映了栈中元素的变化情况。

（5）在顺序结构存储下，对栈的插入与删除运算都不需要移动表中其他元素。

栈遵循"先进后出"或"后进先出"的原则组织数据，所以栈也被称为"先进后出"表或"后进先出"表。

3. 栈的基本运算

1）入栈运算

入栈运算的具体操作如下。

（1）首先判断指针 top 是否指向存储空间的最后一个位置。如果是，则表明栈中已经没有空间了，不能执行入栈运算，算法结束。

（2）如果不是，将栈顶指针进一。

（3）最后将新元素插入栈顶指针指向的位置。

2）出栈运算

出栈运算的具体操作如下。

（1）首先判断指针 top 是否为 0，如果是，说明栈中没有元素，为空栈，不能执行出栈运算，算法结束。

（2）如果不为 0，将栈顶元素赋给一个指定的变量。

（3）最后将栈顶指针退一。

3）读栈顶元素

读栈顶元素指将栈顶元素赋给一个指定的变量，其和出栈运算的区别是读栈顶元素不会删除栈顶元素，只是将之赋给一个指定的变量，即只执行出栈运算的前两步。

2.2.2 队列及其基本运算

1. 队列的定义

队列（queue）也是一种线性表，是允许在一端插入而在另一端删除元素的线性表。

在队列中，插入数据的一端被称为"队尾"，通常由尾指针（rear）指向队尾元素，即尾指针总是指向最后被插入的元素；删除数据的一端被称为"排头"，也被称为队头，通常由一个排头指针（front）指向排头元素的前一个位置。

队列是"先进先出"或"后进后出"的线性表，最先插入的元素将最先被删除，反之，最后插入的元素将最后才被删除。因此，队列也被称为"先进先出"或"后进后出"表。

在队列中，队尾指针 rear 和排头指针 front 共同反映元素的动态变化。某具有 5 个元素的队列示意图如图 2-14 所示。

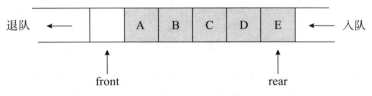

图 2-14　队列示意图

2. 队列的运算及存储

在队列的队尾插入一个元素被称为入队运算；从队列的排头删除一个元素被称为退队运算。每进行一次入队运算，队尾指针就进一；每进行一次退队运算，排头指针就进一。

在队列中向队列的末尾插入一个元素只涉及队尾指针 rear 的变化；删除队列中排头元素则只涉及排头指针 front 的变化，如图 2-15 所示。

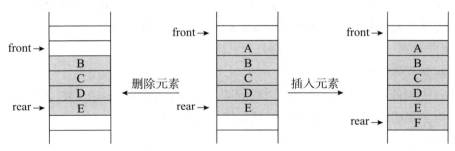

图 2-15　队列运算示意图

3. 循环队列及其运算

循环队列是队列的顺序存储结构，就是将队列存储空间的最后一个位置绕到第一个位置，形成逻辑上的"环状"。循环队列的初始状态为空，即 rear=front=m，如图 2-16 所示。

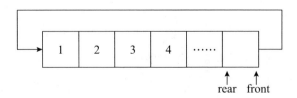

图 2-16　循环队列存储空间示意图

在循环队列结构中，当存储空间的最后一个位置已经被使用，而再进行入队运算时，只要存储空间的第一个位置空闲，程序便可将元素加入第一个位置，即以存储空间第一个位置作为队尾。

假设一个容量为 8 的循环队列存储空间中已经有 7 个元素，接下来在循环队列中加入 1 个元素，然后再退出一个元素，结果如图 2-17 所示。

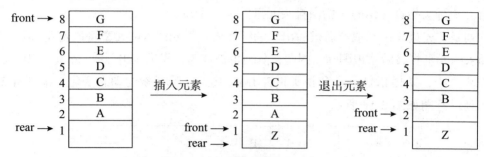

图 2-17 循环队列运算示意图

从循环队列动态变化的过程可以看出，当循环队列为空时，front=rear；当循环队列满时，front=rear。也就是说当 front=rear 时，不能确定队列是满还是空。此时为了区分队列是满还是空，通常需要设置一个标志变量 flag，使得当 front == rear，且 flag = 0 时为队列空；当 front == rear，且 flag = 1 时为队列满。

$$flag = \begin{cases} 0 & \text{表示队列空} \\ 1 & \text{表示队列非空} \end{cases}$$

循环队列和队列的运算一样，支持两种基本运算，分别为入队运算和退队运算。

假设循环队列的初始状态为空，即 flag = 0 且 front = rear = m。

1）入队运算

入队运算具体操作如下。

（1）首先判断循环队列是否满。当循环队列非空（即 flag = 1）时，且队尾指针等于排头指针时，说明队列满，不能进行入队运算，算法结束。

（2）队尾指针进一。

（3）将新元素插入队尾指针指向的位置。

2）退队运算

退队运算具体操作如下。

（1）首先判断循环队列是否为空。当循环队列为空（即 flag = 0）时，不能进很退队运算，算法结束。

（2）排头指针进一。

（3）再将排头指针指向的元素赋给指定的变量。

（4）判断退队后循环队列是否为空。当 front = rear 时置循环队列标志为空，即 flag = 0。

2.3 树与二叉树

与前文介绍的栈和队列不同，树与二叉树都是非线性表，和线性表相比，非线性表有以下几个不同点。

（1）非线性表元素之间的关系不是一对一的，存在更复杂的关系。

（2）n 个元素组成的数据结构，元素间的最远距离不是 n，可能小得多。

（3）可以给数据的组织和使用带来更多可能性，也带来更多问题。

（4）处理结构中元素的方法可能变得比较复杂，常常需要借助于一些辅助性的其他数据结构，如栈和队列。

（5）可能影响处理算法的设计和复杂性，可能有较高的效率，也可能效率较低。

2.3.1 树的基本概念

树（tree）是一种典型的非线性的数据结构，是由 n（$n \geq 0$）个有限结点组成的、有层次关系的集合，图 2-18 即为一棵一般的树。

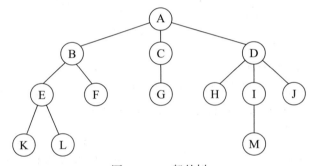

图 2-18 一般的树

在树的图形表示中，通常可以认为在同直线连接起来的两端结点中，上端结点是前件，下端结点是后件，这样表示前后件关系的箭头就可以被省略。

树结构中数据有明显的层次关系，因此，具有层次关系的数据都可以用树这种数据结构描述。下面介绍树结构的基本术语，如表 2-8 所示。

表 2-8 树结构的基本术语

基本术语	定义	图 2-18 举例
父结点	一个结点有且仅有一个前件，那么该前件被称为该结点的父结点	A 是 B、C、D 的父结点；B 是 E、F 的父结点；E 是 K、L 的父结点
子结点	一个结点的多个后件都是该结点的子结点	B、C、D 是 A 的子结点；E、F 是 B 的子结点；K、L 是 E 的子结点
兄弟结点	具有相同父结点的结点	H、I、J 是兄弟结点
根结点	根结点是树的根，是没有前件的结点	A 是唯一的根结点
叶子结点	没有后件的结点	F、G、H、J、K、L、M 均是叶子结点
树的度	所有结点最大的度被称为树的度	树的度是 3
结点的度	一个结点拥有的后件个数	结点 A 的度是 3；结点 B 的度是 2
树的层次	树的最大深度	树的层次是 4

树结构是有明显的层次关系的，在树的结构中一般按以下原则分层。

（1）根结点在第 1 层。

（2）根结点的子结点在第 2 层。

（3）同一层上所有结点的所有子结点都在一层。

在图 2-18 中根结点 A 为第 1 层；结点 B、C、D 为第 2 层；结点 E、F、G、H、I 和 J 为第 3 层；结点 K、L 和 M 为第 4 层。

在树中以某结点为根构成的树被称为该结点的一棵子树。在图 2-18 中，结点 A 有 3 棵子树，它们分别以 B、C、D 为根结点，如图 2-19 所示。

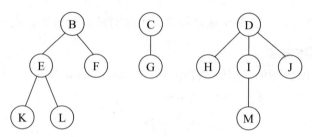

图 2-19　A 结点的 3 棵子树

2.3.2　二叉树的基本性质

二叉树在树结构的应用中起着非常重要的作用，因为对二叉树的许多操作算法简单，且任何树都可以与二叉树相互转换，所以这样就解决了树的存储结构及其运算中存在的复杂性。

1. 二叉树的定义

二叉树是由 $n(n \geq 0)$ 个结点的有限集合构成的，此集合或者为空集，或者由一个根结点及两棵互不相交的左右子树组成，并且左右子树都是二叉树。

二叉树和树相比具有以下特点。

（1）非空二叉树只有一个根结点。

（2）每一个结点最多有两棵子树，它们分别被称为该结点的左子树和右子树。

图 2-20 是二叉树的 5 种基本形态。

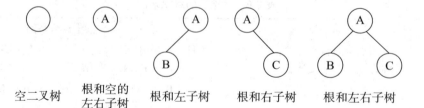

图 2-20　二叉树的 5 种基本形态

2. 满二叉树和完全二叉树

满二叉树和完全二叉树是两种特殊形态的二叉树。

1）满二叉树

指除最后一层外，每一层上所有结点都有两个结点的二叉树。满二叉树中，每一层上的结点数都达到了最大值，即在满二叉树的第 i 层上有 2^{i-1} 个结点。深度为 j 的满二叉树

上 $2^{j}-1$ 个结点。图 2-21 为两种满二叉树。

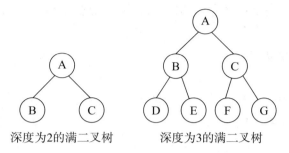

图 2-21　满二叉树

2）完全二叉树

指除最后一层外，每一层上的结点数均达到最大值，且只有最后一层上缺少右边若干结点的二叉树。图 2-22 为所有深度为 3 的完全二叉树。

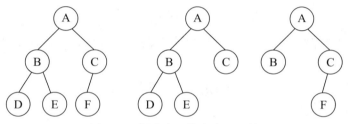

图 2-22　深度为 3 的完全二叉树

3. 二叉树的性质

二叉树具有以下重要的性质。

（1）在二叉树的第 i 层上至多有 2^{i-1} 个结点（$i \geq 1$）。

（2）深度为 j 的二叉树最多有 $2^{j}-1$ 个结点（$k \geq 1$）。

（3）对任何一棵二叉树，如果其终端结点数为 n_0，度为 2 的结点数为 n_2，则 $n_0=n_2+1$。

（4）具有 n 个结点的二叉树其深度至少为 $[\log_2 n]+1$，其中，$[\log_2 n]$ 表示 $\log_2 n$ 的整数部分。

（5）具有 n 个结点的完全二叉树的深度为 $[\log_2 n]+1$。

（6）如果为一棵有 n 个结点的完全二叉树的结点按层序编号（从第 1 层到第 $[\log_2 n]+1$ 层，每层从左到右），则对任一结点 i（$1 \leq i \leq n$）有以下结论。

首先，如果 $i=1$，则结点 i 为根结点，是二叉树的根；如果 $i>1$，则该结点的父结点编号为 $[i/2]$。

其次，如果 $2i \leq n$，则结点 i 的左结点编号为 $2i$；否则该结点无左子结点，也没有右结点。最后，如果 $2i+1 \leq n$，则结点 i 的右结点编号为 $2i+1$；否则该结点无右子结点。

4. 二叉树的存储结构

二叉树的存储结构包括顺序存储和链式存储两种。

1）顺序存储

顺序存储是用一组连续的存储单元存放二叉树的结点元素，因此，必须把二叉树的所有结点安排成一个恰当的序列,在这个序列中结点的相互位置能反映其逻辑关系。

人们一般按照自上向下、自左向右的顺序给二叉树的所有结点编号存储,其缺点是有可能对存储空间造成极大的浪费,在最坏的情况下,一个深度为 j 且只有 j 个结点的右单支树需要 $2j-1$ 个结点存储空间。

2)链式存储

二叉树的链式存储用于存储二叉树中各元素的存储结点,其结点结构通常包括数据域与指针域。由于每个元素可以有两个后件,因此用于存储二叉树的存储结点的指针域有左指针域和右指针域两种。

图 2-23 为二叉树存储结点的结构。

图 2-23　二叉树存储结点的结构

由于二叉树的存储结构中每一个存储结点有两个指针域,因此,二叉树的链式存储结构也被称为二叉链表。

图 2-24 中左侧为一棵二叉树,右侧为二叉链表的逻辑状态。其中,BT 是二叉链表的头指针,用于指向二叉树根结点。

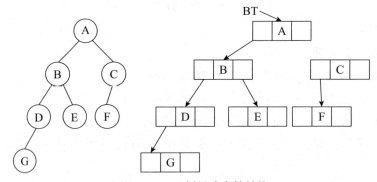

图 2-24　二叉树链式存储结构

对于满二叉树与完全二叉树来说,根据完全二叉树的性质可以按层序存储之,这样不仅节省了存储空间,又能方便地确定每一个结点的父结点与左右子结点的位置,但是顺序存储结构则不适用一般的二叉树。

5. 二叉树的遍历

遍历二叉树就是按一定的规则和顺序走遍二叉树的所有结点,使每一个结点都被访问一次,且只被访问一次。

二叉树的遍历可以分为三种,分别为先序遍历、中序遍历和后序遍历。

1)先序遍历

先序遍历指在访问根结点、遍历左子树与遍历右子树这三者中,首先访问根结点,其次遍历左子树,最后遍历右子树,第一次来到结点标记为 1,最后一次离开结点标记为 0,

那么沿箭头方向依次经过标记为1的顺序就是先序遍历，如图2-25所示。

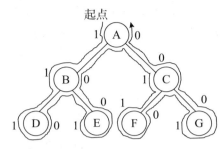

图2-25　先序遍历图像

由图2-25可知先序遍历的顺序是：A、B、D、E、C、F、G。

2）中序遍历

中序遍历指在访问根结点、遍历左子树和遍历右子树这三者时首先遍历左子树，其次访问根结点，最后遍历右子树；并且在遍历左、右子树时，仍然先遍历左子树，其次访问根结点，最后遍历右子树，如图2-26所示。

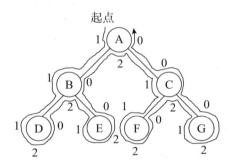

图2-26　中序遍历图解

由图2-26可知中序遍历的顺序是：D、B、E、A、F、C、G。

3）后序遍历

后序遍历指在访问根结点、遍历左子树和遍历右子树这三者时首先遍历左子树，其次遍历右子树，最后遍历根结点。并且在遍历左、右子树时，仍然首先遍历左子树，其次遍历右子树，最后访问根结点，如图2-27所示。

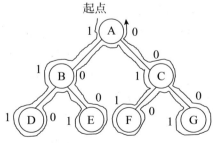

图2-27　后序遍历图解

由图2-27中可知后序遍历的顺序是：D、E、B、F、G、C、A。

由三种二叉树的遍历方法可以看出，如果知道了某二叉树的先序序列和中序序列，可以唯一地恢复二叉树；如果知道了后序序列和中序序列，也可以唯一地恢复该二叉树。但是只知道二叉树的先序序列和后序序列是不能唯一地恢复该二叉树的。

练习题

1. 已知某汉字的区位码是 3222，则其国标码是（　　）。
   A. 4252D　　　　　　　　　　B. 5242H
   C. 4036H　　　　　　　　　　D. 5524H

2. 二进制数 111001 转换成十进制数是（　　）。
   A. 58　　　　　　　　　　　　B. 57
   C. 56　　　　　　　　　　　　D. 41

3. 十进制数 141 转换成无符号二进制数是（　　）。
   A. 10011101　　　　　　　　B. 10001011
   C. 10001100　　　　　　　　D. 10001101

4. 一个栈的初始状态为空，现将元素 1、2、3、4、5、A、B、C、D 依次入栈，然后再依次出栈，则元素出栈的顺序是（　　）。
   A. 1、2、3、4、5、A、B、C、D　　B. D、C、B、A、5、4、3、2、1
   C. A、B、C、D、1、2、3、4、5　　D. 5、4、3、2、1、D、C、B、A

5. 下列叙述中正确的是（　　）。
   A. 栈与队列都只能顺序存储
   B. 循环队列是队列的顺序存储结构
   C. 循环链表是循环队列的链式存储结构
   D. 栈是顺序存储结构而队列是链式存储结构

6. 某二叉树有 5 个度为 2 的结点，则该二叉树中的叶子结点数是（　　）。
   A. 10　　　　　　　　　　　　B. 2
   C. 6　　　　　　　　　　　　　D. 4

7. 设二叉树的先序序列为 A、B、D、E、G、H、C、F、I、J，中序序列为 D、B、G、E、H、A、C、I、F、J，则后序序列为（　　）。
   A. J、I、H、G、F、E、D、C、B、A　　B. D、G、H、E、B、I、J、F、C、A
   C. G、H、I、J、D、E、F、B、C、A　　D. A、B、C、D、E、F、G、H、I、J

8. 设置栈的存储空间为 S（1∶50），初始状态为 top = -1。现经过一系列正常的入栈和退栈操作后，top = 30，则栈中元素个数为（　　）。
   A. 20　　　　　　　　　　　　B. 35
   C. 31　　　　　　　　　　　　D. 30

第 3 章

Windows 10 操作系统

操作系统是计算机系统中最基本的系统软件，它的功能是控制和管理计算机系统中各种硬件和软件资源，合理协调计算机工作流程，从而提高计算机资源的使用效率。目前使用最为广泛的个人操作系统为微软公司开发的 Windows 10 操作系统，它继承了 Windows Vista、Windows 7 和 Windows 8 等前代版本的优秀特性，并在此基础上进行了全面更新，以满足更多应用程序和硬件的使用需求。

本章将介绍 Windows 10 操作系统的基础知识、系统操作、文件和文件夹的管理等内容。

3.1 Windows 10 操作系统概述

Windows 10 操作系统是微软公司研发的 Windows 操作系统中的主流版本，是继 Windows 7 操作系统之后的一次重要版本升级。Windows 10 操作系统使操作计算机变得更简单，其人性化的功能、丰富的个性化及多个可选的版本给用户带来了全新的体验。

3.1.1 认识操作系统

操作系统是计算系统中最基本的系统软件，它是若干程序模块的集合，这些程序模块控制和管理计算机的硬件和软件资源，合理地组织计算机的工作流程，并为用户提供与计算机进行交互的接口。

1. 操作系统的概念

计算机系统包括硬件和软件，为了使这些硬件资源和软件资源协调一致地工作，就必须有一种软件统一管理和调度这些资源，这种软件就是操作系统。

没有安装软件的计算机被称为"裸机"，而裸机不能从键盘、鼠标接收信息和操作命令，也不能在显示器上显示任何信息。裸机处于计算机系统的最底层，它的上层是操作系统，其他的系统软件和应用软件在操作系统之上，操作系统在计算机系统中处于核心地位，如图 3-1 所示。

从用户的角度来说，在使用配有操作系统的计算机时不需要了解硬件和软件的细节，只需要使用操作系统提供的功能即可。因此，从应用的角度来说，操作系统是计算机软件的核心和基础。

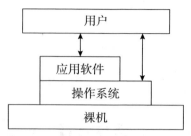

图 3-1 计算机系统之间的关系

2. 操作系统的功能

从资源管理和用户接口的观点来看，操作系统具有处理器管理、存储器管理、文件系统管理、设备管理和提供用户接口的功能。

1）处理器管理

处理器管理的目的是合理地安排每个进程占用处理器的时间，以保证多个作业能顺利完成并且尽量提高处理器的效率，使用户等待时间最少。操作系统对处理器的管理策略不同，提供作业处理方式也就不同，典型如批处理方式、分时处理方式和实时处理方式。

如何有效地利用处理机资源？如何在多个请求处理机的进程中选择取舍？这些就是进程调度要解决的问题。在操作系统中负责进程调度的程序被称为进程调度程序，其可以记录系统中所有进程的情况，包括进程名、进程状态、进程优先级和进程资源要求等信息，并根据既定的调度算法将处理器分配给就绪队列中的某个进程。

2）存储器管理

存储器管理的主要工作是合理分配内存。

分配内存的主要任务是为程序分配内存空间，从而提高存储器的利用率，以减少不可用的内存空间，允许正在运行的程序申请附加的内存空间，以适应程序和数据动态增长的需要。

系统中往往有多个程序在运行，存储保护的作用是保证程序在执行的过程中不会有意或无意地破坏其他程序的运行，保证用户程序不会破坏系统程序的运行等。

操作系统还可以使用硬盘空间模拟内存，为用户提供一个比实际内存大得多的虚拟内存空间。在 Windows 中，虚拟内存又被称为页面文件（page file）。

3）文件系统管理

文件系统负责对文件管理，包括管理文件的目录、为文件分配存储空间、执行用户给文件命名、更名、读写等的要求。

在计算机中，任何一个文件都有文件名，文件名是用户存取文件的依据。一般情况下，文件名分为文件主名和扩展名两部分。文件主名应为有意义的词汇或数字；文件的扩展名表示文件的类型，Windows 中常见的文件扩展名及其表示的意义如表 3-1 所示。

表 3-1 文件扩展名及其意义

扩展名	意义	扩展名	意义
aac、adt、adts	Windows 音频文件	accdb	Microsoft Access 数据库文件
accde	Microsoft Access 仅执行文件	accdr	Microsoft Access 运行时数据库
accdt	Microsoft Access 数据库模板	avi	音频视频交错电影或声音文件
aif、aifc、aiff	音频交换文件格式文件	bat	命令行批处理文件
bin	二进制压缩文件	dif	电子表格数据交换格式文件
bmp	位图文件	doc	Word 2007 之前的旧版本 Word 文档
docm	启用宏的 Microsoft Word 文档	dot	Word 2007 之前的旧版本 Word 模板
docx	Microsoft Word 文档	exe	可执行程序文件
dotx	MicrosoftWord 模板	gif	图形交换格式文件
htm、html	超文本标记语言页面	jpg、jpeg	联合图像专家组照片文件
pdf	可移植文档格式文件	png	可移植网络图形文件
mp3	MPEG Layer-3 音频文件	potm	启用宏的 Microsoft PowerPoint 模板
mp4	MPEG 4 视频	potx	Microsoft PowerPoint 模板
pptx	PowerPoint 演示文稿	psd	Adobe Photoshop 文件
rar	Roshal Archive 压缩文件	tif、tiff	标记图像格式文件
tmp	临时数据文件	wav	Wave 音频文件
wma	Windows Media 音频文件	wmv	Windows Media 视频文件
xps	基于 XML 的文档		

4）设备管理

计算机一般都配置了很多外部设备，它们的功能各不相同，操作系统的设备管理负责对这些设备进行有效的管理，主要解决以下两个问题。

（1）分配设备。

为计算机配置多种外部设备时，设备管理的任务就是根据一定的分配策略把通道、控制器和输入输出设备分配给请求输入输出操作的程序，并启动设备完成实际的输入输出操作。

（2）使用设备。

设备管理为用户提供一个良好的界面，使用户不必了解具体的设备特性即能方便、灵活地使用这些设备。

5）用户接口

用户与计算机的交流是由操作系统的用户接口实现的，操作系统为用户提供的接口有两种：一是操作界面，其包括为用户提供的各种操作命令，用户可以利用这些操作命令组织作业流程和控制作业运行，这是命令级的；二是操作系统的功能服务界面，包括为用户提供的一组系统功能，用户可以在源程序中使用这些系统功能调用操作系统服务，这是程序级的。

3.1.2 Windows 10 操作系统简介

Windows 10 操作系统于 2015 年 7 月 29 日发行。其在易用性和安全性方面有了极大的提升,除了针对云服务、智能移动设备、自然人机交互等新技术进行融合外,还对固态硬盘、生物识别、高分辨率屏幕等硬件进行了优化、支持。

Windows 10 操作系统共有家庭版、专业版、企业版、教育版、专业工作站版、物联网核心版 6 个版本,如表 3-2 所示。

表 3-2 Windows 10 操作系统的版本

版 本	特 点
家庭版	Cortana 语音助手(选定市场)、Edge 浏览器、面向触控屏设备的 Continuum 平板模式、Windows Hello(脸部识别、虹膜、指纹登录)、串流 Xbox One 游戏的能力、微软公司开发的通用 Windows 应用(Photos、Maps、Mail、Calendar、Groove Music 和 Video)、3D Builder
专业版	以家庭版为基础,增添了管理设备和应用,保护敏感的企业数据,支持远程和移动办公,使用云计算技术。另外,它还带有 Windows Update for Business,微软承诺该功能可以降低管理成本、控制更新部署,让用户更快地获得安全补丁软件
企业版	以专业版为基础,增添了大中型企业用来防范针对设备、身份、应用和敏感企业信息的现代安全威胁的先进功能,供微软的批量许可(volume licensing)客户使用,用户能选择部署新技术的节奏,其中包括使用 Windows Update for Business 的选项。作为部署选项,Windows 10 操作系统企业版将提供长期服务分支(Long Term Servicing Branch)
教育版	以企业版为基础,面向学校职员、管理人员、教师和学生。它将通过面向教育机构的批量许可计划提供给客户,学校将能够升级 Windows 10 操作系统家庭版和 Windows 10 操作系统专业版设备
专业工作站版	包括许多普通版 Windows 10 操作系统没有的功能,着重优化了多核处理及大文件处理,面向大企业用户及真正的"专业"用户,如支持 6TB 内存、ReFS 文件系统、高速文件共享和工作站模式
物联网核心版	面向小型低价设备,主要针对物联网设备。已支持树莓派 2 代 /3 代、Dragonboard 410c(基于骁龙 410 处理器的开发板)、MinnowBoard MAX 及 Intel Joule

在为计算机安装 Windows 10 操作系统之前,需要确认计算机的硬件是否满足 Windows 10 操作系统的安装需求,如表 3-3 所示。

表 3-3 Windows 10 操作系统的安装需求

硬 件	安装需求
处理器	1GHz 或更快的处理器或 SoC
RAM	1GB(32 位操作系统)或 2GB(64 位操作系统)
硬盘空间	16GB(32 位操作系统)或 20GB(64 位操作系统)
显卡	DirectX 9 或更高版本(包含 WDDM 1.0 驱动程序)
分辨率	800px × 600px
网络环境	接入 Internet

3.2 Windows 10 操作系统快速入门

要使用 Windows 计算机进行工作和学习，需要先熟悉 Windows 系统的工作环境，并掌握该系统的基本操作。

3.2.1 Windows 10 操作系统的启动和退出

1. 启动 Windows 10 操作系统

在关机状态下按动计算机电源键，启动计算机并登录系统，即可进入 Windows 桌面，如图 3-2 所示。

图 3-2　Windows 桌面

2. 退出 Windows 10 操作系统

以下几种方法可以快速退出 Windows 10 操作系统。

1)"开始"菜单

单击桌面左下角的"开始"按钮，将光标悬停在打开的菜单的"电源"上，然后在列表中选择"重启"或"关机"菜单，如图 3-3 所示。

图 3-3　"开始"菜单

2) Windows+X 组合键

按 Windows+X 组合键，打开高级用户菜单，选择"关机或注销"命令，在子菜单中选择"关机"命令即可，如图 3-4 所示。

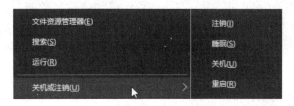

图 3-4　Windows+X 组合键

3）Alt+F4 组合键

按 Alt + F4 组合键打开"关闭 Windows"对话框，单击"希望计算机做什么"下的三角按钮，在列表中选择"关机"选项，单击"确定"按钮，如图 3-5 所示。

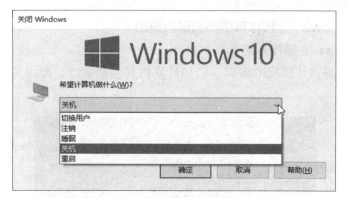

图 3-5 "关闭 Windows"对话框

3.2.2 Windows 10 操作系统的"开始"菜单

Windows 10 操作系统的"开始"菜单比 Windows 7 和 Windows 8 的改进很多，可以被看成 Windows 7 与 Windows 8 的结合。其既具有 Windows 7"开始"菜单的功能，也可被设置成类似 Windows 8"开始"屏幕的效果。

在 Windows 10 操作系统桌面单击左下角"开始"菜单按钮■即可打开"开始"菜单，如图 3-6 所示。

图 3-6 "开始"菜单

在 Windows 10 操作系统的"开始"菜单中，用户可以将经常使用的程序固定为"磁贴"项，方便后续直接启动之。例如，使用鼠标中轴向上滚动菜单，右击"Excel 2016"，在快捷菜单中选择"固定到'开始'屏幕"命令即可，如图 3-7 所示。

图 3-7　固定到开始屏幕

如果需要将开始屏幕中的程序取消固定，可在该程序上右击，在快捷菜单中选择"从'开始'屏幕取消固定"命令。

3.2.3　Windows 10 操作系统的窗口

在使用 Windows 10 操作系统时，经常会打开一些窗口。例如，需要在计算机的硬盘中创建文件时，首先要在桌面中双击"此电脑"图标，打开"此电脑"的窗口，如图 3-8 所示。

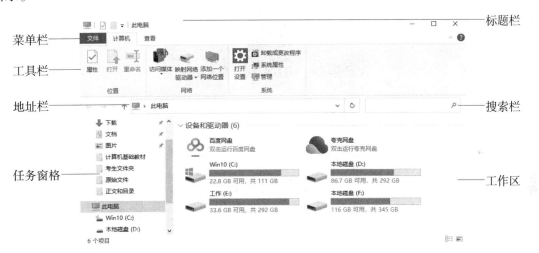

图 3-8　"此电脑"窗口

在该窗口中，"地址栏"可以显示当前目录的路径，Windows 10 操作系统支持带链接功能的目录图标，单击地址栏右侧的"上一个位置"按钮☑，可在列表中查看历史记录地址。

"菜单栏"包括"文件""计算机""查看""管理 - 驱动器工具"等菜单，单击对应的菜单按钮可在列表中查看该菜单的命令。

"工具栏"列出了常用的命令，并以按钮的形式显示，单击对应的按钮即可进行相应的操作。

"任务"窗格位于窗口的左侧，其中包括"此电脑"和"网络"等本地或网络资源的树状菜单。

3.3 管理文件和文件夹

计算机系统中所有的程序和数据都是以文件的形式被存放在计算机的硬盘、U盘等外存储器上的，如 Word 文档、PPT 演示文稿、可执行的程序等。

3.3.1 文件和文件夹的基本概念

计算机中的数据是以文件的形式保存的，根据文件的不同属性可以将文件分类保存在文件夹中，从而保证所有的工作可以有条不紊地进行。

1. 文件

文件是在逻辑上具有完整意义的一组相关信息的有序集合，如 Word 文档、Excel 电子表格、PPT 演示文稿、音频或视频等都是文件。Windows 浏览器中，这些文件以图标的形式显示，而且每个文件都一个文件名，文件名是用户存取文件的依据。

文件图标是文件类型的直观显示形式，同一类型的文件通常具有相同的文件图标。例如，一个文件的名称是"墨水.mp4"，"墨水"是文件主名，".mp4"是扩展名，如图 3-9 所示。

图 3-9　文件名和图标

在计算机中为文件命名是为了区分不同的文件，因此命名文件必须遵循一定的规则。

（1）文件名称与文件内容相对应，通过文件名称可以大概了解文件的内容。组成文件名的字符可以是英文字母、中文、数字或下画线等。

（2）文件夹的名称最多不能超过 260 个字符，其中存储文件的完整路径的字符个数也被包含在字符数量值中。

（3）在同一个文件夹中不能有相同名字的文件夹，或相同文件主名和扩展名的文件。Windows 10 操作系统不区分英文字母的大小写，因此不能利用大小写区分文件名，如 Num.doc 和 num.doc 在 Windows 10 操作系统中表示同一个文件。

文件除了文件名外还有文件的大小、所有者信息等，这些信息都属于文件属性。如果需查看某文件的属性，只需要右击该文件，在快捷菜单中选择"属性"命令即可打开该文件的"属性"对话框，如图 3-10 所示。

图 3-10 文件的属性

文件对应的"属性"对话框的"常规"选项卡中显示了文件类型、存储的位置、大小等,在"属性"选项区域中勾选"只读"复选框可以将文件设置为只读,即不能修改或删除,此功能可以有效地保护文件;若勾选"隐藏"复选框则可以将文件隐藏,仅当系统设置了"显示隐藏文件"才可被显示出来。

2. 文件夹

计算机为了管理文件,需要将这些文件分类并保存在不同的逻辑组中,这些逻辑组就是文件夹。文件夹分类可以方便用户查找。

文件夹也是由文件夹图标和文件夹名称组成的,文件夹命名的规则和文件命名规则相同,文件夹内不但可以保存文件,还可以存放其他文件夹,文件夹中包含的文件夹被称为"子文件夹"。

3. 文件和文件夹的显示

在 Windows 10 操作系统中更改视图类型即可调整文件和文件夹的显示方式。

在 Windows 资源管理器中,用户可以在"查看"选项卡的"布局"选项组中选择文件和文件夹的显示方式,如图 3-11 所示。

图 3-11 显示方式

（1）超大图标：以最大尺寸的图标显示文件和文件夹。

（2）大图标：以较大尺寸的图标显示文件和文件夹。

（3）中等图标：以中等尺寸的图标显示文件和文件夹。

（4）小图标：以较小尺寸的图标显示文件和文件夹。

（5）列表：以列表的形式显示文件和文件夹。

（6）详细信息：以列表的形式显示文件和文件夹，并显示文件的日期、类型、大小和标记等属性（不同类型的文件夹显示的属性有所区别，可由用户定制）。

（7）平铺：以平铺的方式显示文件。

（8）内容：以列表的形式显示文件和文件夹，并显示文件的类型、大小，文件夹的修改日期。

3.3.2 文件和文件夹的基本操作

Windows 10 的操作系统秉承了所见即所得的风格，对文件或文件夹的操作也是如此，支持用户创建、选定、复制、移动、删除、保存、保护文件和文件夹。

1. 创建文件或文件夹

首先打开需要存储文件或文件夹的位置，在空白处右击，在快捷菜单中选择"新建"命令，在子菜单中选择需要创建的文件类型或"文件夹"，如图 3-12 所示。

图 3-12 "新建"命令

2. 复制粘贴文件或文件夹

复制和粘贴操作也是文件或文件夹最常用的操作之一，在 Windows 10 操作系统资源管理器中用户可以通过多种方法实现此类操作。

1）右键菜单

首先选中需要被复制的文件或文件夹，然后右击鼠标，在快捷菜单中选择"复制"命令，然后再进入目标驱动器或文件夹，再次右击鼠标，在快捷菜单中选择"粘贴"命令，即可完成复制粘贴操作。

2)"工具栏"操作

在资源管理器中选中文件或文件夹，在资源管理器窗口的"工具栏"切换至"主页"选项卡，在"剪贴板"选项组中单击"复制"按钮。再进入目标驱动器或文件夹，在"剪贴板"选项组中单击"粘贴"按钮。

3)快捷键

使用快捷键快速进行复制粘贴操作，选择文件或文件夹，按 Ctrl+C 组合键复制，再进入目标文件夹，按 Ctrl+V 组合键粘贴。

3.4 Windows 10 操作系统个性化设置

本节主要介绍 Windows 10 操作系统个性化设置，包括背景、颜色、锁屏界面、主题、字体、开始和任务栏的设置。

在桌面空白处右击，在快捷菜单中选择"个性化"命令即可进入"设置"窗口的"个性化"设置界面，如图 3-13 所示。

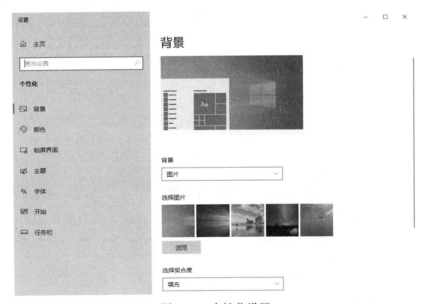

图 3-13　个性化设置

该界面左侧列表栏给出了"个性化"设置的功能分类，如下所示。

- 背景：可以设置桌面的壁纸，单击"浏览"按钮，在打开的对话框中用户可以选择自己喜欢的图像作为壁纸。在"选项契合度"列表中用户还可以设置壁纸填充的方式。
- 颜色：设置菜单文件夹的主题颜色等。
- 锁屏界面：选择计算机锁屏时的背景图像，也可以设置待机时间。
- 主题：设置桌面图标、声音方案和鼠标指针。
- 字体：用于安装字体和筛选 Windows 显示语言。
- 开始：设置"开始"菜单的显示状态。
- 任务栏：设置计算机下方"任务栏"的显示状态。

3.5 Windows 10 操作系统基本安全设置

操作系统可以管理计算机软硬件资源，并为计算机用户提供友好界面，操作系统的安全也关系到软件安全和系统安全。

3.5.1 用户安全设置

在计算机上安装 Windows 10 操作系统后，用户可以设置登录账户的密码，只允许授权密码的用户才能打开该计算机。

单击桌面左下角"开始"按钮，在列表中单击"设置"图标，打开"设置"窗口，单击"帐户"链接，如图 3-14 所示（注：这里 Windows 系统出现错字，"帐"应为"账"，下同）。

图 3-14 "Windows 设置"窗口

进入"帐户信息"界面，在左侧选择"登录选项"选项，在右侧单击"密码"链接，再单击"添加"按钮，如图 3-15 所示。

图 3-15 单击"密码"链接

接着打开"创建密码"窗口，设置密码后单击"下一步"按钮，计算机会自动进入选择账户的界面，一般的计算机系统默认只有一个账户，不需要用户选择，单击"完成"按钮即可完成计算机开机密码的设置。

3.5.2 网络安全设置

网络中有很多不安全因素，其中远程连接是很多病毒和黑客攻击的入口，下面以禁止远程连接功能为例介绍网络安全的设置。

打开"控制面板"窗口，单击"系统和安全"超链接，在更新的"系统和安全"窗口的"系统"选项区域中单击"允许远程访问"超链接。打开"系统属性"对话框，其默认显示的是"计算机名"选项卡，在下方"远程桌面"栏内选中"不允许连接到此计算机"单选按钮，单击"确定"按钮，即可完成禁止远程连接的操作，如图3-16所示。

图 3-16 选中"不允许远程连接到此计算机"单选按钮

练习题

1. 按一般操作方法，下列对于 Windows 桌面图标的叙述中错误的是（　　）。
   A. 所有图标都可以被重命名　　　　B. 所有图标都可以被重新排列
   C. 所有图标都可以被删除　　　　　D. 桌面图标样式都可被更改

2. 在 Windows 安装完成后，桌面上一定会有的图标是（　　）图标。
   A. Word 2016　　　　　　　　　　B. 回收站
   C. 控制面板　　　　　　　　　　　D. 杀毒软件

3. 计算机能一边听音乐，一边玩游戏，这主要体现了 Windows 系统的（　　）。
   A. 文字处理技术　　　　　　　　　B. 自动控制技术
   C. 人工智能技术　　　　　　　　　D. 多任务技术

4. 在 Windows 中，用户可以同时打开多个窗口，此时（　　）。
   A. 所有窗口的程序都处于后台运行状态

B. 所有窗口的程序都处于前台运行状态

C. 只能有一个窗口处于激活状态

D. 只有一个窗口处于前台运行状态，其余的程序则处于停止运行状态

5. Windows 菜单中带省略号（…）的命令菜单意味着（　　）。

　　A. 当前菜单不可用　　　　　　　　B. 打开一个对话框

　　C. 当前菜单命令有效　　　　　　　D. 本菜单命令有下一级菜单

6. 在 Windows 中，在没有清空回收站之前，回收站中的文件或文件夹仍然占用（　　）空间。

　　A. 内存　　　　　　　　　　　　　B. 硬盘

　　C. 软盘　　　　　　　　　　　　　D. 光盘

7. 在 Windows 中，以（　　）为扩展名的文件不是可执行文件。

　　A. COM　　　　　　　　　　　　　B. SYS

　　C. BAT　　　　　　　　　　　　　D. EXE

8. 在 Windows 中，命令菜单呈灰色显示意味着（　　）。

　　A. 该菜单命令当前不能使用

　　B. 选中该菜单命令后将弹出对话框

　　C. 选中该菜单命令后将弹出下级子菜单

　　D. 该菜单命令正在被使用

9. 在 Windows 中，"开始"菜单里的"运行"项的功能不包括（　　）。

　　A. 通过命令形式运行一个程序

　　B. 通过键入"cmd"命令进入虚拟 DOS 状态

　　C. 通过运行注册表程序可以编辑系统注册表

　　D. 设置鼠标操作

10. 在 Windows 中，"记事本"软件可以生成（　　）类型的文件。

　　A. .txt　　　　　　　　　　　　　B. .pcx

　　C. .doc　　　　　　　　　　　　　D. .jpeg

11. 在 Windows 中，系统操作具有（　　）的特点。

　　A. 先选择操作命令，再选择操作对象　　B. 先选择操作对象，再选择操作命令

　　C. 需同时选择操作命令和操作对象　　　D. 允许用户任意选择

第 4 章

Office 的通用操作

Microsoft Office 包括很多组件，但是在人们日常办公中最常用则是 Word、Excel 和 PowerPoint "三件套"，其中，Word 是一款文字处理软件、Excel 是一款电子表格软件、PowerPoint 是一款多媒体演示软件。这 3 个组件有着统一友好的操作界面、通用的操作方法等，而且各组件之间还可以传递、共享数据。

本章将介绍 Office 的通用操作，主要包括 Office 的界面、Office 文档的操作及 3 个组件之间的数据共享。

4.1 Office 界面

Office 界面采用图形化形式，比较直观、易理解，按照"所见即所得"的思想设计，更加人性化。

作为一个系统的、整体的办公软件，Office 在设计和开发阶段就已经对界面和操作进行了统一规范，所以 Office 各组件的界面和操作都很类似，这一点为广大用户带来了极大的方便。但是由于各组件的主要功能及应用范围的不同，其界面亦具有不同之处，本节将介绍 Office 三大组件的界面。

4.1.1 Office 开始界面

本书是基于 Office 2016 版本编写的，该版本在界面上相比 Office 2013 有很大的变化。

从 Windows 开始菜单或通过 Word、Excel 或 PowerPoint 快捷方式打开软件，首先进入开始界面，如图 4-1 所示。

由图 4-1 可见 Office 三大组件的开始界面不但具有很多相同的元素和功能，其结构也相同。开始界面的左侧显示最近使用的文档，在右侧可以新建空白文档或根据模板创建文档等。

下面介绍开始界面中各操作功能的含义。

- 最近使用的文档：列出了按照"今天""昨天""本周"的最近使用的文档的列表，直接选择列表中的文档即可将其打开。

图 4-1 Word、Excel 和 PowerPoint 开始界面

● 搜索联机模板：联网后，在该文本框中输入模板的关键词，单击"开始搜索"按钮，搜索关联该关键词的模板。

● 使用模板：以视图的模式列出本地或联机的各种模板，拖动右侧的滑块可浏览更多模板。在合适的模板上单击可以打开该模板的效果展示，以及相关信息，如图 4-2 所示。单击"创建"按钮即可用该模板新建文档。

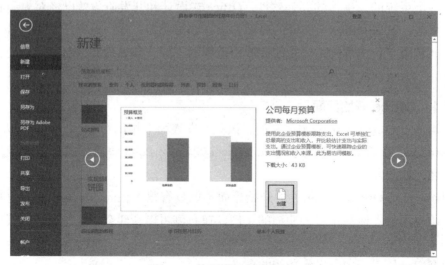

图 4-2 使用模板创建文档

4.1.2 Office 操作界面

在创建文档或打开已有的文档时都会进入操作界面。操作界面是读者需要认真熟悉

的，因为对文档的操作、编辑均在该界面中完成。Word、Excel 和 PowerPoint 编辑的对象不同，其操作界面也有一些区别。

1. Word 操作界面

Word 2016 的操作界面主要由标题栏、快速访问工具栏、功能区选项卡功能区、编辑区、状态栏等组成，如图 4-3 所示。

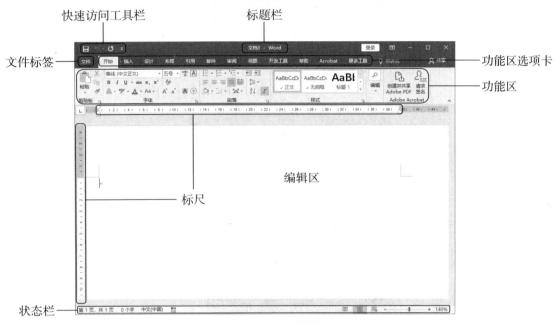

图 4-3　Word 操作界面

Word 操作界面中各部分的作用如下。

● 标题栏：标题栏位于 Word 操作界面的最顶端，它显示正在操作的文档的名称和程序的名称等信息。标题栏最右侧包括 4 个按钮，分别为"功能区显示选项""最小化""最大化"和"关闭"。单击"功能区显示选项"按钮可在列表中选择相应的选项并设置功能区的显示和隐藏，默认为"显示选项卡和命令"，如图 4-4 所示。

图 4-4　功能区的显示或隐藏

● 快速访问工具栏：默认从左向右分别为"保存""撤销""重复上一步"和"自定义快速访问工具栏"按钮。用户可以自定义该工具栏中的按钮，将常用的功能放在此处以方便操作。单击快速访问工具栏右侧"自定义快速访问工具栏"下三角按钮,在列表中用户可以添加"新建""打开"和"拼写和语法"等功能,如图 4-5 所示。除此之外,用户也可在功能区的某个功能按钮上右击,在快捷菜单中选择"添加到快速访问工具栏"命令,如图 4-6 所示。

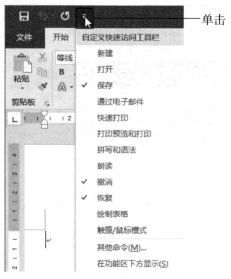

图 4-5 添加功能

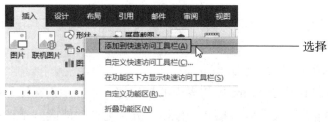

图 4-6 右键添加功能

● 文件标签:单击文件标签可在列表中使用比开始界面更全面的功能,除了"新建"和"打开"外,还包括"信息""保存""另存为""打印"等功能。

● 功能区选项卡和功能区:提供各种快捷操作功能,以便用户进行相关操作。功能区选项卡包括"开始""插入""设计""布局""引用""邮件""视图""审阅"和"帮助"等。切换至不同的选项卡后,功能区将显示相关的功能。

● 标尺:标尺分为水平标尺和垂直标尺两种。通过标尺可以确定文档在屏幕及纸张上的位置。在"视图"选项卡的"显示"选项组中勾选或取消勾选"标尺"复选框可以显示或隐藏标尺。

● 编辑区:位于窗口中间位置,是主要的工作空间。在编辑区用户可以输入文本、编辑文本、插入"图片"、绘制图形等。

● 状态栏:显示文档或其他被选定对象的状态,其右侧显示页面的比例和视图模式,视图模式包括阅读视图、页面视图和 Wed 版式视图,默认为页面视图。

2. Excel 操作界面

Excel 操作界面主要针对单元格中的数据进行处理和分析而设计，如图 4-7 所示。

图 4-7　Excel 操作界面

Excel 主要是处理数据的，因此其操作界面中有如下元素。

- 名称框：用于显示或定义所选单元格或单元格区域的名称。
- 编辑栏：用于显示或编辑选中单元格的内容，也可以是公式。
- 列标题：对工作表的列命名，以大写字母的形式编号。
- 行标题：对工作表的行命名，以小写数字的形式编号。
- 工作表标签：用于显示工作簿中的工作表名称（用户可以自定义）。
- 编辑区：该区域由单元格组成，在工作表中输入内容时其实是在单元格中输入。单元格通过网格线界定，用户可以进一步设置表格的边框。

3. PowerPoint 操作界面

PowerPoint 主要通过文字、图像、图形和表格等元素制作演示文稿，演示文稿中往往包含多个幻灯片。PowerPoint 操作界面除了包含标题栏、功能区等，还包含幻灯片窗格，如图 4-8 所示。

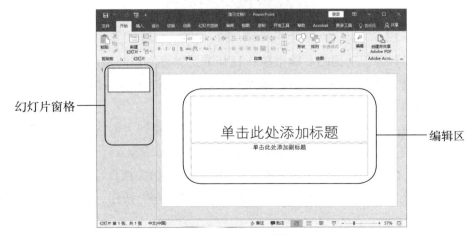

图 4-8　PowerPoint 操作界面

PowerPoint 操作界面功能区包括以下元素。
● 幻灯片窗格：位于操作界面的左侧，系统地列出当前演示文稿中包含的所有幻灯片。
● 编辑区：是编辑幻灯片的主要工作区，是演示文稿的核心区域。在编辑区，用户可以添加文本、"图片"、形状等元素，并且可以对这些元素进行编辑。
● 状态栏：位于操作界面的下方，和 Word 与 Excel 的状态栏相比，有不同的操作按钮，分别为"普通视图""幻灯片浏览""阅读视图"和"幻灯片放映"。

4.2 Office 文档基本操作

一般情况下，Word 文档有两种类型，分别是扩展名为 doc 的"Microsoft Word 97-2003 文档"和扩展名为 docx 的"Microsoft Word 文档"。另外，Excel 和 PowerPoint 与 Word 一样有常用的两种类型，此处不再列举。

4.2.1 新建 Office 文件

在 Word、Excel 和 PowerPoint 中新建文档包括新建空白文档和使用模板新建文档两种方式。

1. 新建空白文档

以 Word 2016 为例，启动软件后系统会显示 Word 的"开始"界面，用户可通过多种方式创建空白文档。

（1）"开始"界面：在 Windows 10 操作系统中单击"开始"按钮，在打开的菜单中选择 Word 2016 命令（图 4-9），启动 Word 2016，在"开始"界面单击"空白文档"图标即可创建空白文档。

图 4-9 通过启动程序

（2）Windows 资源管理器的右键菜单：打开需要保存文档的文件夹，在空白处右击，在快捷菜单中选择"新建"→"Microsoft Word 文档"命令（图 4-10），即可在此文件夹中新建空白文档。

（3）文件标签：在 Word 文档中单击"文件"标签，在列表中选择"新建"选项，在右侧区域中选项"空白文档"选项，即可创建空白文档。

（4）组合键：在 Word 中按 Ctrl+N 组合键即可创建空白文档。

（5）快速访问工具栏：在快速访问工具栏中添加"新建"按钮，然后单击该按钮即可创建空白文档。

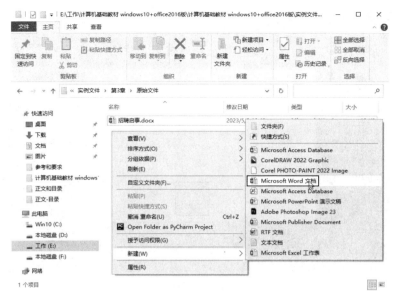

图 4-10 通过右键菜单

2. 使用模板新建文档

Office 2016 为用户提供了很多预设的模板。利用模板，用户可以迅速创建带有格式的文档，在某一模板的基础上可大大提升排版的效率。

（1）从 Windows 10 操作系统"开始"菜单或单击桌面快捷方式进入 Word 的开始界面。在"搜索联机模板"文本框中输入关键字，单击"开始搜索"按钮可以联机查找模板。也可以直接选择下方已有的合适模板，如选择"简洁清晰的求职信"模板，如图 4-11 所示。

图 4-11 选择模板

（2）在弹出的面板中查看该模板的效果和相关信息，单击"创建"按钮，如图 4-12 所示。

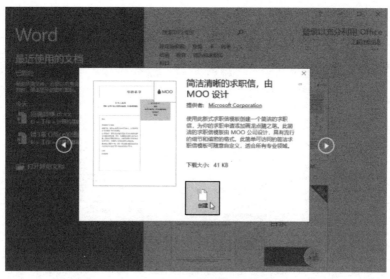

图 4-12　单击"创建"按钮

（3）打开带有模板内容的文档，如图 4-13 所示。

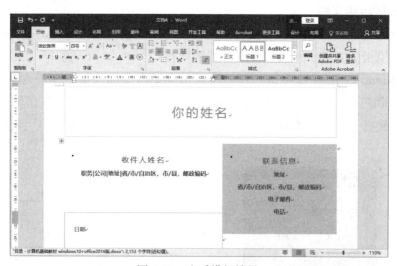

图 4-13　查看模板效果

4.2.2　打开 Office 文件

如果需要浏览或编辑现有 Office 文档，首先需要打开该文档。打开现有 Office 文档的方法有很多种，下面以 Excel 为例。

（1）双击文档：在 Windows 资源管理器中直接双击文档，Windows 会利用默认的关联程序打开这一文档。用户也可以右击文件，在快捷菜单中选择"打开"命令。

（2）文件标签：在 Excel 中单击"文件"标签，在列表中选择"打开"选项，在右侧"打开"选项区域中双击"这台电脑"或单击"浏览"选项，如图 4-14 所示。在弹出的"打开"对话框中选择文档，单击"打开"按钮即可，如图 4-15 所示。

第4章 Office 的通用操作

图 4-14 选择"打开"选项

图 4-15 "打开"对话框

提示：设置最近使用文档的显示数量

在 Word、Excel 和 PowerPoint 组件的开始界面和"打开"界面均会默认显示最近使用的文档列表，该列表是按照时间排序的，用户可以设置显示最近使用文档的数量。

以 Excel 为例，单击"文件"标签，在列表中选择"选项"选项，打开"Excel 选项"对话框，选择"高级"选项，在右侧"显示"选项区域中设置"显示此数目的'最近使用的文档'"的数量，单击"确定"按钮即可，如图 4-16 所示。

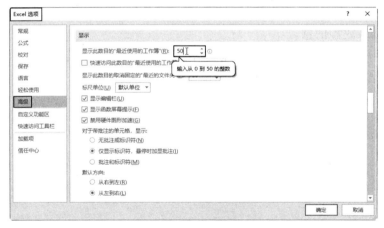

图 4-16 设置显示数量

4.2.3 查看 Office 文件的信息

通过"文件"标签可以查看文档的详细信息，如大小、页数、字数、创建时间及作者等。用户也可以根据需要对其进行更改，下面以 Word 为例介绍查看文档信息的方法。

打开"招聘启事.docx"Word 文档，单击"文件"标签，在列表中选择"信息"选项，则在右侧显示该文档的基本属性，如大小、页数等，如图 4-17 所示。

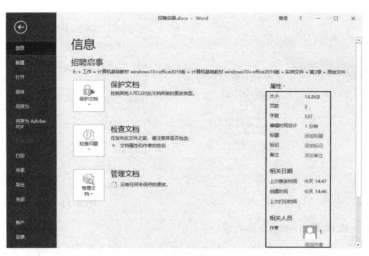

图 4-17　选择"信息"选项

用户还可以查看文档更多的属性,单击"属性"右侧的"更多"按钮,在列表中选择"高级属性"选项(图 4-18),即可打开对应的文件属性对话框,其包括"常规""摘要""统计"和"内容"等选项卡。其中:"常规"选项卡显示文档的类型、保存位置、大小、创建时间等;"摘要"选项卡中内容是可以编辑的,"作者"的属性默认取自 Windows 登录用户的名称,也可以修改为其他名称,如图 4-19 所示;"统计"选项卡中显示页数、段落数、行数、字数等信息。

图 4-18　选择"高级属性"选项

图 4-19　"摘要"选项卡

提示:"摘要"选项卡中的内容

"摘要"选项卡中的"标题""主题""作者""主管""单位"和"备注"等信息不会直接在文档中显示,只是作为文件的属性而被记录在"文件头"或 XML 文件中。

4.2.4 保存 Office 文件

创建或修改文档后,还需要将之保存,否则文档的信息会丢失,所以应当养成随时保存的习惯。下面以 Word 文档为例介绍新建文档、已有文档、需要另存的文档之保存方法,以及设置自动保存的方法。

1. 保存新建文档

在新建的文档中编辑内容后,在保存时需要设置文档的名称、保存的位置等。具体保存方法有以下几种。

(1)快捷保存:在新建的文档中单击快速访问工具栏中"保存"按钮,或者按 Ctrl+S 组合键,如图 4-20 所示。Word 将打开"另存为"界面。用户在中间"另存为"选项区域中双击"这台电脑"或单击"浏览",在打开的"另存为"对话框中设置保存的文件名称、类型和保存的位置,单击"保存"按钮即可完成保存操作,如图 4-21 所示。

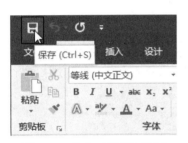

图 4-20 单击"保存"按钮

图 4-21 "另存为"对话框

(2)文件标签:单击"文件"标签,在列表中选择"另存为"或"保存"选项,均可打开"另存为"界面,根据上述操作即可保存。

2. 保存已有文档

对保存过的文档进行修改编辑后,如果还需要以原名称和原位置保存,可以直接单击快速访问工具栏上的"保存"按钮,或按 Ctrl+S 组合键即可。

3. 另存为文档

对保存过的文档进行修改编辑后,若希望修改文档的名称、文档类型或保存路径等,则可以使用以下两种方法。

(1)在 Windows"资源管理器"中复制文档:在 Windows"资源管理器"中选择需要另存的文件并右击,在快捷菜单中选择"复制"命令(Ctrl+C 组合键),如图 4-22 所示。再打开需要保存文档的文件夹,在空白处右击,在快捷菜单中选择"粘贴"命令(Ctrl+V 组合键),即可另存为文档,如图 4-23 所示。

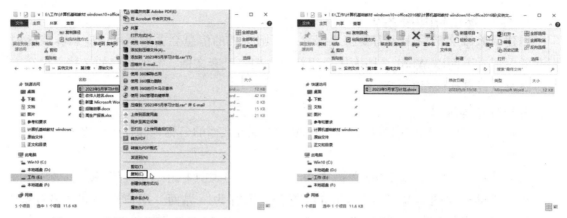

图 4-22 选择"复制"命令　　　　　图 4-23 另存为文档

（2）"文件"标签另存文档：单击"文件"标签，在列表中选择"另存为"选项（Ctrl+Shift+S 组合键），打开"另存为"界面，双击"这台电脑"，打开"另存为"对话框，设置文件名、文件类型、保存路径后，单击"保存"按钮即可。

提示：通过"另存为"自定义模板

4.2.1 节介绍了使用模板创建文档的方法，用户还可以自定义模板以方便创建同一规范的文档。Word、Excel 或 PowerPoint 自定义模板操作方法相同，下面以"招聘启事.docx"Word 文档为例介绍具体的操作方法。

（1）打开"招聘启事.docx"Word 文档，单击"文件"标签，选择"另存为"选项，打开"另存为"对话框，设置"保存类型"为"Word 模板（*.dotx）"，此时 Word 会自动将文件保存到"自定义 Office 模板"文件夹中，不需要用户额外修改保存路径，单击"保存"按钮，如图 4-24 所示。

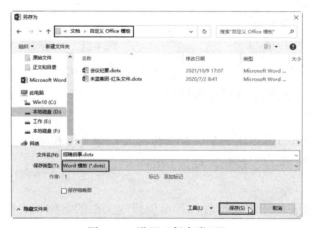

图 4-24 设置"保存类型"

（2）如果需要使用该模板，可以单击"文件"标签，选择"新建"选项，在右侧区域选择"个人"选项，下面就会显示已保存的自定义"招聘启事"模板，单击该模板即可使用该模板，如图 4-25 所示。

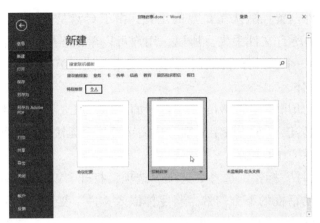

图 4-25　应用自定义模板

4. 文档保存设置

Office 的各个组件（包括 Word、Excel 和 PowerPoint 等）都有独立的系统设置功能，可以让用户设置保存的参数。下面以 Word 为例介绍具体操作方法。

单击"文件"标签，在列表中选择"选项"选项，打开"Word 选项"对话框，在左侧选择"保存"选项，在右侧的"保存文档"选项区域中即可设置保存的相关参数，如图 4-26 所示。

图 4-26　设置保存参数

下面介绍保存参数的含义。

● 将文件保存为此格式：默认为"Word 文档 (*.docx)"格式，单击右侧"更多选项"按钮 之后可以在列表中选择合适的类型定义 Word 默认的文档保存格式。

● 保存自动恢复信息时间间隔：指自动恢复的文档缓存保存间隔时间，默认为 10 分钟。勾选该复选框后可在右侧数值框中输入数字，单位为分钟。如果计算机出现故障突然关闭，则用户可以根据下方"自动恢复文件位置"的设置路径查找到上次自动保存的文件。

● 如果我没保存就关闭，请保留上次自动恢复的版本：该选项默认情况下是勾选的。

● 自动恢复文件位置：默认在 C 盘的位置，由于 C 盘是系统盘，有时系统崩溃重装系统会导致 C 盘上的所有文件丢失。所以，用户可以单击右侧"浏览"按钮，在"修改位置"对话框中选择一个新的保存路径，单击"确定"按钮予以确认。

5. 保存特殊的字体

在编辑文档时，如果使用非 Windows 自带的字体，那么将文档共享、发送给其他人浏览时，对方计算机若没有安装该字体则对应文字可能会无法正常显示。Word 2016 为此提供"将字体嵌入文件"的功能。

首先，单击"文件"标签，选择"选项"选项，打开"Word 选项"对话框，切换至"保存"选项卡，在对话框的下方勾选"将字体嵌入文件"复选框即可激活下方"仅嵌入文档中使用的字符 (适于减小文件大小)"复制框，勾选之，单击"确定"按钮即可，如图 4-27 所示。

图 4-27　将字体嵌入文件中

4.2.5　保护 Office 文件

创建一个 Office 文件后，其他用户也可以打开并查看该文件的内容，为了防止重要的内容泄露，可以为文件添加保护。Office 为 Word、Excel 和 PowerPoint 提供了类似的文件保护功能，下面以 Word 文档为例介绍保护文档的几种方法。

1. 标记为最终状态

Word 将始终以只读方式打开被标记为最终状态的文档，并询问读者是否加入编辑，防止他人意外更改文档。具体操作方法如下。

（1）打开"招聘启事 .docx"文档，单击"文件"标签，选择"信息"选项，单击"保护文档"（Excel 中为"保护工作簿"、PowerPoint 中为"保护演示文稿"）下方的"更多"按钮，在列表中选择"标记为最终状态"选项，如图 4-28 所示。

图 4-28　选择"标记为最终状态"选项

（2）此时，Word 将弹出提示对话框，显示"此文档将先被标记为终稿，然后保存"，单击"确定"按钮，如图 4-29 所示。

图 4-29　提示对话框

（3）接着又会弹出提示对话框，直接单击"确定"按钮，然后该文档就会被标记为最终状态，如图 4-30 所示。

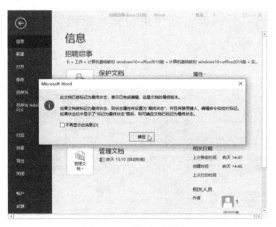

图 4-30　提示对话框

（4）将该文档保存并关闭，当再次打开该文档，标题栏将显示"[只读]"，同时功能区也将被禁用，只显示"标记为最终版本"的提示，文档的摘要信息也无法再被修改，如图 4-31 所示。

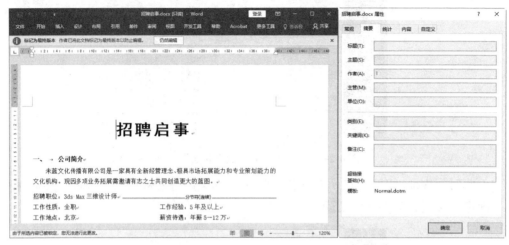

图 4-31　标记为最终版本的效果

提示：修改只读文档或退出只读模式

在打开只读文档后，如果需要编辑文档，可单击"仍然编辑"按钮，随后 Word 会更新激活功能区，启用编辑功能。

如果需要退出只读模式，可打开该文档，单击"文件"标签，在"信息"选项中再次单击"保护文档"下"更多"按钮，在列表中选择"标记为最终状态"选项即可退出该保护模式。

2. 加密文档

加密可以对文档进行有效保护，只允许拥有授权密码的用户才能打开该文档。下面介绍具体操作方法。

（1）打开需要加密的文档，进入"信息"选项区域，单击"保护文档"下"更多"按钮，在列表中选择"用密码进行加密"选项。打开"加密文档"对话框，在"密码"文本框中输入密码，单击"确定"按钮，如图 4-32 所示。

（2）打开"确认密码"对话框，在"重新输入密码"文本框中输入密码，单击"确定"按钮即可，如图 4-33 所示。

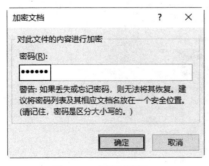

图 4-32　设置密码

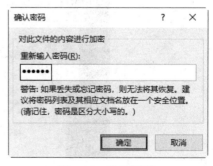

图 4-33　确认密码

（3）保存并关闭文档，再次打开该文档时，Word 将弹出"密码"对话框，只有授权密码的用户才可以打开该文档，如图 4-34 所示。

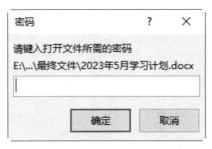

图 4-34　"密码"对话框

在设置密码后，未保存、关闭该文档时，该文档仍然可以被编辑。只有在关闭保存文档后设置的密码才有效。需要特别注意的是，文档被设置密码保护后，一定要记住密码，否则是无法打开该文档的。

提示：取消密码保护

如果要取消密码保护，可以直接打开"加密文档"对话框，清除密码后，单击"确定"按钮即可。

3. 限制编辑

限制编辑功能可以控制其他人在被保护的文档中做有限的操作。用户可以通过两种方法启用"限制编辑"功能。

（1）"信息"选项区域：单击"文件"标签，在"信息"选项区域中单击"保护文档"下"更多"按钮，在列表中选择"限制编辑"选项，如图 4-35 所示。

（2）功能区：切换至"审阅"选项卡，单击"保护"选项组中"限制编辑"按钮，如图 4-36 所示。

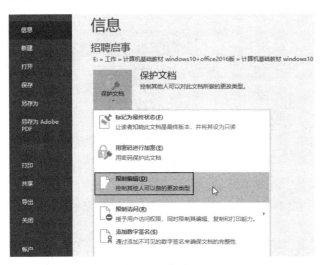

图 4-35　选择"限制编辑"选项　　　　图 4-36　单击"限制编辑"按钮

用以上任意一种方法均会在编辑区右侧打开"限制编辑"导航窗格，其中包括"格式化限制""编辑限制"和"启动强制保护"三种方法，如图4-37所示。

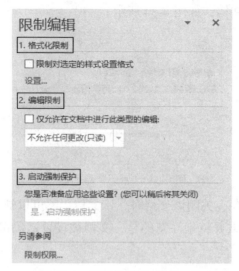

图4-37 "限制编辑"导航窗格

（3）格式化限制：该方法可以对文档中格式操作进行限制，勾选该复选框后，即可启用对文档格式的限制编辑功能。下面介绍具体操作方法。

①在打开的"限制编辑"导航窗格中勾选"限制对选定的样式设置格式"复选框，此时，导航窗格下方的"是，启动强制保护"按钮被激活，单击下方 设置... 链接，如图4-38所示。

②打开"格式化限制"对话框，在"当前允许使用的样式"列表框中选择可使用的样式（也可以单击"全部""推荐的样式"和"无"按钮快速进行选择），单击"确定"按钮即可，如图4-39所示。

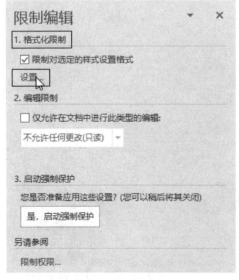

图4-38 单击设置链接

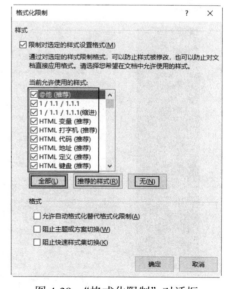

图4-39 "格式化限制"对话框

（4）限制编辑：设置可对文档本身进行编辑的限制条件，下面介绍具体的操作方法。

①在打开的"限制编辑"导航窗格中勾选"仅允许在文档中进行此类型的编辑"复选框，然后单击"更多"按钮，在列表中选择合适的选项。例如，选择"批注"选项，如图4-40所示。那么该文档将只允许添加批注，不能进行其他操作。

②在"例外项（可选）"选项区域中可以设置例外的用户，单击"更多用户"链接，在打开的"添加用户"对话框中，输入例外的用户名称，之间使用分号隔开即可，如图4-41所示。

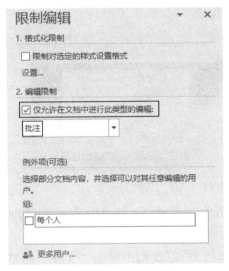

图4-40　设置允许的操作

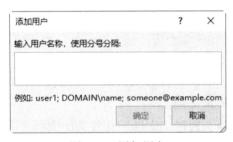

图4-41　添加用户

（5）启动强制保护：设置前两项中任意一项后，必须启用该项才能让设置的保护起作用。设置以上任意一项后，单击"是，启动强制保护"按钮，打开"启动强制保护"对话框，设置密码后单击"确定"按钮即可完成限制编辑的操作，如图4-42所示。

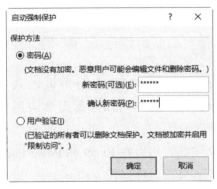

图4-42　设置保护密码

设置完成后，在导航窗格的下方将显示"停止保护"按钮，如果需要取消之前的设置，可以单击该按钮，打开"取消保护文档"对话框，输入设置的密码，单击"确定"按钮即可。

4.2.6 关闭 Office 文件

在完成对文档的编辑操作后若已保存，则此时可以关闭该文档。Office 组件关闭文件的方法都一样，基本上包括 4 种。下面以 Word 为例介绍具体操作。

（1）单击"关闭"按钮关闭文档。在标题栏的右侧单击"关闭"按钮，如图 4-43 所示。如果已经保存文档则 Word 将直接关闭该文档，如果未保存则 Word 将弹出提示对话框，此时直接保存即可。

（2）通过右键快捷菜单关闭文档。在标题栏或快速访问工具栏中右击，在快捷菜单中选择"关闭"命令，如图 4-44 所示。在快速访问工具栏中双击也可直接关闭该文档。

图 4-43 单击"关闭"按钮　　　图 4-44 选择"关闭"命令

（3）快捷键关闭文档。将需要关闭的文档设置为当前窗口，按 Atl+F4 组合键即可快速关闭该文档。

（4）通过"文件"标签关闭文档。在需要关闭的 Word 文档中单击"文件"标签，选择"关闭"选项即可。

4.3　Word、Excel 和 PowerPoint 之间的共享

Word、Excel 和 PowerPoint 是 Office 中的 3 个常用组件，作为套装软件，三者之间是可以进行数据传输和共享的。本节将介绍 Word、Excel 和 PowerPoint 之间的主题共享和数据共享。

4.3.1　主题共享

文档主题在 Word、Excel 和 PowerPoint 之间是可以共享的，在一个组件中的自定义主题可以在其他组件中调用，这样可以确保需要应用相同主题的 Office 文档保持一致。

首先，在 Word 中自定义主题，然后在 Excel 和 PowerPoint 中应用自定义的主题，实现 3 个组件之间主题共享。下面介绍具体操作方法。

（1）在 Word 中自定主题，打开 Word 文档，切换至"设计"选项卡，单击"文档格式"选项区域中"颜色"下"主题颜色"按钮，在列表中选择"橙色"选项，设置主题的颜色，如图 4-45 所示。

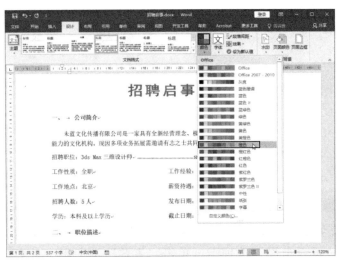

图 4-45　设置主题颜色

（2）单击"文档格式"选项组中"字体"下"主要字体"按钮，在列表中选择"自定义字体"选项，打开"新建主题字体"对话框，分别设置西文和中文的"标题字体"和"正文字体"，单击"保存"按钮，如图 4-46 所示。

（3）保存主题，单击"文档格式"选项组中"主题"下"主题"按钮，在列表中选择"保存当前主题"选项，如图 4-47 所示。

图 4-46　设置主题字体　　　　　　图 4-47　选择"保存当前主题"选项

（4）在弹出的"保存当前主题"对话框中设置"保存类型"为"Office 主题 (*.thmx)"，保持默认的存储路径，输入文件名为"橙色主题"，单击"保存"按钮，如图 4-48 所示。

（5）在 Word 中再次单击"主题"下"主题"按钮，在"自定义"区域显示自定义的"橙色主题"，如图 4-49 所示。

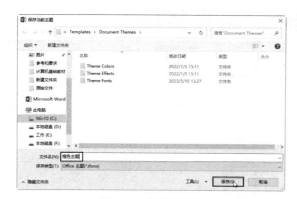 

图 4-48　保存主题　　　　　　　　图 4-49　查看自定义的主题

（6）接下来查看在 Excel 和 PowerPoint 中是否能应用自定义的"橙色主题"。打开 Excel，切换至"页面布局"选项卡，单击"主题"选项组中"主题"下"主题"按钮，在列表下"自定义"区域已有"橙色主题"，选择该主题即可直接应用之，如图 4-50 所示。

图 4-50　Excel 中包含自定义的主题

（7）打开 PowerPoint，切换至"设计"选项卡，单击"主题"选项组中"其他"按钮，可以发现在列表中也包含"橙色主题"，如图 4-51 所示。

图 4-51　PowerPoint 中包含自定义的主题

4.3.2 数据共享

Word、Excel 和 PowerPoint 三个组件处理的对象不同，其优势也不同，为了能高效地创建和处理综合性的文档，用户可以在各组件之间共享数据。下面介绍几种数据共享的方法。

1. 剪贴板共享

在 Word、Excel 和 PowerPoint 任意一个组件中复制对象，例如，文字、图像、表格等，在其他两个组件中都可以由剪贴板粘贴该对象。下面以在 Word 中复制文本为例介绍具体操作方法。

（1）打开 Word 文档，选择需要复制的文本，在"开始"选项卡的"剪贴板"选项组中单击"复制"按钮（Ctrl+C 组合键）复制选中的文本，如图 4-52 所示。

（2）打开 Excel，选择单元格，按 Ctrl+V 组合键粘贴文本即可，如图 4-53 所示。

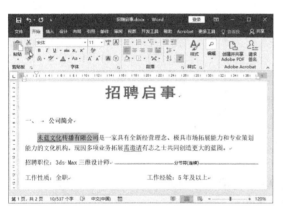
图 4-52　在 Word 中复制文本

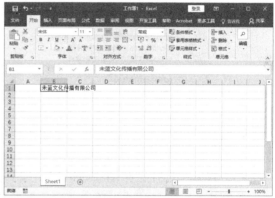
图 4-53　在 Excel 中粘贴文本

（3）打开 PowerPoint，按 Ctrl+V 组合键即可粘贴文本，如图 4-54 所示。

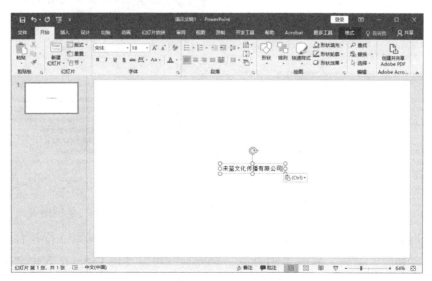
图 4-54　在 PowerPoint 中粘贴文本

2. 在 Word、PowerPoint 中调用 Excel 数据

在 Word 和 PowerPoint 中可以调用 Excel 表格数据，并且数据是相互链接的，修改 Excel 数据，Word 和 PowerPoint 中数据也会更新。下面以在 PowerPoint 中调用 Excel 中图表为例介绍具体的操作方法。

（1）打开"2022—2023 年各地区销售额.xlsx"工作簿，选择创建的条形图，按 Ctrl+C 组合键复制，如图 4-55 所示。

（2）打开 PowerPoint，切换至"开始"选项卡，单击"剪贴板"选项组中"粘贴"下"粘贴"按钮，在列表中选择"选择性粘贴"选项，如图 4-56 所示。

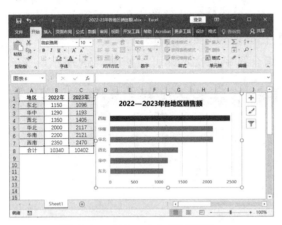

图 4-55　在 Excel 中复制图表　　　　　图 4-56　选择"选择性粘贴"选项

（3）打开"选择性粘贴"对话框，选中"粘贴链接"单选按钮，使 Excel 中复制的图表与原图表之间保持链接，单击"确定"按钮，如图 4-57 所示。

（4）在当前幻灯片中粘贴 Excel 中图表，如图 4-58 所示。

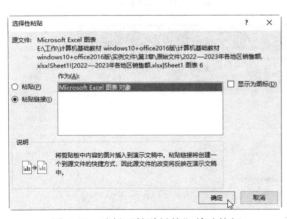 

图 4-57　选择"粘贴链接"单选按钮　　　　　图 4-58　粘贴图表

（5）返回到 Excel 工作簿中删除第 2 行"东北"的数据。选择第 2 行并右击，在快捷菜单中选择"删除"命令，如图 4-59 所示。删除后，可以发现 Excel 图表中"东北"的条形图也会被删除。

（6）再次打开 PowerPoint 时，将弹出对话框，如图 4-60 所示。

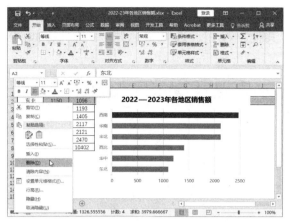
图 4-59 删除数据

图 4-60 打开 PowerPoint

（7）单击"更新链接"按钮，打开 PowerPoint，可见图表中已无"东北"的数据，如图 4-61 所示。

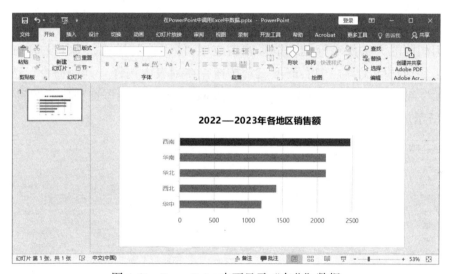
图 4-61 PowerPoint 中不显示"东北"数据

在 PowerPoint 中链接 Excel 中的数据时也可以通过 PowerPoint 中的图表打开链接的 Excel 数据。在 PowerPoint 中双击图表，即可打开与图表关联的 Excel 工作簿源文件，可以对数据进行修改。

3. Word 与 PowerPoint 之间的共享

Word 与 PowerPoint 之间的数据共享主要体现在三个方面：首先，是将 Word 文档的内容发送到 PowerPoint 中；其次，是在 PowerPoint 中导入 Word 文档的大纲；最后，是使 Word 为幻灯片创建讲义。

1）将 Word 文档的内容发送到 PowerPoint 中

Word 的内置样式与 PowerPoint 中的文本存在着对应的关系，一般来说，标题 1 对应幻灯片的标题，因此，可根据"标题 1"将内容发送到不同的幻灯片中。

(1)打开"项目计划书.docx"文档,将光标定位在标题文本中,切换至"开始"选项卡,单击"样式"选项组中"其他"按钮,选择"标题1"选项,如图4-62所示。

图4-62 应用"标题1"样式

(2)用相同的方法使章标题和节标题均应用"标题1"样式,为正文应用"标题2"样式。单击快速访问工具栏中右侧下三角按钮,在列表中选择"其他命令"选项,打开"Word选项"对话框,将"发送到Microsoft PowerPoint"功能添加到快速访问工具栏中,如图4-63所示。

图4-63 添加"发送到Microsoft PowerPoint"功能

(3)"发送到Microsoft PowerPoint"功能被添加到快速访问工具栏后,单击该按钮即可将Word文档中文档快速转到PPT演示文稿中,并且可自动实现分页显示。进入"幻灯片浏览"视图即可查看效果,如图4-64所示。

第 4 章 Office 的通用操作

图 4-64 查看演示文稿的效果

2）在 PowerPoint 中导入 Word 文档的大纲

在 PowerPoint 中导入 Word 文档的大纲，同样需要先为 Word 中的文本应用样式，然后从 PowerPoint 中提取 Word 的大纲。

（1）打开"关于企业体制改革方案.docx"文档可以发现已经为文本应用样式，切换至"视图"选项卡，勾选"显示"选项组中"导航窗格"复选框，右侧的"导航"窗格中将显示 Word 文档的大纲，如图 4-65 所示。

（2）关闭 Word 文档，打开 PowerPoint，在"开始"选项卡中单击"幻灯片"选项组的"新建幻灯片"下"新建幻灯片"按钮，在列表中选择"幻灯片（从大纲）"选项，如图 4-66 所示。

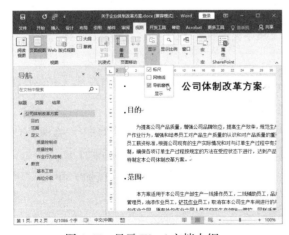

图 4-65 显示 Word 文档大纲

图 4-66 选择"幻灯片（从大纲）"选项

79

（3）打开"插入大纲"对话框，选择"关于企业体制改革方案.docx"文档，单击"插入"按钮，如图4-67所示。

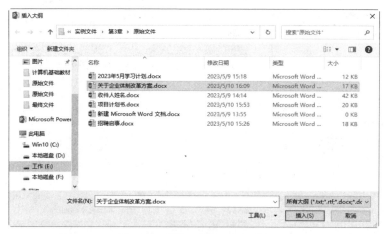

图4-67　"插入大纲"对话框

（4）在PowerPoint中新建幻灯片并提取Word中的大纲，然后即可对比步骤（1）的大纲，如图4-68所示。

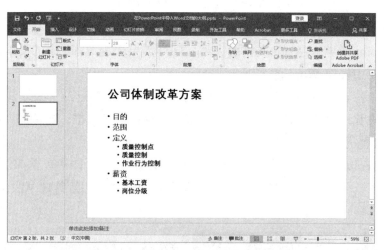

图4-68　提取Word文档中大纲的效果

3）用Word为幻灯片创建讲义

用Word为幻灯片创建讲义是将PowerPoint中幻灯片导到Word文档中，下面介绍具体操作方法。

（1）打开"企业宣传.pptx"演示文稿，单击"文件"标签，选择"导出"选项，在中间区域选择"创建讲义"选项，单击右侧的"创建讲义"按钮，如图4-69所示。

（2）打开"发送到Microsoft Word"对话框，选择"粘贴链接"单选按钮，单击"确定"按钮，如图4-70所示。

 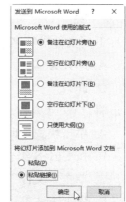

图 4-69　单击"创建讲义"按钮　　图 4-70　"发送到 Microsoft Word"对话框

提示:"粘贴"和"粘贴链接"的区别

在"将幻灯片添加到 Microsoft Word 文档"区域包含"粘贴"和"粘贴链接"两个单选按钮,"粘贴"单选按钮可以将演示文稿中内容发送到 Word 中,之后二者之间没有关联。"粘贴链接"单选按钮可以在演示文稿中的内容更新时使 Word 中的内容同步更新。

(3) 打开 Word 文档,其中包括"企业宣传.pptx"演示文稿所有内容,如图 4-71 所示。

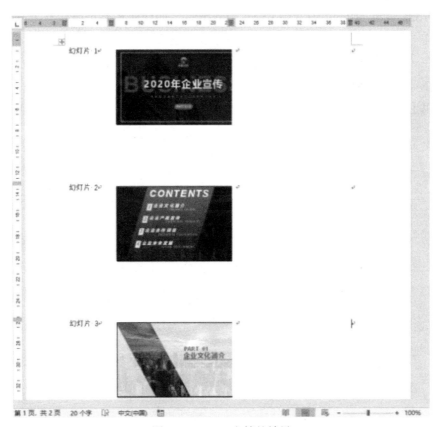

图 4-71　Word 文档的效果

练习题

1. 下列文件扩展名中不属于 Word 模板文件的是（   ）。

    A. DOCX   B. DOTM

    C. DOTM   D. DOT

2. 将"Word 素材.docx"文件另存为"Word.docx"文件，正确的操作是（   ）。

    A. 单击快速访问工具栏中"保存"按钮，在打开对话框中重命名并保存

    B. 按 Ctrl+S 组合键，在打开对话框中重命名并保存

    C. 单击"文件"标签，选择"另存为"选项，在打开对话框中重命名

    D. 以上方法都可以

3. 若需要对 Word 文档进行保护，以下说法正确的是（   ）。

    A. 标记为最终状态后，用户将无法对文档进行编辑

    B. 用密码进行加密后，用户若不知道密码则只可以打开文档，如果编辑文档就需要输入密码

    C. 限制编辑文档时，设置格式化限制或编辑限制后，无须设置"启动强制保护"也可以保护文档

    D. 用密码进行加密后，用户只有拥有授权密码才能打开文档

4. 在 Word、PowerPoint 中调用 Excel 中数据时，如何实现数据链接？（   ）

    A. 在"粘贴"列表中选择"保留源表格式"选项。

    B. 在"选择性粘贴"对话框中选择"粘贴链接"单选按钮。

    C. 在"选择性粘贴"对话框中选择"粘贴"单选按钮。

    D. 以上方法都可以。

第 5 章

使用 Word 2016 高效创建电子文档

Word 是现代企业日常办公中不可或缺的工具之一，目前被广泛应用于财务、人事、统计等众多领域，是集文字编辑、页面排版、打印输出等一体的文字处理软件。

本章将介绍文本的编辑、长文档的编辑、文档的美化、修订文档及邮件合并等内容。通过学习本章，读者可以使用 Word 处理实际学习和工作中的各种文档，如论文排版、海报制作、批量制作邀请函等。

5.1 输入并编辑文本

使用 Word 软件可以创建各种文档，如信件、通知、通告、报告、证明等，它们都是由文字组成的，当然都有各自的格式。在文档中输入文本也是需要掌握的最基本的技能，最常见输入内容包括文本、标点符号、英文、数字及特殊字符等。

5.1.1 输入文本

文本是文档中最基本的元素之一，也是表达信息的主要方式，Word 支持输入的文本包括中文、英文、数字、日期及特殊符号等。

在 Word 文档中将光标定位在需要输入文本的位置，然后切换输入法即可输入文本。输入完成一段文字后，如果需要换行直接按 Enter 键分段即可，当文本输入到行末时，Word 会自动换行。在 Word 中将一段文本设置为文本格式或段落格式，按 Enter 键后则下一段文本会应用上一段文本的设置。如果想在段中分行不分段，则可以按 Shift+Enter 组合键。

下面介绍切换输入法的方法。

（1）按 Ctrl+Shift 组合键可切换各种输入法。

（2）按 Shift 键可以在输入法的中 / 英文之间切换。

在编辑长文档时，为了方便快速将光标定位到指定的位置，可以使用快捷键进行定位，如表 5-1 所示。

表 5-1 定位插入点的快捷键和功能

快 捷 键	定位的位置
Page Down	将光标向后移动一页
Page Up	将光标向前移动一页
Home	将光标定位至行首
End	将光标定位至行尾
Ctrl+Page Down	将光标定位至上一页的页首
Ctrl+Page Up	将光标定位至下一页的页首
Tab	将光标右移，并在光标前插入制表符
Backspace	将光标左移，并删除光标前一个字符
Ctrl+Home	将光标定位到文档开头
Ctrl+End	将光标定位到文档结尾

在 Word 中输入文本的方法很简单，只需要熟练使用某种输入法即可。下面介绍几种输入特殊内容的方法。

1. 输入可以自动更新的日期和时间

（1）打开 Word，在文档中首先将光标定位在需要插入日期的位置，切换至"插入"选项卡，单击"文本"选项组中"日期和时间"按钮，如图 5-1 所示。

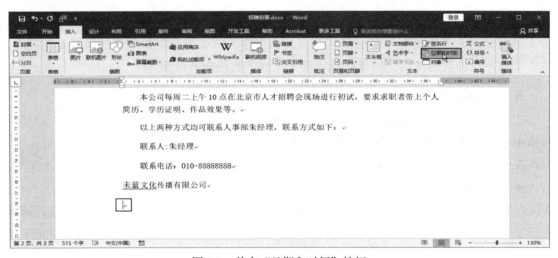

图 5-1 单击"日期和时间"按钮

（2）在弹出的"日期和时间"对话框中，在"可用格式"列表中选择合适的日期格式，如"2023 年 5 月 10 日星期三"，勾选"自动更新"复选框，单击"确定"按钮，如图 5-2 所示。

（3）返回文档中，可见在光标处已插入了被选中的日期格式，如图 5-3 所示。

图 5-2 选择日期格式

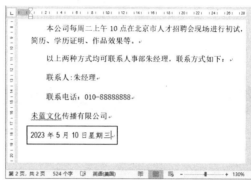

图 5-3 查看输入日的效果

（4）再将光标定位在该行文本的最右侧，用同样的方式打开"日期和时间"对话框，在"可用格式"列表框中选择合适的时间格式，勾选"自动更新"复选框，单击"确定"按钮，如图 5-4 所示。

（5）返回文档中在日期的右侧添加时间，此时日期和时间会自动更新。若现在时间是"8:39 PM"，保存并关闭文档，稍等片刻再打开该文档查看时间的变化，如图 5-5 所示。

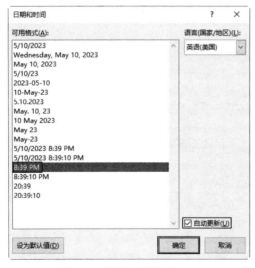

图 5-4 选择时间格式

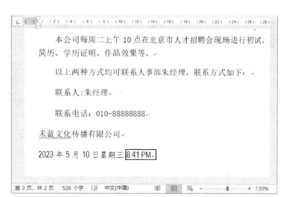

图 5-5 时间更新的效果

提示：快速插入日期和时间

用户也可以使用快捷键快速在文档中插入系统中当前的日期和时间，方法如下。

①在插入点的位置按下快捷键 Alt+Shift+D，即可快速插入系统中当前的日期；

②在插入点的位置按下快捷键 Alt+Shift+T，即可快速插入系统中当前的时间。

2. 为汉字添加拼音

在 Word 2016 中当文档中有生僻汉字或容易读错的汉字时,用户可以使用"拼音指南"功能为汉字添加注音,方法如下。

(1)打开"为汉字添加拼音.docx"文档,在文档中选中需要添加注音的文本内容,在"开始"选项卡下的"字体"选项组中,单击"拼音指南"按钮,如图 5-6 所示。

(2)在打开的"拼音指南"对话框中,预览拼音的显示效果并设置拼音的格式后,单击"确定"按钮,如图 5-7 所示。

图 5-6 单击"拼音指南"按钮

图 5-7 "拼音指南"对话框

(3)返回文档中,查看添加拼音后的文本效果,如果发现某句话中的注音有误,则可以选中该句文本,再次单击"拼音指南"按钮,如图 5-8 所示。

(4)打开"拼音指南"对话框,在"拼音文字"文本框中输入正确的汉字注音后,单击"确定"按钮,如图 5-9 所示。

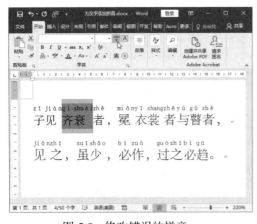

图 5-8 修改错误的拼音

图 5-9 输入正确的拼音

5.1.2 插入特殊符号

在 Word 中输入文本时,经常会遇到无法直接使用键盘输入的符号,此时需要通过"符号"对话框输入之。下面介绍具体操作方法。

（1）打开"招聘启事.docx"文档，将光标定位在需要插入特殊符号的位置，即"薪资待遇"右侧 8 和 12 之间。切换至"插入"选项卡，单击"符号"选项组中"符号"右侧"插入符号"按钮，在列表中选择"其他符号"选项，如图 5-10 所示。

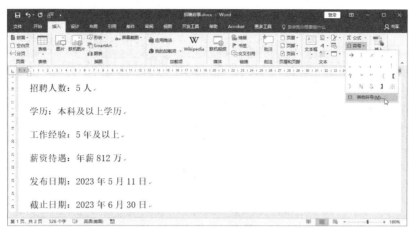

图 5-10　选择"其他符号"选项

（2）在弹出的"符号"对话框中设置"字体"为"Wingdings"，在中间区域选择合适的符号，单击"插入"按钮，此时"取消"按钮将变为"关闭"按钮，单击之即可关闭对话框，如图 5-11 所示。

（3）返回文档中，即可在光标定位处插入选中符号，如图 5-12 所示。

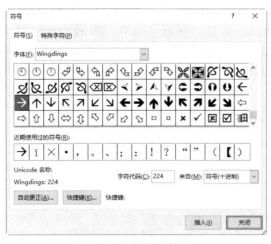

图 5-11　选择特殊符号

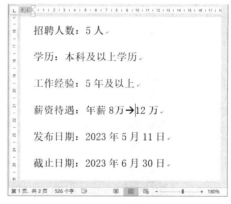

图 5-12　查看插入的符号

操作： 输入按键的上方符号

在键盘上部分按键显示了上下两种标点符号，当标点符号在键盘的按键下方时，直接按对应的按键即可输入。如果符号在按键的上方，则可以按住 Shift 键再按对应的按键，输入上方的符号。

在 5.1.1 节为汉字添加拼音的部分内容中，有时需要修改拼音并输入声调，此时也可以通过"符号"对话框完成。首先在文档中定位光标，然后打开"符号"对话框，设置

"字体"为"(普通文本)","子集"为"拉丁语扩充-A",然后选择"ī",如图 5-13 所示。复制插入的符号,再在"拼音文字"文本框粘贴即可。

图 5-13　添加声调

5.1.3　自动更正文本

Word 2016 的自动更正功能可以帮助用户纠正一些习惯性的错别字。例如,有人习惯把"账簿"的"账"写成"帐",使用自动更正功能后,Word 会自动帮用户更正错字。使用自动更正功能还可用很少的字符替换长字符,提高输入文本的效率。

1. 自动更正文档中的错别字

一些输入人员习惯把"记账"写成"记帐",把"账簿"写成"帐簿",这里可以通过自动更正功能更正错别字,下面介绍具体操作方法。

(1)在 Word 文档中单击"文件"标签,选择"选项"选项,如图 5-14 所示。

图 5-14　选择"选项"选项

(2)在打开的"Word 选项"对话框中切换至"校对"选项面板,单击"自动更正选项"按钮,如图 5-15 所示。

图 5-15 单击"自动更正选项"按钮

（3）打开"自动更正"对话框，在"替换"下方文本框中输入易写错的文本，此处输入"记帐"，在"替换为"下方文本框中输入正确的文本，此处输入"记账"，单击"添加"按钮，再单击"确定"按钮即可完成，如图 5-16 所示。

（4）返回文档中输入"记帐"，此时，其将被自动更正为"记账"，单击前面的"自动更正选项"按钮，可以对自动选项进行设置，如图 5-17 所示。

图 5-16 "自动更正"对话框　　　　图 5-17 自动更正的效果

2. 将短文本快速替换为长文本

将短文本快速替换为长文本是 Word 将用户输入的简短文本自动更换为指定长文本的功能。例如，将"升策"文本替换为"升策文化传播有限公司"文本。

要实现此功能，可以根据之前的方法打开"自动更正"对话框，在"替换"下方文本框中输入"升策",在"替换为"下方文本框中输入"升策文化传播有限公司",单击"添加"按钮,如图 5-18 所示。

图 5-18 "自动更正"对话框

设置完成后,在 Word 文档中输入"升策"文本时 Word 就会自动将之更正为"升策文化传播有限公司"文本。

3. 将文本更换为图像

Word 的自动更正功能不仅可以自动更正错误和提高输入效率,还可以将文本替换为图像。下面以输入"企业公众号"文本自动替换相应的二维码图像为例介绍具体操作方法。

(1) 打开 Word 文档,切换至"插入"选项卡,单击"插图"选项组中"图片"按钮,如图 5-19 所示。

(2) 打开"插入图片"对话框,选择对应的企业公众号二维码图像,单击"插入"按钮,如图 5-20 所示。

图 5-19 单击"图片"按钮

图 5-20 选择图像文件

（3）在文档中插入选中的图像文件并选中。再打开"自动更正"对话框，在"替换"文本框中输入"企业公众号"文本，保持"带格式文本"单选按钮为选中状态，单击"添加"按钮，如图 5-21 所示。然后依次单击"确定"按钮。

（4）返回 Word 文档中删除插入的图像并保存，可以发现之后在 Word 文档中输入"企业公众号"时，Word 会自动插入公众号的图像，如图 5-22 所示。

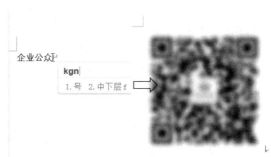

图 5-21　设置替换　　　　图 5-22　输入文本自动替换为图像

5.1.4　选择文本

在设置文本内容的格式或进行其他编辑操作之前，需要先选择文本。选择文本后，被选择的文本将以灰色底纹的形式呈现。

1. 拖动鼠标选择文本

拖动鼠标选择文本是 Word 操作中比较常用的、基本的选择方法。将光标移到需要选择文本的开始处，按住鼠标左键并拖动，直到将光标移至所要选择文本的结尾处释放鼠标左键即可，如图 5-23 所示。

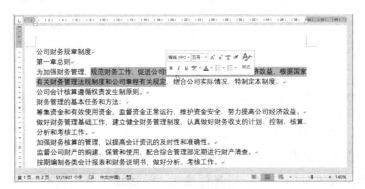

图 5-23　拖动鼠标选择文本

选择文本后，默认情况下 Word 会显示工具栏，此工具栏被称为浮动工具栏，用于改变选中文本的常规设置，如字体、字号、加粗、倾斜、下划线、字体颜色等样式。

用户可以自行决定浮动工具栏是否显示，单击"文件"标签，选择"选项"选项，打开"Word 选项"对话框，在"常规"选项卡的"用户界面选项"选项区域中更改"选择时显示浮动工具栏"复选框即可定义 Word 是否显示浮动工具栏，如图 5-24 所示。

图 5-24　设置选择时是否显示浮动工具栏

2. 选择词组或句子

需要在 Word 文档中选择词组或句子时，可以使用拖动鼠标的方法，但是还有更便捷的方法。

（1）选择一个词组：将光标定位在词组中间并双击即可，如图 5-25 所示。

（2）选择句子：将光标定位在需要选择该句话的中，按住 Ctrl 键不放，单击鼠标左键即可选中该句内容，如图 5-26 所示。

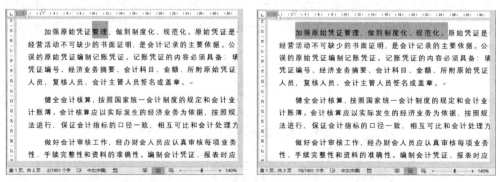

图 5-25　选择词组　　　　　　图 5-26　选择句子

3. 选择一行或多行文本

将光标移到需要该行的左侧，当光标变为 ⇗ 形状时，单击鼠标左键即可选择该行文本，如图 5-27 所示。

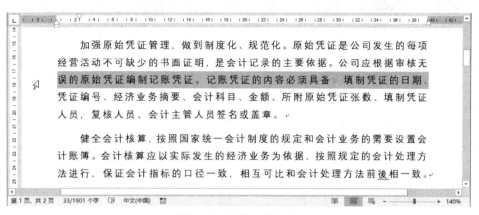

图 5-27　选择一行文本

在选择一行文本时，按住鼠标左键不放并向下或向上拖动可以选择连续多行文本。

4. 选择整段文本

在 Word 文档中选择整段文本的方法一般有以下 3 种。

（1）拖动鼠标选择整段文本。

（2）将光标移至该段文本的左侧，当其变为形状时，双击鼠标即可选择整段文本，如图 5-28 所示。

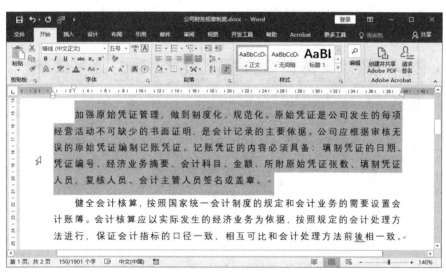

图 5-28　选择整段文本

（3）将光标定位在该段文本中，快速单击 3 次鼠标左键即可。

5. 选择全篇文本

选择全篇文本通常可以使用以下 4 种方法。

（1）将光标定位在文档任意位置，按 Ctrl+A 组合键。

（2）在 Word 文档中切换至"开始"选项卡，单击"编辑"选项组中"选择"下三角按钮，在列表中选择"全选"选项，如图 5-29 所示。

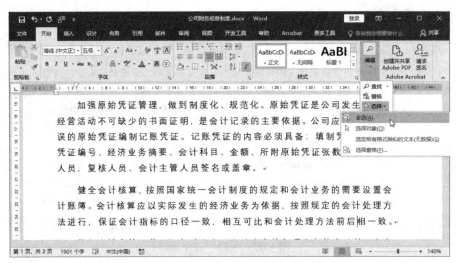

图 5-29　选择"全选"选项

（3）将光标移到编辑区的左侧，待其变为形状时，按住 Ctrl 键不放单击鼠标左键。

（4）将光标移到编辑区的左侧，待其变为形状时，连续单击鼠标 3 次。

6. 选择不连续文本和垂直文本

在 Word 中选择文本还有特殊的选择方法。例如，选择不连续文本或垂直选择文本。

（1）选择不连续文本：首先选择一处文本，然后按住 Ctrl 键不放，再依次选择其他文本即可，如图 5-30 所示。如果需要选择连续的文本，则可以按住 Shift 键不放，再选择其他文本时，将起始和结束之间的文本全选中。

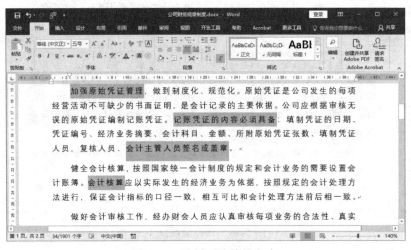

图 5-30　选择不连续的文本

（2）垂直选择文本：按住 Alt 键不放，将光标定位在文本的开始处，按住鼠标左键不放拖动即可选择垂直的文本，如图 5-31 所示。

提示：选择文档中图片、文本框或剪贴画

当图片、文本框或剪贴画等对象被嵌入在文档中时，使用鼠标单击对象即可选中之。如果图片、文本框或剪贴画等对象是浮于文字上方的，则可按住 Ctrl 键不放单击选择多个对象。

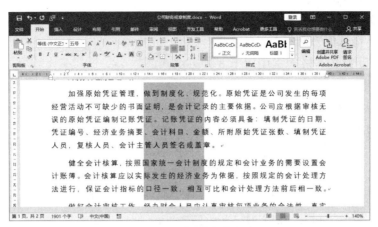

图 5-31　选择垂直的文本

7. 利用键盘选择文本

除了鼠标操作以外，Word 也支持键盘操作，结合鼠标和键盘可以极大地提高文档操作效率。常用的键盘操作如表 5-2 所示。

表 5-2　常用的键盘操作

选　　择	键 盘 操 作
右侧一个字符	按 Shift+→组合键
左侧一个字符	按 Shift+←组合键
一个单词（从开头到结尾）	将光标定位在单词左侧，按 Ctrl+Shift+→组合键
一个单词（从结尾到开头）	将光标定位在单词右侧，按 Ctrl+Shift+←组合键
一行（从开头到结尾）	按 Home 键，然后按 Shift+End 组合键
一行（从结尾到开头）	按 End 键，然后按 Shift+Home 组合键
下一行	按 End 键，然后按 Shift+↓组合键
上一行	按 Home 键，然后按 Shift+↑组合键
一段（从开头到结尾）	将光标定位在段落开头，按 Ctrl+Shift+↓组合键
一段（从结尾到开头）	将光标定位在段落结尾，按 Ctrl+Shift+↑组合键
一个文档（从开头到结尾）	将光标定位在文档开头，按 Ctrl+Shift+End 组合键
一个文档（从结尾到开头）	将光标定位在文档结尾，按 Ctrl+Shift+Home 组合键
从窗口开头到结尾	将光标定位在窗口开头，按 Alt+Ctrl+Shift+Page Down 组合键
垂直文本块	按 Ctrl+Shift+F8 组合键，然后使用箭头键。按 Esc 键关闭选择模式
最近的字符	按 F8 功能键打开选择模式，再按向左方向键或向右方向键。按 Esc 键关闭选择模式
单词、句子、段落或文档	按 F8 功能键打开选择模式，再按一次 F8 功能键选择当前单词；按两次选择当前句子；按三次选择当前段落；按四次选择整篇文档。按 Esc 键关闭选择模式

5.1.5　设置文本格式

用户在 Word 中输入的文本的字体默认是"等线"、字号默认为"五号"，为了使文档更加美观，用户可以更改这些文本的格式。例如，更改字体、字号、字形、颜色、文本效果和字符间距等。

1. 设置文本格式的方法

在 Word 中设置文本格式常用以下 3 种方法。

1）浮动工具栏

选择文本后，Word 会自动显示浮动工具栏，单击对应的按钮就可以设置文本的字符格式，如图 5-32 所示。

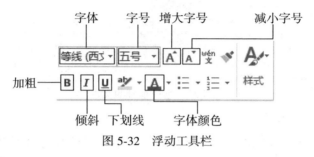

图 5-32 浮动工具栏

下面介绍各功能按钮的含义。

● "字号"：指文本的大小，默认为"五号"。Word 中字号的度量单位有"字号"和"磅"两种，"字号"越大文本越小，最大字号为"初号"，最小字号为"八号"；磅值越大，文本就越大。单击"五号"右侧的"字号"按钮，可在列表选择相应的选项，也可以在文本框中直接输入字号的大小。

● "增大字号"和"减小字号"：选择文本后单击这两个按钮可以增大或减小字号。

● "加粗""倾斜"和"下划线"：分别单击"加粗""倾斜"和"下划线"按钮，可对选中文本进行加粗、倾斜和添加下划线。

● 字体颜色：用于设置选中文本的颜色。单击其右侧"字体颜色"按钮，可在颜色拾取器中选择颜色，如图 5-33 所示。（颜色拾取器中的颜色会根据主题设置的不同而变化。）

用户也可以在颜色拾取器中选择"其他颜色"选项，在打开的"颜色"对话框中选择标准色，如图 5-34 所示，或者也可切换至"自定义"选项卡，设置红色、绿色和蓝色的 RGB 色度值以调配自定义颜色。

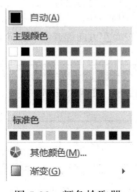

图 5-33 颜色拾取器

图 5-34 "颜色"对话框

2）功能区

选择文本后,在"开始"选项卡的"字体"选项组中可以设置文本的格式,其除了包含浮动工具栏中的功能外,还包含文本效果、下标、上标、清除格式等功能,如图 5-35 所示。

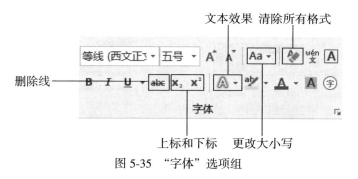

图 5-35　"字体"选项组

下面介绍部分功能的含义。

● "删除线":选择文本后,单击该按钮可为文本添加删除线(或称贯穿线)。

● "上标和下标":选择文本后,单击"上标"或"下标"按钮可将选中文本设置为上标或下标。

● "更改大小写":在编辑英文文本时,可以使用该功能对大小写进行转换。单击"Aa"按钮右侧的"更改大小写"按钮,弹出的列表中包含"句首字母大写""小写""大写""每个单词首字母大写"等选项,如图 5-36 所示。

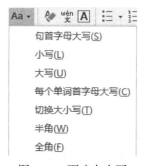

图 5-36　更改大小写

● "清除所有格式":单击"清除所有格式"按钮可以将所选文本的所有格式清除,使之恢复到默认的字符格式。

> 提示：文本突出显示颜色
> 单击"文本突出显示颜色"右侧的"更多"按钮后可以在列表中选择颜色,为选中的文本添加高亮背景色。

3）"字体"对话框

单击"开始"选项卡的"字体"选项组中对话框启动器按钮 (Ctrl+D 组合键),打开"字体"对话框。在"字体"对话框中可以设置的参数更多,如字符间距等。"字体"对话框中包括两个选项卡:"字体"选项卡中可以设置文本的格式,如字体、字号、字形等,还可以预览设置的效果,如图 5-37 所示;"高级"选项卡可以设置字符间距、缩放等,如图 5-38 所示。

图 5-37 "字体"选项卡

图 5-38 "高级"选项卡

下面介绍"高级"选项卡中相关功能的含义。

● "缩放":默认的缩放比例为 100%,用户可以单击数值右侧的"更多"按钮，在列表中选择预设的缩放比例选项,也可以直接在文本框中输入数值。当比例大于 100% 时字符会变得宽扁,小于 100% 时字符会变得瘦高。图 5-39 中第 1 行文本为"缩放"值 50% 的效果,第 2 行文本为"缩放"值 150% 的效果。

● "间距":"间距"的列表中包含"标准""加宽"和"紧缩"3 种模式,默认为"标准",在选择其他任意选项并在右侧的"磅值"文本框中输入磅值后,可在下方预览效果。

● "位置":用于提升或降低选中文本的位置。单击右侧"更多"按钮，弹出的列表中包含"标准""提升"和"降低"选项。当选择"提升"或"降低"选项时,可以在"磅值"中输入数值以调整上升或下降的距离。图 5-40 第 1 行为"2016"文本提升 3 磅的效果,第 2 行为"2016"文本下降 3 磅的效果。

图 5-39 不同缩放比例的效果 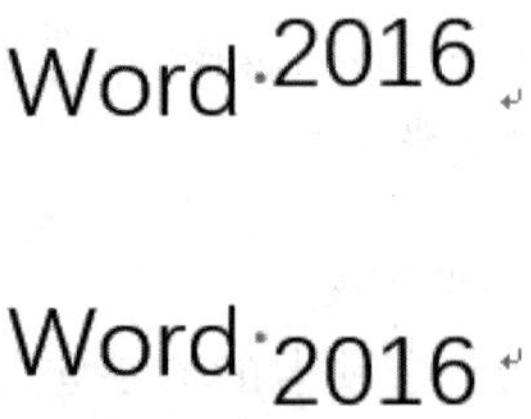　　　　图 5-40 不同位置的效果

● "为字体调整字间距":勾选该复选框并设置数值后可以调整文字或字母组合间的

距离,以使文字更加美观。

● "如果定义了文档网格,则文本对齐到网格":勾选该复选框后,Word 将自动设置每行字符数,使其与"页面设置"对话框中设置的字符数一致。

2. 文本格式的应用

(1)打开"公司财务规章制度.docx"文档,可以发现文档中所有的文本都是默认的格式,如图 5-41 示。

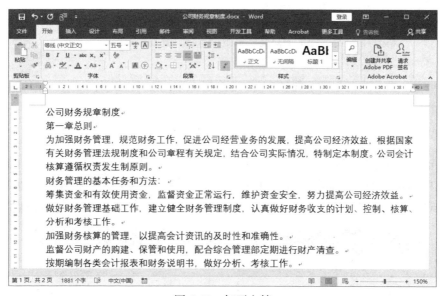

图 5-41　打开文档

(2)选择第 1 行文本,在"开始"选项卡的"字体"选项组中设置"字体"为"黑体",设置"字号"为"二号",如图 5-42 所示。

(3)保持第 1 行文本为选中状态,单击"字体"选项组中的"加粗"按钮,则选中文本将加粗显示,标题文本设置完成,如图 5-43 所示。

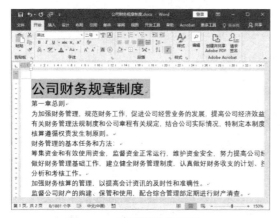

图 5-42　设置字体和字号

图 5-43　设置加粗显示

(4)按住 Ctrl 键,选择文档中的章标题文本,然后设置"字体"为"宋体",设置"字号"为"四号",使之加粗显示,单击"字体颜色"右侧的"更多"按钮,在列表中选择标准的"蓝色",如图 5-44 所示。

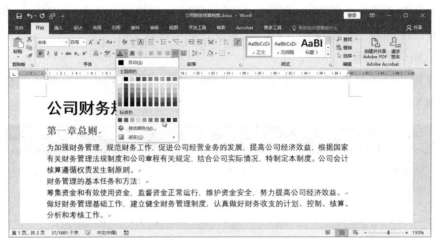

图 5-44　设置章标题的格式

（5）选择文档中所有正文内容,单击"字体"选项组中的对话框启动器按钮,在"字体"选项卡中设置"字体"为"宋体",其他保持默认设置。切换至"高级"选项卡,设置"间距"为"加宽",设置"磅值"为"1.1 磅",查看设置后的效果,如图 5-45 所示。

图 5-45　查看设置文本格式的效果

提示：设置的效果

此时文档比之前美观了很多,层次也很清晰了,但是还没达到要求,读者可以等学完设置段落格式后再进一步完善文档。在 Word 中设置标题时应当应用对应的样式,此处只是介绍如何设置基本的文本格式。

（6）再次选择第 1 行文本,单击"字体"选项组中"文本效果和版式"右侧的"更多"按钮☑,在列表中选择合适的效果,文本效果将即时被应用到选中文本上并呈现效果,如图5-46所示。

图5-46　应用文本效果

（7）如果用户对预设的效果不是很满意还可以进一步设置。单击"字体"选项组中对话框启动器按钮,打开"字体"对话框,单击底部"文字效果"按钮,在弹出的对话框中可以进一步设置阴影、映像、发光等。此处展开"发光"选项,设置发光的预设、颜色、大小和透明度,单击"确定"按钮,如图5-47所示。

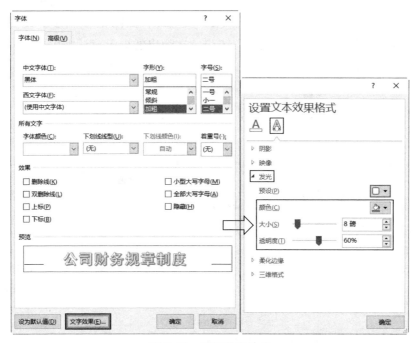

图5-47　设置发光效果

（8）返回"字体"对话框,单击"确定"按钮,文档中被选中的文本已被应用了发光的效果,如图5-48所示。

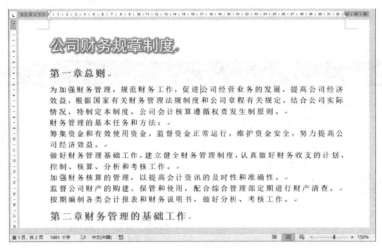

图 5-48　查看效果

5.1.6　设置默认字体

如果对文档中文本的字体、字号等有严格要求，则可以设置文档的默认字体使文档中任意新建的段落都自动应用该字体。例如，设置文档中的中文字体为"宋体"、英文字体为 Times New Roman。

在 Word 文档中单击"字体"选项组中的对话框启动器按钮，或者在文档中右击，在快捷菜单中选择"字体"命令，打开"字体"对话框，在"字体"选项卡中设置"中文字体"为"宋体"、"西文字体"为 Times New Roman，如图 5-49 所示。设置完成后，单击"字体"对话框左下角"设为默认值"按钮，在弹出的提示对话框中单击"确定"按钮即可。

图 5-49　设置默认的字体

5.1.7 复制与粘贴文本

在编辑文档时，会遇到大量相同的内容，如果一次次重复输入将会浪费大量的时间。复制与粘贴功能可以节约时间，还避免了不必要的输入错误。

1. 复制文本

在 Word 中常用的复制文本方式有以下 3 种。

（1）选择需要复制的文本，按 Ctrl+C 组合键。

（2）选择需要复制的文本后右击，在快捷菜单中选择"复制"命令，如图 5-50 所示。

（3）选择需要复制的文本，切换至"开始"选项卡，单击"剪贴板"选项组中"复制"按钮，如图 5-51 所示。

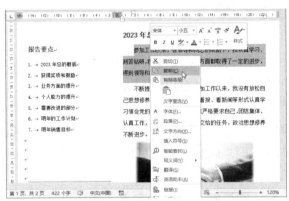

图 5-50　快捷菜单复制文本

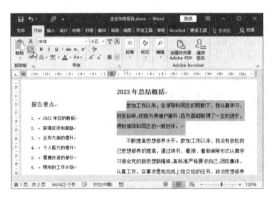

图 5-51　功能区复制文本

2. 粘贴文本

粘贴文本常用的方式有以下 3 种。

（1）将光标定位在需要粘贴的位置，按 Ctrl+V 组合键即可将复制的文本带着格式粘贴到目标位置。

（2）将光标定位在需要粘贴的位置，右击鼠标，在快捷菜单的"粘贴选项"中选择合适的命令。"保留源格式"是将复制的文本内容和格式都粘贴到目标位置；"图片"将复制的文本以图像的形式粘贴到目标位置；"只保留文本"是只复制的文本的内容，并为之应用目标位置的格式。

（3）将光标定位在需要粘贴的位置，在"开始"选项卡的"剪贴板"选项组中单击"粘贴"按钮以原文本的格式粘贴，或者单击"粘贴"下的"粘贴"按钮，在列表中选择合适的选项。这里的选项和快捷菜单的"粘贴选项"中一样。

在 Word 中粘贴内容时，有时需要保留原有内容的样式，有时要将内容粘贴为无文本格式，此时可以使用"选择性粘贴"功能。在"开始"选项卡的"剪贴板"选项组中单击"粘贴"下的"粘贴"按钮，在列表中选择"选择性粘贴"命令，可打开"选项择粘贴"对话框，如图 5-52 所示。其中包含多种粘贴方式，选择需要的形式，单击"确定"按钮即可。

图 5-52 "选项择粘贴"对话框

5.1.8 删除与移动文本

在编辑 Word 文档时，经常需要将多余的文本删除，以及将文本移动到合适的位置。在 Word 中删除与移动文本的方法比较简单，下面介绍几种常用的方法。

1. 删除文本

如果需要删除单个字、词、句子、整段文本，可首先选择要删除的文本，然后按 Delete 或 Backspace 键即可。这两个按键作用不同，Delete 键是删除光标右侧的内容；Backspace 键是删除光标左侧的内容。

如果需要删除不连续的文本，则可按住 Ctrl 键选择不连续的文本，然后再按 Delete 键或者 Backspace 键删除。

此外，如果选择文本后按 Ctrl+X 组合键则可将文本剪切到剪贴板，也相当于删除文本。

2. 移动文本

移动文本和上一节介绍的复制文本不同，移动文本后，原文本不保留，而复制文本是保留原文本的。移动文本最方便、快捷的方法是用鼠标拖曳，下面介绍具体操作方法。

（1）在文档中选择需要移动的文本。

（2）将光标移到选中的文本上方，按住鼠标左键，此时光标右下角出现虚线的矩形，并且在光标处有竖直的黑线，这表示文本移到的位置，如图 5-53 所示。

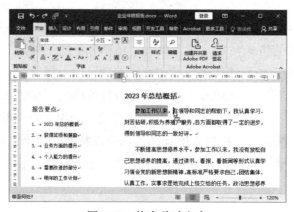

图 5-53 拖曳移动文本

(3)移动目标位置后,释放鼠标左键即可完成文本的移动。

在用鼠标拖动文本时,如果按住 Ctrl 键不放,此时在光标右下角还会出现"+"符号,表示复制的意思。移到目标位置并释放鼠标左键后,Word 会将选中的文本复制到目标位置。

除此之外,还可以通过组合键移动文本,选择文本后,按 Ctrl+X 组合键剪切文本,将光标定位在目标位置再按 Ctrl+V 组合键粘贴即可。

5.1.9 撤销与恢复文本

在编辑 Word 文档时难免会出现错误的操作。例如,输入错误的文本、设置错误的文本格式等。Word 2016 会记录用户最近的操作,只需要通过撤销或恢复功能更正即可。

1. 撤销文本

常用的撤销方式有以下两种。

(1)按 Ctrl+Z 组合键,每按一次即可返回一步操作。

(2)单击"快速访问工具栏"中"撤销"按钮,单击一次即可返回一步操作

2. 恢复文本

与"撤销"功能相反的是"恢复"功能,用于恢复被撤销的操作,常用的方式有以下两种。

(1)按 Ctrl+Y 组合键。

(2)单击"快速访问工具栏"中"恢复"按钮。

若对制作的结果不满意,需要撤销很多步,则可以一直按 Ctrl+Z 组合键。也可以通过"撤销键入"按钮一次撤销到指定的操作。在快速访问工具栏中单击"撤销键入"右侧的"撤消"按钮,在列表中显示文档到目前为止所有操作,在列表中直接选择撤销的操作点对应的选项,之前所有选项均为灰色底纹表示将要撤销的操作,如图 5-54 所示。

图 5-54 撤销多步的操作

5.1.10 查找与替换文本

在编辑文档时，若发现某些词语输入错误，则可以通过滚动条人工逐个查找，并手工修改。这样操作会浪费大量时间和精力，而且不能保证没有遗漏。Word 2016 提供了强大的查找与替换功能，可以帮助用户实现高效的查找和替换。

1. 查找文本

查找文本可以在文档中快速找到指定的文本及文本所在的位置，还可以计算文档中包含多少被查找的内容，下面介绍查找文本的具体操作方法。

（1）打开"公司财务规章制度.docx"文档，切换至"开始"选项卡，单击"编辑"选项组中"查找"按钮（或按 Ctrl+F 组合键），如图 5-55 所示。

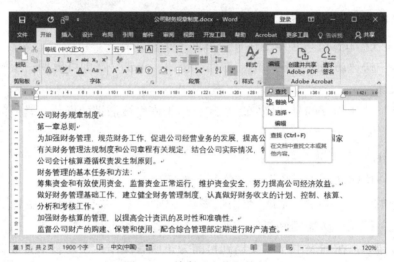

图 5-55　单击"查找"按钮

（2）在页面左侧打开"导航"窗格，在文本框中输入需要查找的文本，在"导航"窗格下方显示查找结果，Word 将用黄色标记查找的文本，如图 5-56 所示。

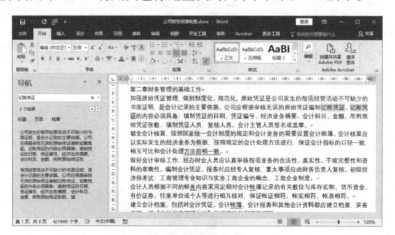

图 5-56　查找文本

在"导航"窗格中还显示了查找结果的数量，单击右侧"上一处"按钮▲或"下一处"按钮▼，可以向上或向下搜索其他位置的同一文本。

2. 高级查找

在有条件地查找内容时，或者查找文档内容的格式等信息时可以使用 Word 高级查找功能。例如，被查找的内容必须满足指定的字体或段落格式，或者查找指定的格式而非文档的内容。

下面介绍根据字体查找文本的方法。

（1）打开"高级查找.docx"文档，切换至"开始"选项卡，单击"编辑"选项组中"查找"右侧的"更多"按钮，在列表中选择"高级查找"选项，如图 5-57 所示。

图 5-57　选择"高级查找"选项

（2）打开"查找和替换"对话框，单击左下角"更多"按钮，展开更多设置区域。单击"格式"右侧的"更多"按钮，在打开的列表中选择"字体"选项，如图 5-58 所示。

（3）打开"查找字体"对话框，设置查找的字体为"宋体"，设置"字号"为"小四"，单击"确定"按钮，如图 5-59 所示。

图 5-58　选择"字体"选项

图 5-59　设置查找的字体格式

提示：根据通配符查找并替换

当需要查找如"张晓敏""张晓民""张晓明"等文本时，这些文本都包含共同的文本"张晓"。此时可以使用通配符。其格式是"张晓*"或者"张晓?"。其中"*"表示0或多个字符；"?"表示单个字符。

（4）文档中将显示第一个查找到的满足条件的文本，并返回"查找和替换"对话框。在"查找内容"区域显示设置的查找格式，单击"查找下一处"按钮时，Word将显示第二个查找到的文本，如图5-60所示。

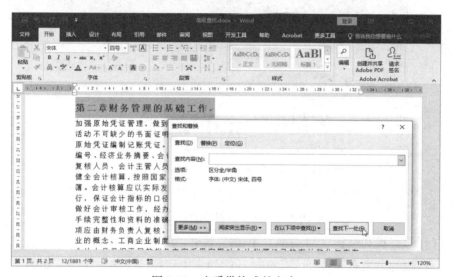

图 5-60　查看带格式的文本

提示：根据段落格式查找

根据段落格式查找文本的方法与根据字体格式查找文本的方法差不多，在"查找和替换"对话框的"格式"列表中选择"段落"选项。在打开的"查找段落"对话框中设置段落格式的参数，最后根据此参数查找对应的段落即可。

3. 在文档中定位

除了查找文本中指定的内容外，Word还支持查找特殊对象在文档中的位置，例如，根据页、节、行、批注等进行定位。

首先打开Word文档，切换至"开始"选项卡，单击"编辑"选项组中"查找"右侧的"更多"按钮，在列表中选择"转到"选项，打开"查找和替换"对话框。在"定位"选项卡的"定位目标"列表框中选择定位的对象。例如，选择"节"选项，在右侧"输入节号"文本框中输入具体数值（此处输入"2"），单击"定位"按钮，如图5-61所示。即可定位到第2节的开头。

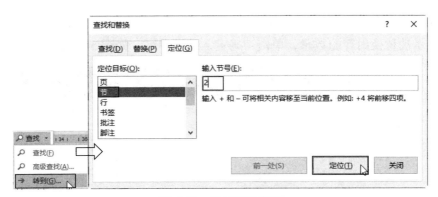

图 5-61 设置定位参数

4. 替换文本

使用 Word 的替换功能可以快速、准确地在文档中修改文本。下面介绍具体的操作方法。

(1) 打开 Word 文档,切换至"开始"选项卡,单击"编辑"选项组中"替换"按钮,打开"查找和替换"对话框,在"替换"选项卡的"查找内容"文本框中输入需要查找的内容,此处输入"帐",在"替换为"文本框中输入替换的内容,输入"账",如图 5-62 所示。

图 5-62 设置替换的内容

(2) 单击"查找下一处"按钮,在文档中查找对应的文本,其将以灰色底纹显示,确认需要替换后,单击"替换"按钮,如图 5-63 所示。

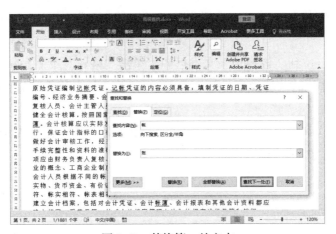

图 5-63 替换第一处文本

（3）如果不需要逐个确认是否替换，则可以单击"全部替换"按钮，Word 将弹出提示对话框显示被替换内容的数量，单击"确定"按钮即可，如图 5-64 所示。

图 5-64　全部替换文本

提示：快速删除文档中的空格

从网上下载的文档经常包含大量多余空格，可以通过"查找和替换"对话框快速统一删除之。在"查找和替换"对话框中设置"查找内容"文本框中为空格，"替换为"文本框中为空，单击"全部替换"按钮即可。

5. 高级替换

在 Word 中用户还可以利用替换功能进行格式替换或特殊字符替换。下面以替换文本的颜色为例介绍具体操作方法。

（1）打开"高级替换.docx"文档，切换至"开始"选项卡，单击"编辑"选项组中"替换"按钮，打开"查找和替换"对话框，单击"更多"按钮。将光标定位在"查找内容"文本框中，单击"格式"下三角按钮，在列表中选择"字体"选项，打开"查找字体"对话框，在"字体"选项卡中设置查找的"字体颜色"为蓝色，单击"确定"按钮，如图 5-65 所示。

（2）再将光标定位到"替换为"文本框中，单击"格式"下三角按钮，在列表中选择"字体"选项，在打开的"替换字体"对话框中设置"字体颜色"为绿色，单击"确定"按钮，如图 5-66 所示。

（3）返回"查找和替换"对话框中，单击"全部替换"按钮，Word 将弹出提示对话框显示替换的数量，如图 5-67 所示。

图 5-65　设置查找的颜色　　　　　图 5-66　设置替换字体的颜色

图 5-67　全部替换

5.2　Word 长文档的编辑

制作专业的文档还需要注意文档的结构及排版方式等，本节将介绍长文档的编辑方法，包括页面设置、段落格式、项目编号、样式的应用、封面的设置、页眉和页脚，以及添加目录等。

5.2.1　页面设置

调整页面布局需要设置页边距、纸张大小和方向、页面颜色等，设置 Word 文档的页面可以满足不同文档的需要。

1. 设置页边距

页边距通常指文档中文本与页面纸张边缘之间的距离，Word 中设置页边距的方法包括以下几种。

1）使用预定义的页边距

Word 本身已为所有文档预先定义了页边距。打开任意 Word 文档，切换至"布局"选项卡，单击"页面设置"选项组中"页边距"按钮，弹出的列表中将包含"常规""窄""中等""宽"和"对称"5 种预设页边距选项，如图 5-68 所示。

2）自定义页边距

如果预定义的页边距不能满足需要，那么可以自定义页边距。在"页边距"列表中选择"自定义页边距"选项，打开"页面设置"对话框，在"页边距"选项卡的"页边距"选项区域中可以分别设置"上""下""左"和"右"的值，如图 5-69 所示。

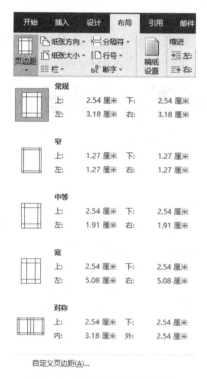

图 5-68　预设的页边距选项

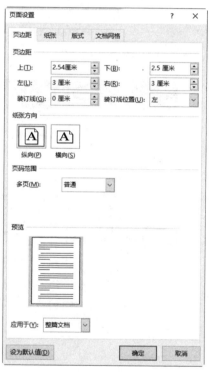

图 5-69　自定义页边距

2. 设置纸张大小和方向

不同类型的文档对纸张的大小和方向往往有所区别，只有合理地设置之才能使文档更美观、实用。

Word 2016 提供了"纵向"和"横向"两种页面方向，其操作方法比较简单。在"页面设置"对话框的"纸张方向"选项区域就可以直接设置纸张的方向。除此之外，用户还可以通过功能区设置，切换至"布局"选项卡，单击"页面设置"选项组中"纸张方向"按钮，在列表中选择对应的选项即可，如图 5-70 所示。

图 5-70　设置纸张方向

和页边距类似，Word 2016 提供了预设纸张大小，也允许用户自定义纸张大小。切换至"布局"选项卡，单击"页面设置"选项组中"纸张大小"按钮，在列表中选择预设选项即可，其包括 A4、A3、A5、B4、B5 等预设选项，其中，A4 为默认选项，如图 5-71 所示。

如果在"纸张大小"列表中选择"其他纸张大小"选项，则可以打开"页面设置"对话框，可在"纸张"选项卡下设置"宽度"和"高度"的值，如图 5-72 所示。

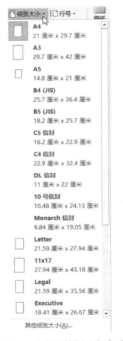

图 5-71　选择预设纸张大小　　　图 5-72　自定义纸张大小

5.2.2　设置页面背景

Word 2016 提供了丰富的页面背景，用户可以设置页面背景、边框及添加水印等效果，进一步美化文档。

1. 添加水印

水印是一种显示在文档内容底层的半透明的图像或文字，用于文档的保密或版权保护，用来说明文件的重要性和私密性，下面介绍添加水印的方法。

（1）打开 Word 文档，切换至"设计"选项卡，单击"页面背景"选项组中的"水印"按钮，选择所需水印样式，如图 5-73 所示。

图 5-73 选择水印样式

（2）在文档中添加水印，默认水印文本的颜色是浅灰色的，如图 5-74 所示。

（3）Word 支持设置水印的文本大小和颜色。在"水印"列表中选择"自定义水印"选项，在弹出的"水印"对话框中设置"字体""字号""颜色"，取消勾选"半透明"复选框，单击"确定"按钮，如图 5-75 所示。

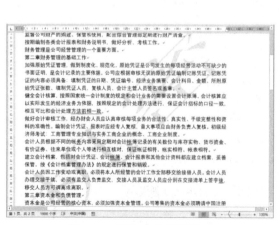

图 5-74 添加水印的效果　　　　　　图 5-75 设置水印的格式

（4）返回 Word 文档中，可以查看水印文本的效果，如图 5-76 所示。

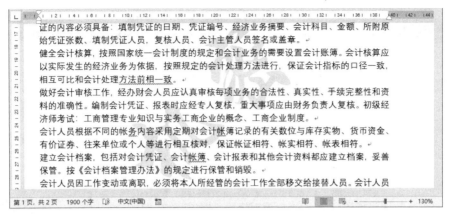

图 5-76　修改水印的效果

除了设置文本为水印外，Word 还支持设置图像水印。在"水印"对话框中选择"图片水印"单选按钮，单击"选择图片"按钮，打开"插入图片"面板，单击"从文件"链接，打开"插入图片"对话框，选择合适的图像文件，单击"插入"按钮即可，如图 5-77 所示。

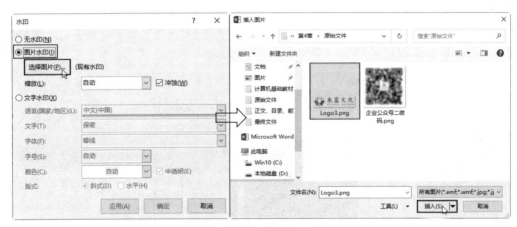

图 5-77　图片水印

提示：删除水印效果

如果想取消水印效果，可切换至"设计"选项卡，单击"页面背景"选项组中的"水印"按钮，选择"删除水印"选项即可。

2. 页面背景

Word 支持用户为文档的背景应用纯色、渐变、图案或图像等填充效果，为不同的应用场景提供专业美观的文档。

1）设置填充颜色

在 Word 中，切换至"设计"选项卡，单击"页面背景"选项组中的"页面颜色"按钮，在下拉列表中可以选择合适的颜色，为文档的背景填充该颜色，如图 5-78 所示。

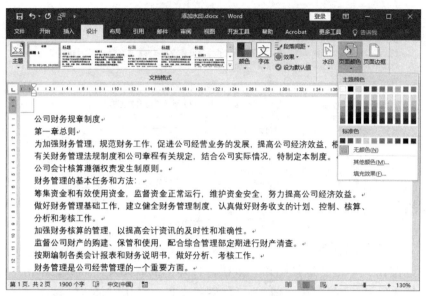

图 5-78　选择背景颜色

如果需要设置其他颜色或自定义颜色，可以在"页面颜色"列表中选择"其他颜色"，在弹出的"颜色"对话框中设置颜色，在"自定义"选项卡中设置"红色""绿色"和"蓝色"的 RGB 色度值定义颜色，如图 5-79 所示。

图 5-79　自定义背景颜色

2）填充其他效果

在"页面颜色"列表中选择"填充效果"选项，打开"填充效果"对话框，在不同的选项卡下，可以填充不同的效果，其中，包括"渐变""纹理""图案"和"图片"四个选项卡。每个选项卡下包含不同的设置参数，如图 5-80 所示。

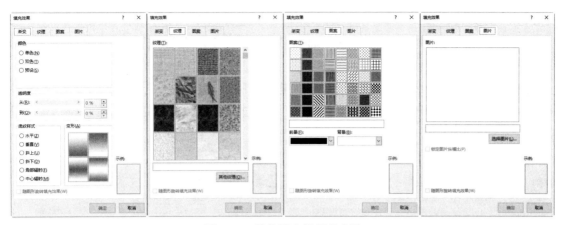

图 5-80　其他填充效果的参数

下面以设置渐变的填充颜色为例介绍具体操作方法。

（1）打开 Word 文档，切换至"设计"选项卡，单击"页面背景"选项组中的"页面颜色"按钮，在下拉列表中选择"填充效果"选项，打开"填充效果"对话框，在"渐变"选项卡中选中"双色"单选按钮，设置"颜色 1"为浅黄色、"颜色 2"为浅绿色，在"底纹样式"选项区域中选中"角部辐射"单选按钮，如图 5-81 所示。

（2）返回文档中，可以查看页面背景的渐变颜色，如图 5-82 所示。

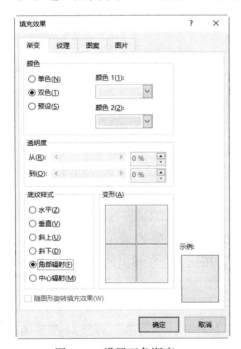

图 5-81　设置双色渐变

图 5-82　渐变的效果

3. 设置页面边框

为文档设置页面边框可以美化文档。单击"设计"选项卡下"页面背景"选项组中"页面边框"按钮，打开"边框和底纹"对话框。在"设置"选项区域中可以设置边框的类型；在"样式"选项区域中可以选择边框线条样式；单击"颜色"按钮可以在列表中选择边框的颜色，通过"宽度"可以设置边框的粗细，如图 5-83 所示。

在"边框和底纹"对话框中还可以设置艺术型的边框，单击"艺术型"按钮，列表中将显示多个选项。在设置边框时，用户也可以通过"预览"区域选择为哪一条边添加边框，如图 5-84 所示。

图 5-83　设置边框

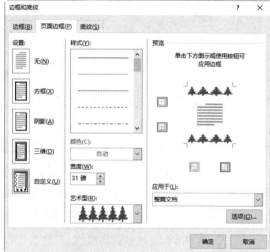
图 5-84　设置上下边框

5.2.3　设置段落格式

段落是文字、图形图像和其他对象的集合，以回车符"↵"结束。设置段落格式（如缩进、行间距、段间距等）可以使文档结构清晰、美观。

Word 2016 的段落排版命令是适用于整个段落的，因此在设置段落格式前，只需要将光标定位在该段落内任意位置即可。如果需要对多个段落同时设置格式，则需要先选中这几个段落（至少每个段落都要有一部分被选中）。

设置段落格式和设置文本格式类似，在"开始"选项卡的"段落"选项组中可以对段落进行快速设置，但是设置内容比较少，仅有对齐方式、缩进等。要想详细地设置段落格式，需要单击"段落"选项组中的对话框启动器按钮，在弹出的"段落"对话框中设置。

1. 设置段落的对齐方式

在 Word 中，段落的对齐方式包括左对齐、居中对齐、右对齐、分散对齐和两端对齐，Word 默认的对齐方式为两端对齐。

首先将光标定位在段落文本中，在"开始"选项卡的"段落"选项组中单击对应的对齐按钮即可，如图 5-85 所示。

图 5-85 "段落"中的对齐方式

下面介绍不同对齐方式的含义。
- "左对齐":将段落文本和页面左边对齐。
- "居中对齐":将段落文本中间对齐。
- "右对齐":将段落文本和页面右边对齐。
- "两端对齐":将段落文本左右两端和页面对齐,并根据需要增加字符间距,最后一行为左对齐。
- "分散对齐":将段落文本左右两端和页面对齐,并根据需要增加字符间距,最后一行也为分散对齐。

为了能更加直观地展示各种对齐方式之间的不同,可以在文档的左右两侧添加垂直的直线,并分别以中文和英文两段文本为例测试效果。左对齐:两段文本左侧对齐,而右侧并未对齐,段落右侧不整齐,如图 5-86 所示。居中对齐:文本以文档中间对齐,但两侧没有对齐,如图 5-87 所示。

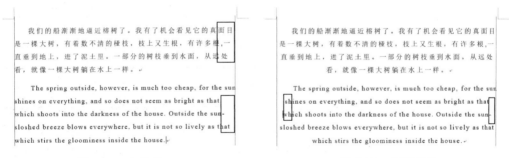

图 5-86 左对齐　　　　　　　　　　图 5-87 中间对齐

右对齐:段落右侧对齐,左侧没有对齐,如图 5-88 所示。两端对齐:除了最后一行其他行两侧都对齐,很整齐,如图 5-89 所示。

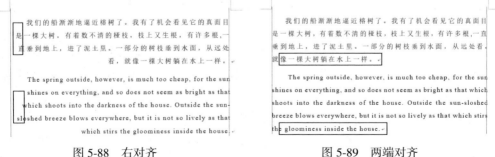

图 5-88 右对齐　　　　　　　　　　图 5-89 两端对齐

分散对齐：段落中所有文本两侧都对齐，最后一行文本的字符间距加大，如图 5-90 所示。

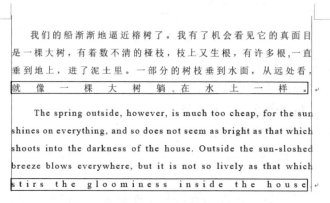

图 5-90 分散对齐

在选中文本后，用户也可以通过快捷键快速设置对齐方式，5 种对齐方式的快捷键如表 5-3 所示。

表 5-3 5 种对齐方式的快捷键

对齐方式	快捷键	对齐方式	快捷键
左对齐	Ctrl+L	居中对齐	Ctrl+E
右对齐	Ctrl+R	两端对齐	Ctrl+J
分散对齐	Ctrl+Shift+J		

提示：在对话框中设置对齐方式

除了本文介绍的在"开始"选项卡的"段落"选项组外，用户还可以在"段落"对话框中设置段落对齐方式。单击"段落"选项组中对话框启动器按钮，打开"段落"对话框，在"缩进和间距"选项卡的"常规"选项区域中单击"对齐方式"列表按钮，弹出的列表同样包含 5 种对齐方式的选项。

2. 设置段落缩进

段落缩进指文本和文档两侧之间的距离，在 Word 中包括左缩进、右缩进、首行缩进和悬挂缩进四种类型。Word 中文本默认的缩进的值为 0，为了使文档符合阅读习惯，首先就需要设置首行缩进。

在 Word 文档中切换至"开始"选项卡，单击"段落"选项组中对话框启动器按钮，打开"段落"对话框，在"缩进和间距"选项卡下的"缩进"选项区域中设置缩进，如图 5-91 所示。

- 左缩进：将整个段落的左侧向右缩进指定的距离。
- 右缩进：将整个段落的右侧向左缩进指定的距离。
- "首行缩进"：将每段落的第一行的第一个字符向右缩进指定的距离。一般设置缩进"2字符"。

- "悬挂缩进"：段落的首行不变，将其他所有行文本向右缩进指定的距离。

图 5-91 "段落"对话框

用户也可以在 Word 的水平标尺上拖动对应的缩进滑块调整缩进，如图 5-92 所示。其中左侧上方的▽表示首行缩进；左侧下方的△表示悬挂缩进；左侧下方的□表示左缩进；右侧下方的△表示右缩进。

图 5-92 缩进滑块

3. 设置行间距和段落间距

行间距是段落中每行之间的垂直距离，段落间距是段落之间的距离。

1）设置行间距

将光标定位在需要设置行间距的段落文本中，切换至"开始"选项卡，单击"段落"选项组中"行和段落间距"按钮，在列表中可以选择预设好的行间距选项，如图 5-93 所示。

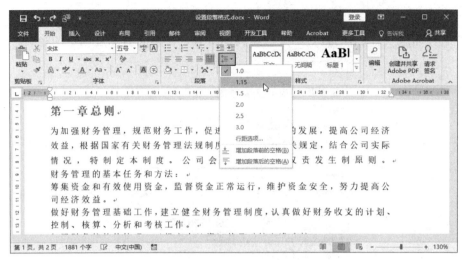

图 5-93 选择预设行间距选项

如果需要自定义行间距，则可以在"行和段落间距"的列表中选择"行距选项"选项，打开"段落"对话框，在"缩进和间距"选项卡的"间距"选项区域中设置"行距"为"最小值""固定值"或"多倍行距"，并在右侧设置"设置值"的数值。

2）设置段落间距

在 Word 中设置段落间距主要有以下几种方法。

（1）切换至"开始"选项卡，单击"段落"选项组中"行和段落间距"按钮，在列表中选择"增加段落前的空格"或"增加段落后的空格"选项，调整段落间距。

（2）打开"段落"对话框，在"缩进和间距"选项卡的"间距"区域中设置"段前"和"段后"的值，可以精确设置段落的间距。

（3）切换至"布局"选项卡，在"段落"选项组中设置"段前"和"段后"的值，如图 5-94 所示。

图 5-94 "布局"选项卡

（4）切换至"设计"选项卡，单击"文档格式"选项组中"段落间距"按钮，在列表中选择预设的选项，为整个文档中的内容同时设置行间距和段落间距，如图 5-95 所示。

如果在"段落间距"列表中选择"自定义段落间距"选项，则可以打开"管理样式"对话框，在"设置默认值"选项卡的"段落间距"选项区域中同样可以设置"段前"和"段后"的值，如图 5-96 所示。

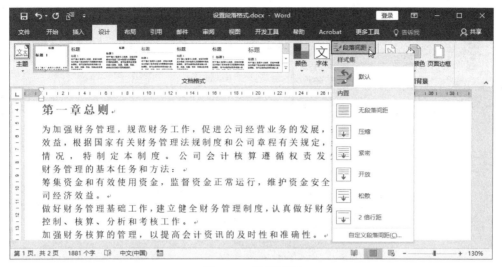

图 5-95 段落间距

图 5-96 "管理样式"对话框

在"管理样式"对话框的"设置默认值"选项卡中设置的参数将影响整个文档的内容，而并非只对某段文本起作用。

4. 设置换行和分页

在对某些专业的文档进行排版时，可能需要对一些特殊的段落进行调整，以使版式更加美观。换行和分页主要是针对这些特殊的段落格式的，用户可以通过"段落"对话框的"换行和分页"选项卡下设置参数，如图 5-97 所示。

图 5-97 换行和分页

下面介绍"分页"选项区域中各参数的含义。

- "孤行控制":在页面底部只显示段落的第一行,或者在页面顶部只显示段落的最后一行,这被称为孤行。勾选该复选框则文档中将不会出现这种现象。
- "与下段同页":勾选该复选框可以保持文档中前后两段落始终处于同一页,例如,图表和标题、表注和表、图注和图等。
- "段中不分页":勾选该复选框可保证一个段落始终在同一页而不会被分开。
- "段前分页":勾选该复选框则段落开始时会自动显示在下一页,相当于在该段前添加分页符。

5.2.4 使用项目符号和编号

使用项目符号和编号可以合理地组织文档中并列的项目内容,或者按顺序为内容编号,可以使内容的层次结构更加清晰、有条理。

1. 设置项目符号

在编辑文档时,若有一个项目中包含多个小条目,而且各条目之间是平等关系而非递进关系时,可以考虑为之添加项目符号,下面介绍两种方法添加项目符号。

1)手动输入

打开 Word 文档,在需要添加项目符号的位置输入项目符号,此时可以通过键盘输入,也可以通过"符号"对话框插入符号,然后按 Tab 键应用项目符号的级别。输入文本后，按 Enter 键，Word 将自动插入下一个项目符号，如图 5-98 所示。

图 5-98　手动输入项目符号

如果结束后不需要添加项目符号，可以按两次 Enter 键或按一次 Backspace 键，删除最后添加的项目符号。

2）功能区

选择需要添加项目符号的文本，在"开始"选项卡的"段落"选项组中单击"项目符号"右侧的"更多"按钮，在列表中选择合适的项目符号选项，如图 5-99 所示。

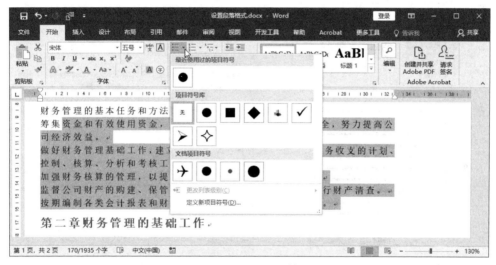

图 5-99　选择项目符号

2. 自定义项目符号

如果在"项目符号"列表中没有满意的选项，则可以通过"符号"对话框将 Word 中任意特殊符号设置为项目符号，而且 Word 还支持设置符号的大小和颜色。下面介绍自定义项目符号的方法。

（1）选择需要添加项目符号的文本，在"项目符号"列表中选择"定义新项目符号"选项，打开"定义新项目符号"对话框，单击"符号"按钮，如图 5-100 所示。

（2）打开"符号"对话框，选择合适的符号，单击"确定"按钮，如图 5-101 所示。

（3）返回"定义新项目符号"对话框，单击"字体"按钮，如图 5-102 所示。

（4）在"字体"对话框中设置"字体颜色""字形""字号"等样式，单击"确定"按钮，如图 5-103 所示。

图 5-100　单击"符号"按钮

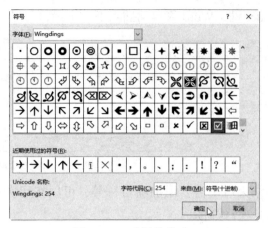
图 5-101　选择符号

图 5-102　单击"字体"按钮

图 5-103　设置项目符号的格式

(5) 依次单击"确定"按钮，选中文本为之添加已设置的项目符号，如图 5-104 所示。

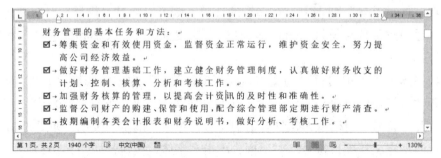
图 5-104　查看自定义项目符号的效果

提示：使用图像当作项目符号

除了使用特殊符号作为项目符号外，Word 还支持使用图像作为项目符号。在选择图像时,要选择清晰的、稍小点的图像,如果图像太大则作为项目符号时将令人完全看不清楚图像的内容。将光标定位在项目符号的文本中,打开"定义新项目符号"对话框,单击"图片"按钮,打开"插入图片"面板,单击"从文件"链接。打开"插入图片"对话框,选择合适的图像文件,单击"插入"按钮。返回"定义新项目符号"对话框,在"预览"区域可以查看设置的效果,单击"确定"按钮即可设置图像为项目符号。

3. 添加项目编号

项目编号和项目符号一样都是在文本左侧,可以使项目内容更有条理。区别在于项目符号适用于平等关系的文本;项目编号适用于有层次、有递进关系的文本。

首先选择需要添加项目编号的文本,然后,切换至"开始"选项卡,单击"段落"选项组中"编号"右侧的"更多"按钮,在列表中选择合适的编号,如图5-105所示。

图 5-105　添加项目编号

为文本添加编号后,还可以进一步设置编号。例如,设置编号的字体、颜色或添加相应的文本等。下面将编号"1."修改为"第一条",具体操作方法如下。

(1) 打开"添加项目编号.docx"文档,选择已经添加项目编号的文本,切换至"开始"选项卡,单击"段落"选项组中"编号"右侧的"更多"按钮,在列表中选择"定义新编号格式"选项,如图5-106所示。

图 5-106　选择"定义新编号格式"选项

（2）打开"定义新编号格式"对话框，单击"编号样式"右侧的列表按钮，弹出的列表中包含了 Word 内置的所有编号样式，选择"一,二,三（简）"编号样式，在"编号格式"文本框中将显示选中的编号样式，在"一"的左侧输入"第"，在右侧输入"条"，设置"对齐方式"为"居中"。在"预览"区域可以查看效果，单击"确定"按钮，如图 5-107 所示。

（3）返回文档，查看更改编号格式的效果，如图 5-108 所示。

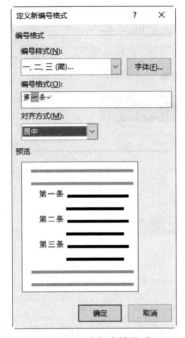

图 5-107　更改编号格式　　　　　　　　图 5-108　查看效果

提示：为不连续文本添加编号

如果需要为不连续的文本设置编号，则只需要按住 Ctrl 键选择不连续的文本，然后为之添加编号即可。

4. 调整符号或编号与文本之间的距离

为文本添加项目符号或编号后，Word 在符号或编号与文本之间会默认添加"制表符"（向右的箭头）。如果觉得制表符使符号和文本之间的距离太大，可以将之改为空格或不特别标注。

在应用项目符号的文本中右击，在快捷菜单中选择"调整列表缩进"命令，打开"调整列表缩进量"对话框，单击"编号之后"下三角按钮，在列表中选择合适的选项，其中包括"制表符""空格"和"不特别标注"，如图 5-109 所示。选择任意选项后，通过调整"编号位置"和"文本缩进"的值就可以改变编号和文本之间的距离。

图 5-109　调整列表缩进量

5. 应用多级列表

编辑长文档时，人们通常需要使用章节为文档划分层次。Word 支持用户为标题文本应用标题样式或设置多级列表更改级别。

在 Word 中，使用多级列表最多可以为文档设置 9 个级别的标题，每个级别都可以根据需要设置不同的格式形式。

下面通过为文档添加多级列表并调整级别以介绍具体的操作方法。

（1）打开"应用多级列表.docx"文档，按住 Ctrl 键选择所有的标题，切换至"开始"选项卡，单击"多级列表"按钮，在列表中选择"定义新的多级列表"选项，如图 5-110 所示。

图 5-110　选择"定义新的多级列表"选项

（2）在弹出的"定义新多级列表"对话框中的"单击要修改的级别"列表框中选择 1 级别，在"输入编号的格式"文本框中设置多级表的格式，单击"更多"按钮，设置"编号之后"为"空格"，如图 5-111 所示。

（3）在"单击要修改的级别"列表框中选择 2 级别，在"输入编号的格式"文本框中设置多级表的格式，在"位置"选项区域中设置"对齐位置"和"文本缩进位置"的值，单击"更多"按钮，设置"编号之后"为"空格"，单击"确定"按钮，如图5-112所示。

图5-111 设置1级格式

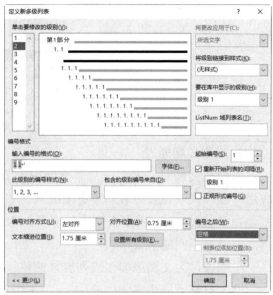
图5-112 设置2级格式

（4）返回文档，将光标定位在需要设置1级的标题文本位置，单击"多级列表"下三角按钮，在列表中选择"更改列表级别"选项，在子列表中选择"1级"选项，为文本应用已设置的"1级"样式，如图5-113所示。

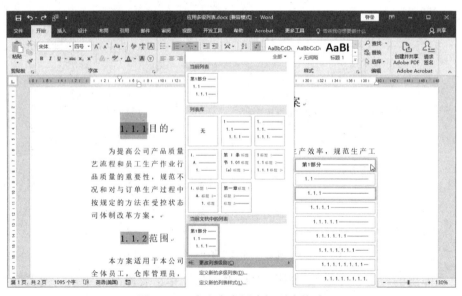
图5-113 为文本应用多级列表格式

（5）根据相同的方法为2级标题文本应用设置的"2级"样式，2级列表的标题序号将会自动更新，如图5-114所示。

图 5-114　查看 2 级标题的效果

5.2.5　样式的应用

样式是字体格式和段落格式的集合，在对长文档排版时可以为相同性质的文本重复套用特定样式以提高排版效率。Word 有预设标题、强调、明显强调、要点等 10 多种样式，用户可以直接应用这些样式。借助大纲视图，用户可以对文档的结构一目了然，也可以快速定位到文档中某一章节。

1. 应用样式

Word 中内置了样式库，用户可以直接选择并将之应用到文本。选择需要设置样式的文本，切换至"开始"选项卡，单击"样式"选项组中"其他"按钮，在打开的列表中选择需要的样式即可，其中包括"正文""标题 1""标题 2"等，如图 5-115 所示。

用户也可以通过"样式"导航窗格设置样式，选择设置样式的文本，切换至"开始"选项卡，单击"样式"选项组中对话框启动器按钮，打开"样式"导航窗格，如图 5-116 所示。在"样式"导航窗格中选择一种样式，即可将该样式应用到选中的文本上。

图 5-115　快速应用样式　　　图 5-116　"样式"导航窗格

提示：显示所有样式

默认状态下，"样式"导航窗格中只显示推荐的样式，如果需要显示 Word 中所有的样式，可在"样式"导航窗格中单击"选项"按钮，打开"样式窗格选项"对话框，设置"选择要显示的样式"为"所有样式"，单击"确定"按钮即可，如图 5-117 所示。

图 5-117　显示所有样式

除了上述介绍为选中的文本应用样式外，Word 2016 内置了很多样式集，可以为已经应用样式的文档统一应用样式，以一次性完成整个文档样式的设置。具体方法如下。

为 Word 文档中文本应用内置的样式，切换至"设计"选项卡，单击"文档格式"选项组中"其他"按钮，在列表显示样式集，如图 5-118 所示。

例如，在列表中选择"居中"样式，则文本中应用标题样式文本都居中显示，如图 5-119 所示。

图 5-118　打开样式集

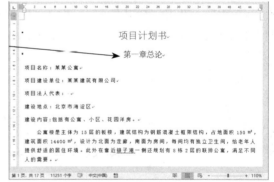

图 5-119　应用"居中"样式

2. 修改样式

Word 2016 中，用户可以根据需要对样式中的格式进行修改，修改后的样式会自动地被应用到该样式的所有文本中。下面介绍两种修改样式的方法。

1）通过匹配所选内容修改样式

打开 Word 文档，为标题分别应用"标题 1""标题 2"和"标题 3"样式，可见"标题 2"和"标题 3"的字号都是"三号"，而且"段前"和"段后"值也相同。接着选中任意一个应用"标题 3"的文本，在"开始"选项卡的"字体"选项组中设置"字号"为"四号"，在"布局"选项卡的"段落"选项组中设置"段前"和"段后"的值均为"6 磅"。

接着,打开"样式"导航窗格,右击"标题 3"样式,在快捷菜单中选择"更新标题 3 以匹配所选内容"命令,如图 5-120 所示,完成"标题 3"样式的修改,并且将新样式应用文档中所有应用"标题 3"的文本。

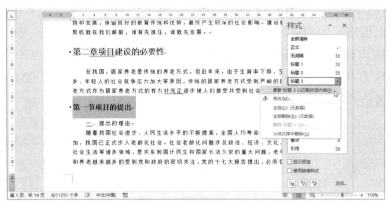

图 5-120　更新样式

2)直接修改样式

在"开始"选项卡的"样式"选项组中单击"其他"按钮,在打开的列表中右击"标题 3"样式,在快捷菜单中选择"修改"命令,打开"修改样式"对话框,在"格式"选项区域可以设置字体、字号、字形等,也可单击"格式"按钮,在列表中选择合适的选项,在打开的对话框中设置相关参数,如图 5-121 所示。

图 5-121　"修改样式"对话框

提示:清除应用的样式

在不需要某个样式时,可以将其清除。将光标定位在需要清除样式的文本中,在"样式"选项组的"其他"列表中选择"清除格式"选项即可。

3. 创建新样式

Word 2016 支持在光标所在段落样式的基础上创建新的样式，下面介绍具体操作方法。

首先，将光标定位在需要创建新样式所依据的段落上，此处定位在正文中。接着，在"开始"选项卡的"样式"选项组中单击"其他"按钮，在打开的列表中选择"创建样式"选项。打开"根据格式化创建新样式"对话框，在"名称"文本框中输入样式的名称，单击"修改"按钮。打开"根据格式化创建新样式"对话框，如图 5-122 所示。在"格式"选项区域中设置文本格式，也可以单击"格式"按钮，在列表中选择合适的选项，在打开的对话框中设置格式即可。

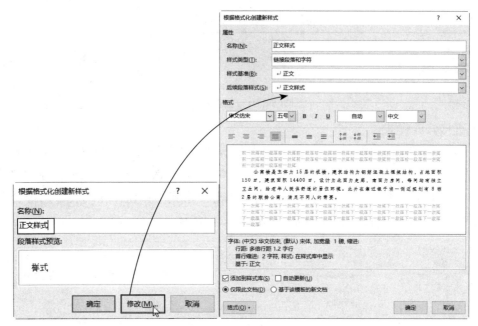

图 5-122　创建新样式

最后，新定义的样式会出现在样式库中，用户可根据快速应用样式的方法为其他文本应用该样式，如图 5-123 所示。

图 5-123　应用创建的新样式

4. 复制并管理样式

在编辑文档时，有些样式比较复杂，设置起来很浪费时间，还容易不准确，此时用户可以直接复制样式。下面介绍复制与管理样式的方法。

（1）打开需要接收样式的 Word 文档，在"开始"选项卡的"样式"选项组中单击对话框启动器按钮，打开"样式"导航窗格，单击底部"管理样式"按钮，打开"管理样式"对话框，如图 5-124 所示。

图 5-124　打开"管理样式"对话框

（2）单击底部"导入/导出"按钮，打开"管理器"对话框，"样式"选项卡的左侧区域显示了当前文档中所包含的样式列表，右侧区域则显示默认的 Word 文档包含的样式。单击"关闭文件"按钮，此时该按钮变为"打开文件"按钮，如图 5-125 所示。

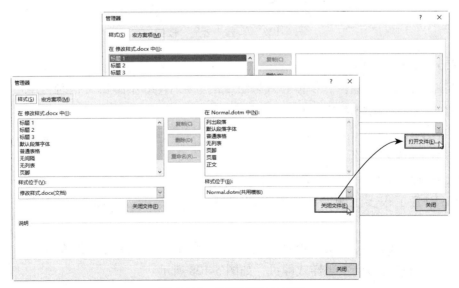

图 5-125　"管理器"对话框

（3）单击"打开文件"按钮，打开"打开"对话框，设置文件类型为"所有 Word 文档"，再选择包含需要复制样式的文档，单击"打开"按钮，如图 5-126 所示。

图 5-126　打开目标文档

（4）返回"管理器"对话框，右侧的样式为目标文档中的所有样式，选择添加的样式，单击中间"复制"按钮即可将选中的样式复制到左侧，最后关闭对话框即可完成复制样式的操作。如果目标文档或模板已经存在相同的名称的样式则会弹出提示对话框，如果需要全部分复制，单击"全是"按钮即可，如图 5-127 所示。

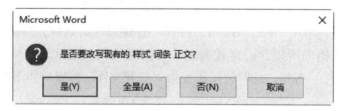

图 5-127　单击"全是"按钮

5.2.6　主题的应用

文档主题是由主题颜色、字体和效果组成的。在 Word 中编辑文档时，用户可以使用 Word 2016 的主题效果快速格式化整个文档。

前文在介绍 Word、Excel 和 PowerPoint 主题共享时也讲解过主题的应用，主题在这三个组件之间是能共享的。

1. 应用内置主题

Office 内置了很多主题，而且组件之间是可以共享的。下面介绍应用内置主题的方法。

打开 Word 文档，切换至"设计"选项卡，单击"文档格式"选项组中"主题"按钮，在列表中选择合适的主题样式即可，如图 5-128 所示。

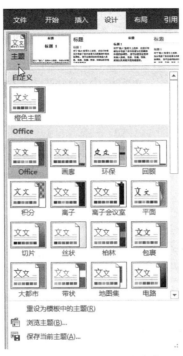

图 5-128　打开主题样式库

2. 自定义主题

创建自定义主题需要设置主题的颜色、字体和效果。

1）颜色

在"设计"选项卡的"文档格式"选项组中单击"颜色"按钮，列表中包含 Word 内置的颜色，选择即可应用。选择"自定义颜色"选项，打开"新建主题颜色"对话框，在"主题颜色"选项区域中设置颜色，在"名称"文本框中输入自定义颜色的名称，单击"保存"按钮即可，如图 5-129 所示。

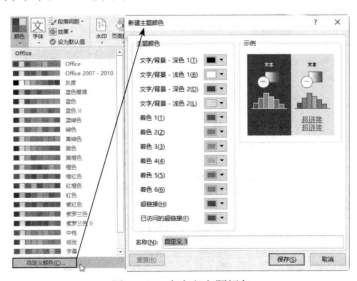

图 5-129　自定义主题颜色

2）字体

在"文档格式"选项组中单击"字体"按钮，在列表中选择合适的字体即可。选择"自定义字体"选项，打开"新建主题字体"对话框，分别设置西文和中文的"标题字体"和"正文字体"，在"名称"文本框中对自定义字体命名，单击"保存"按钮，如图5-130所示。

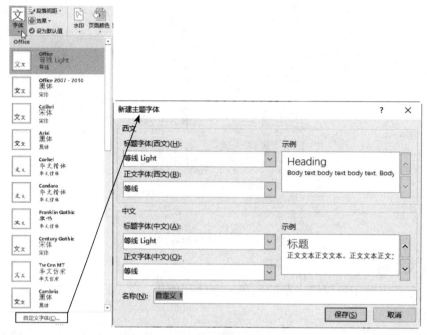

图 5-130　自定义主题字体

3）效果

在"文档格式"选项组中单击"效果"按钮，在列表中选择合适的效果样式，如图5-131所示。

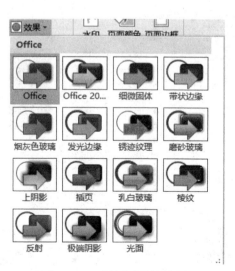

图 5-131　选择主题效果样式

5.2.7 分页和分节

分页和分节可以使文档的版面更加多样化，可以使同一篇文档内容实现多种布局方式。在编辑文档时，有的部分需要从新的页面开始，如果通过空行分页会导致修改文档时重复排版，降低工作效率。

1. 插入分页符

分页符是一种符号，通常被放在上一页结束及下一页开始的位置。在制作长文档时，当页面中的内容充满一页时，Word 会自动插入一个分页符并在新的一页续排。但若需要将指定的内容单独放在一页那么就需要用户手动插入分页符。

（1）将光标定位在需要分页的位置（此处定位在"第二章"文本开头处），切换至"布局"选项卡，单击"页面设置"选项组中"分隔符"按钮，在弹出的列表菜单中选择"分页符"选项，如图 5-132 所示。

图 5-132　选择"分页符"选项

（2）将光标后的内容布局到新的页面中，分页符前后页面设置的属性和参数是一致的，如图 5-133 所示。

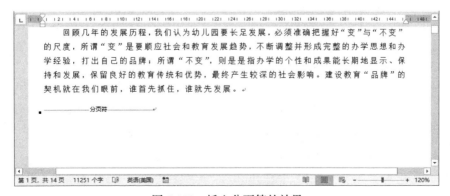

图 5-133　插入分页符的效果

除了上述方法外，用户还可以使用组合键分页，将光标定位在需要分页的位置，按 Ctrl+Enter 组合键即可。

2. 插入分节符

节是文档中若干段落内容的集合，Word 支持用户为每个节设计独立于整篇文档的布局、页面设置乃至页眉、页脚、背景、边框等。分节是管理 Word 文档内容的有效方法，若要分节，需为两节内容间插入分节符。

具体方法与插入分页方法一样，由图 5-132 可见分节符的类型包括"下一页""连续""偶数页"和"奇数页"四种，其含义如下。

- 下一页：分节符后的文本将显示在新的页面中，也就是既分节也分页。
- 连续：表示插入分节符即开始新的一节，分节不分页。
- 偶数页：表示插入分节符后，新节从下一个偶数页开始，下一个奇数页将会留白。
- 奇数页：表示插入分节符后，新节从下一个奇数页开始，下一个偶数页将会留白。

5.2.8 分栏

报纸或杂志经常需要分栏排版，有的分两栏，有的分多栏，有的甚至各栏的宽度不一样。这些版式都可以通过 Word 中"分栏"功能实现。

在 Word 中通过"布局"选项卡下"栏"功能分栏，可以设置分的栏数、宽度、分隔线及分栏的范围。

首先，在 Word 中选择需要分栏的内容。然后，切换至"布局"选项卡，单击"页面设置"选项组中的"栏"按钮，弹出的列表中包含预设的"一栏""两栏""三栏""偏左"和"偏右"五个选项，此处选择"两栏"选项，所选内容会自动分栏，并且在开头和结尾处自动添加"分节符"，如图 5-134 所示。

图 5-134　分两栏的效果

如果在"栏"列表中没有需要的分栏，则可以选择"更多栏"选项，打开"栏"对话框，进一步设置分栏的参数，如图 5-135 所示。

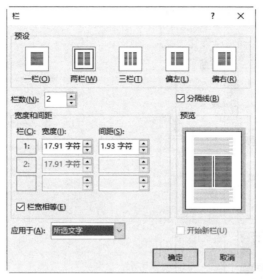

图 5-135 "栏"对话框

- "预设":在该区域的按钮和"栏"列表中是一致的。
- "栏数":设置分栏的数值,最高数值为 11。
- "宽度和间距":用于设置栏的宽度和栏之间的距离。
- "栏宽相等":勾选该复选框后,"宽度和间距"将自动计算栏的宽度并使栏宽度相等。
- "应用于":设置分栏应用的范围。此列表中一般包含以下 3 个选项,分别为"本节""插入点之后"和"整篇文档"。"本节"表示设置的分栏参数将被应用于光标定位的节;"插入点之后"表示设置的分栏参数将被应用于光标之后的文本;"整篇文档"表示设置的分栏参数被应用于整篇文档。

提示:显示或隐藏编辑标记

分页符、分节符在默认情况下是显示的,用户可以将其隐藏。在"开始"选项卡的"段落"选项组中单击"显示/隐藏编辑标记"按钮 可以使之在显示或隐藏状态之间切换。

5.2.9 插入封面

Word 提供了 16 种预设封面的效果,用户可以直接将之套用为文档封面,然后再根据实际需要修改封面中的内容。在制作文档封面时,一般需要修改正标题、副标题、说明性文本、企业的相关标志等。

(1)将光标定位在文档最前方,切换至"插入"选项卡,单击"页面"选项组中"封面"按钮,在列表中选择合适的封面效果。例如,选择"边线型"选项,如图 5-136 所示。

(2)在光标定位的前一页插入选中的封面,根据需要在不同的文本框中输入文本,也可以添加、删除或移动文本,效果如图 5-137 所示。

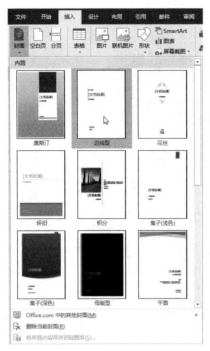

图 5-136 "封面"列表

图 5-137 封面效果

提示：删除封面

如果需要删除封面，只需再次单击"封面"按钮，在列表中选择"删除当前封面"选项即可。

除了 Word 内置的封面外，用户也可以自己设计封面。设计封面的元素也包括文本、图形和图像等。

5.2.10 添加页眉和页脚

页眉和页脚分别位于页面上正文以外的上、下空间，可以帮助用户在每一页上、下的空间重复显示信息。在页眉和页脚中用户可以插入文本、形状、图像及文档部件，如页码、时间和日期、文档标题等。

1. 插入页眉和页脚

以插入页眉为例，步骤如下。

（1）打开 Word 文档，切换至"插入"选项卡，单击"页眉和页脚"选项组中"页眉"按钮，弹出的列表中包含 20 种内置的页眉。选择合适的选项，如图 5-138 所示。

（2）选择"连线型"页眉样式，在文档中每页最上方应用"连线型"页眉，页眉左侧将显示标题文本，如图 5-139 所示。

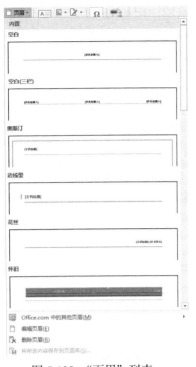

图 5-138 "页眉"列表

图 5-139 "边线型"页眉

在"页眉和页脚"选项组中单击"页脚"按钮，在列表中选择合适的选项即可添加页脚。

除了上述方法可以进入页眉和页脚的编辑状态外，用户也可以在页眉或页脚区域双击，快速进入页眉和页脚的编辑状态。

在文档中插入页眉或页脚后，在功能区将自动出现"页眉和页脚工具 - 设计"选项卡，如图 5-140 所示。通过该选项卡可以对页眉和页脚进行修改和编辑，单击"关闭"选项组中"关闭页眉和页脚"按钮即可退出页眉和页脚编辑状态。

图 5-140 "页眉和页脚工具 - 设计"选项卡

下面介绍"页眉和页脚工具 - 设计"选项卡中部分功能的含义。

● "页码"：单击该按钮，在列表中选择页码选项即可插入页码。

● "日期和时间"：单击该按钮可在打开的"日期和时间"对话框中设置需要插入的日期和时间格式。

● "文档信息"：单击该按钮可在列表中选择相应的选项，可以将信息插入到页眉或页脚中，包括作者、文件名、文件路径、文档标题等。

● "文档部件"：单击该按钮可以在弹出的列表中选择需要插入的与本文档相关的信息，如标题、单位等。

- "图片"：单击该按钮可以在打开的对话框中选择页眉使用的图像。
- "首页不同"：勾选该复选框可设置首页不显示页码。
- "奇偶页不同"：勾选该复选框可单独设置奇数页和偶数页的页眉和页脚。

2. 设置奇偶页不同

页眉和页脚都可以被设置为奇偶页显示不同内容以传达更多信息。在"页眉和页脚工具 - 设计"选项卡下的"选项"选项组中勾选"奇偶页不同"复选框，此时，页眉将显示在奇数页上，应用"边线型"页眉在左侧显示文档的标题。

然后，将光标定位在偶数页页眉中，应用"切片 2"页眉样式，在页眉的右侧显示页码。设置完成后单击"关闭页眉和页脚"按钮，设置奇偶页不同的效果如图 5-141 所示。

图 5-141　设置奇偶页不同的效果

提示：删除页眉中的横线

当用户添加页眉时，经常会发现其底部出现一条横线，这将影响文档的外观。进入页眉编辑状态，选中页眉中的文本，在"开始"选项卡中设置"边框"为"无框线"选项即可。

3. 在文档各节创建不同的页眉和页脚

当文档被分为多个节时，用户可以为文档的各节创建不同的页眉和页脚，具体操作方法如下。

（1）打开 Word 文档，为文档分节，然后将光标定位在某一节中，双击该页面的页眉或页脚处，进入页眉和页脚编辑状态。插入页眉并设置格式，默认情况下，下一节将自动接受本节的页眉和页脚，如图 5-142 所示。

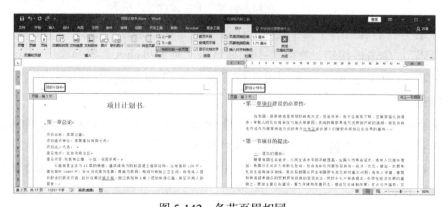

图 5-142　各节页眉相同

（2）在"页眉和页脚工具-设计"选项卡，单击"链接到前一条页眉"按钮，取消节之间的链接，然后将光标定位在下一节，再设置页眉，如图5-143所示。

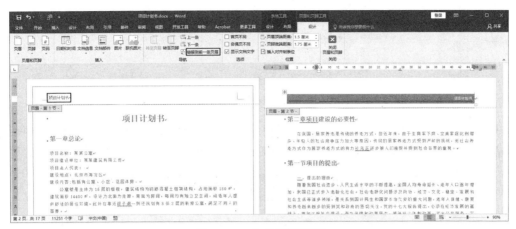

图 5-143　各节页眉不同

4. 插入动态页眉

在为长文档添加页眉时，若希望在页眉中显示章名称，则可以通过"域"创建动态的页眉。例如，在奇数页中插入页眉显示文档的名称，在偶数页显示章名称，下面介绍具体的操作方法。

（1）打开"插入动态页眉.docx"文档，双击页眉进入页眉和页脚的编辑状态，切换至"页眉和页脚工具-设计"选项卡，在"选项"选项组中勾选"首页不同"和"奇偶页不同"复选框，如图5-144所示。

图 5-144　勾选"首页不同"和"奇偶页不同"复选框

（2）将光标定位到奇数页的页眉处，并输入"项目计划书"文本，使其居中显示，在"开始"选项卡的"字体"选项组中设置文本格式（如字体、字号和字体颜色等），如图5-145所示。

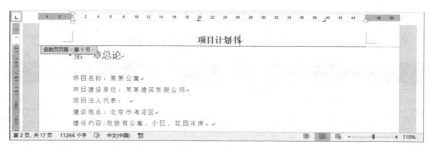

图 5-145　设置奇数页页眉

（3）将光标定位在偶数页的页眉，切换至"插入"选项卡，单击"文本"选项组中"文档部件"按钮，在列表中选择"域"选项，如图 5-146 所示。

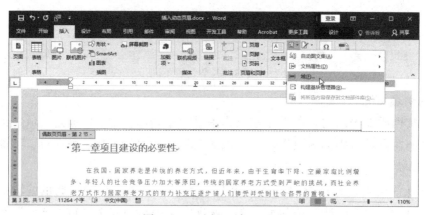

图 5-146　选择"域"选项

（4）打开"域"对话框，设置"类别"为"链接和引用"，在"域名"列表框中选择"StyleRef"选项，在"样式名"列表框中选择"标题 2"选项（这是章的样式），单击"确定"按钮，如图 5-147 所示。

图 5-147　"域"对话框

（5）操作完成后关闭页眉和页脚，此时，可发现奇数页页眉中已显示文档名称，偶数页则显示了当前页面的所属章名称，而且，偶数页的页眉是根据当前页的章名称不同而变化的，如图 5-148 所示。

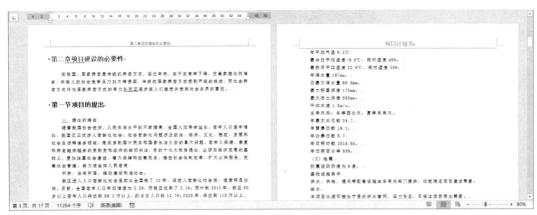

图 5-148　设置动态页眉的效果

5.2.11　添加目录

目录是长文档不可缺少的内容，它显示了文档中各级标题所在的页码，方便读者快速检索、查阅相关的内容。在添加目录之前，首先需要为文档应用各级标题样式，最好是 Word 内置的标题样式。

1. 自动添加目录

首先，通过"导航"窗格查看"添加目录.docx"文档的目录结构。在"视图"选项卡的"显示"选项组中勾选"导航窗格"复选框，页面的左侧将显示已应用标题样式的所有文本，并根据级别不同适当缩进，如图 5-149 所示。

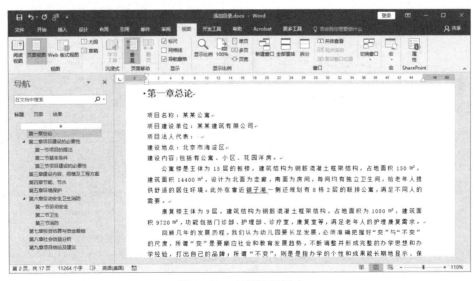

图 5-149　查看标题样式

下面介绍应用样式后提取文档中目录的方法。

（1）在正文前插入空白页，输入"目录"文本，并将光标定位在下一行，切换至"引用"选项卡,单击"目录"选项组中"目录"按钮,弹出的列表中将包括系统内置的目录库,如图5-150所示。

图5-150 "目录"列表

(2)在列表中选择"自动目录1"选项,光标定位处将插入该样式的目录,如图5-151所示。

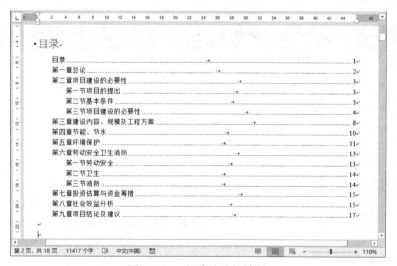

图5-151 查看目录的效果

2. 自定义目录

除了直接添加目录外,用户还可自定义目录的格式。自定义目录包括设置目录的显示级别和字体格式等。

首先，将光标定位在需要添加目录的位置，切换至"引用"选项卡，单击"目录"选项组中"目录"按钮，在列表中选择"自定义目录"选项，打开"目录"对话框，单击"选项"按钮，打开"目录选项"对话框，删除"标题3"对应的数字，单击"确定"按钮，使目录只显示应用"标题1"和"标题2"的文本，如图5-152所示。

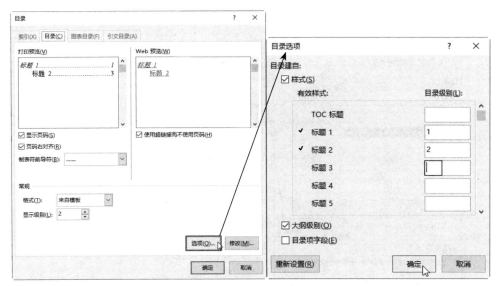

图5-152　设置显示目录的内容

接着，返回文档即可见目录中已不再显示"标题3"的文本，如图5-153所示。

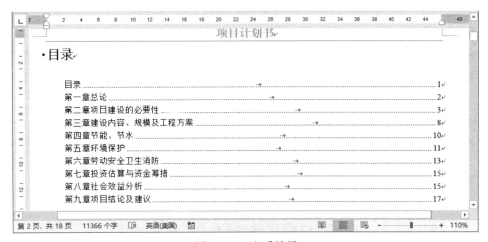

图5-153　查看效果

提示：取消目录的超链接

添加目录后，光标定位在目录上方时其将显示"按住Ctrl键并单击可访问链接"的工具提示信息，在按住Ctrl键并单击时，文档会跳转到目录指向的目标位置。如果不需要建立超链接，则可以再次打开"目录"对话框，在右侧取消勾选"使用超链接而不使用页码"复选框，单击"确定"按钮。之后Word将弹出提示对话框，询问"要替换此目录吗？"，单击"是"按钮即可替换原带超链接的目录，取消目录的超链接。

在"目录"对话框中,用户还可设置各级标题目录的格式。例如,在该对话框中单击"修改"按钮,打开"样式"对话框,选择"目录3"选项,单击"修改"按钮。打开"修改样式"对话框,在"格式"选项区域中设置文本格式(用户还可以单击"格式"按钮,在列表中选择对应的选项)。此处只设置文本格式,如图5-154所示。

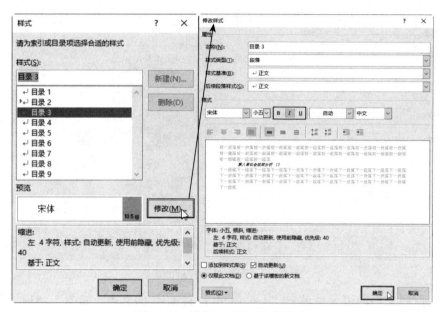

图 5-154 设置"目录 3"的格式

3. 更新目录

Word 文档中的目录实际上也是一种域代码,所以在创建目录后,如果需要对文档中应用样式的文本进行修改,可以通过更新目录的方式应用修改结果,具体方法如下。

切换至"引用"选项卡,单击"目录"选项组中"更新目录"按钮,打开"更新目录"对话框,选择需要更新的对应的单选按钮,单击"确定"按钮即可,如图5-155所示。

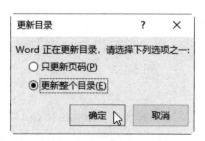

图 5-155 更新目录

使用相同的方法设置"目录 2"的文本和段落格式,效果如图 5-156 所示。

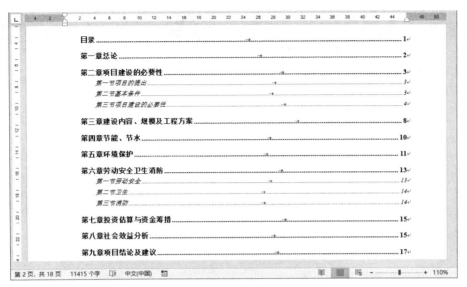

图 5-156　查看设置目录格式的效果

5.3　Word 文档的强化

一个图文并茂的文档不但可以看起来生动形象、充满活力，还可以为阅读者提供更好的阅读体验。在 Word 中，用户可以通过插入图像、艺术字、图形等展示文本或数据，通过表格让数据更加清晰。

本章将介绍在 Word 文档中添加更多的元素、让文档的内容更加丰富、表现力更强的方法，可添加的元素包括图像、表格、图表、文本框、艺术字和 SmartArt 图形等。

5.3.1　图像的应用

图像的吸引力远远大于文本，所以在制作文档时可以图文并茂，为枯燥的文本适当地添加图像，让文本更具体化，也让阅读者更轻松地理解文本所表达的含义。

Word 中可插入的图像可以是来自外部的图像文件，也可以是联机图像，还可以是屏幕截图，下面分别详细介绍具体操作方法。

1. 插入本地计算机中的图像

在 Word 2016 中用户可以插入本地计算机中的图像文件，其支持的图像格式很多，如".jpg"".jpeg"".jfif"".dib"等，具体操作方法如下。

（1）打开 Word 文档，将光标定位在需要插入图像的位置。

（2）切换至"插入"选项卡，单击"插图"选项组中"图片"按钮，打开"插入图片"对话框，在指定的文件夹下选择图像文件，单击"插入"按钮，即可将选中的图像文件以"嵌入型"的方式添加到文档中，如图 5-157 所示。

图 5-157　插入本地计算机中的图像文件

2. 插入联机图像

在已连接互联网的情况下，用户也可以直接插入联机图像。Word 提供了"联机图片"功能，可以直接联网搜索图像，下面介绍具体操作方法。

（1）将光标定位在需要插入图像的位置。

（2）切换至"插入"选项卡，单击"插图"选项组中"联机图片"按钮，打开"插入图片"面板，在"必应图像搜索"文本框中输入关键字，单击"搜索必应"按钮。

（3）系统将自动搜索与关键字有关的图像文件，之后用户可在搜索结果中选择合适的图像文件，单击"插入"按钮即可，此"插入"按钮中会显示选中图像文件的数量，此处只选中了一幅图像，所以是"插入(1)"，如图 5-158 所示。

图 5-158　插入联机图像

3. 插入屏幕截图

屏幕截图就是从计算机屏幕中用户选择的范围内截取的图像内容，其亦可被插入到 Word 文档中指定的位置，具体方法如下。

（1）在 Word 中将光标定位在需要插入图像的位置。

（2）切换至"插入"选项卡，单击"插图"选项组中"屏幕截图"按钮，在列表中显示屏幕中所有 Word 的完整截图，选择后即可将之插入到 Word 中。

（3）在"屏幕截图"列表中选择"屏幕剪辑"选项，然后可以在屏幕中通过拖曳选择截图的范围，该范围中的图像内容将被作为图像插入到 Word 中。

当选择"屏幕剪辑"选项后，屏幕将被半透明的白色遮罩层覆盖，光标也会变为黑色十字形状。当拖曳鼠标时，在矩形选区范围内的图像将变得清晰。

4. 设置图像的格式

在 Word 中选择的图像后，功能区会显示"图片工具 - 格式"选项卡，在此选项卡内用户可以调整图像、设置图像样式、排列图像，以及裁剪图像等，如图 5-159 所示。

图 5-159 "图片工具 - 格式"选项卡

"图片工具 - 格式"选项卡包含 Word 中所有关于图像的功能，下面具体介绍。

1）调整图像

在"图片工具 - 格式"选项卡的"调整"选项组中，用户可以调整图像颜色、增加艺术效果、压缩图像和删除图像背景等。

单击"校正"按钮，在列表中用户可以设置图像的锐化和柔化、亮度和对比度，如图 5-160 所示。单击"颜色"按钮，用户在列表中可以设置颜色的饱和度、色调或为图像重新着色，并通过"其他变体"选项在子列表中选择合适颜色，如图 5-161 所示。用户还可以通过"设置透明色"功能删除图像中某种颜色，该功能通常可以删除图像背景。

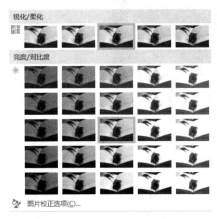

图 5-160 "校正"列表

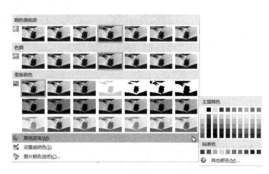

图 5-161 "颜色"列表

单击"艺术效果"按钮，用户可以在列表中为图像应用 Word 内置的 22 种艺术效果，直接选择即可将之应用到选中的图像上。如果需要进一步调整艺术效果，则可以在列表中选择"艺术效果选项"选项，打开"设置图片格式"导航窗格，在该窗格内的"效果"选项卡下为艺术效果设置参数，如图 5-162 所示。

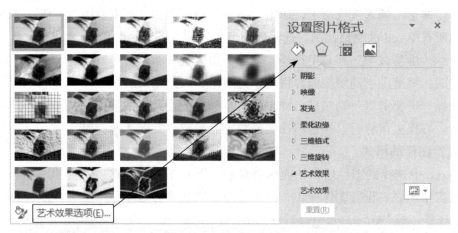

图 5-162　设置艺术效果

单击"删除背景"按钮可以打开"背景消除"选项卡。例如，以图像中洋红部分为删除内容，其他为保留部分，通过"优化"选项组中"标记要保留的区域"和"标记要删除的区域"两个按钮可以调整图像需要保留的部分，最后单击"保留更改"按钮即可删除图像的背景，如图 5-163 所示。

图 5-163　删除图像背景

2）设置图像样式

Word 中内置了 28 种图像样式，直接选择即可为图像应用被选中的效果。选择图像，切换至"图片工具 - 格式"选项卡，单击"图片样式"选项组中"其他"按钮，在列表中选择合适的样式即可。例如，选择"弱化边缘椭圆"选项，如图 5-164 所示。

图 5-164　应用图像样式

如果样式库中没有合适的样式，那么用户也可以自定义图像样式。选择图像，再切换至"图片工具 - 格式"选项卡，分别单击"图片样式"选项组中"图片边框""图片效果"和"图片版式"三个按钮，在列表中分别设置即可，如图 5-165 所示。

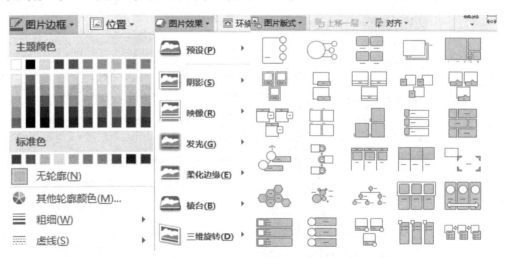

图 5-165　自定义图像样式的参数

3）排列图像

在"图片工具 - 格式"选项卡的"排列"选项组中，用户可以对图像在文档元素中的层次进行排列。例如，设置位置、环绕文字的方式、对齐方式和旋转等。

单击"位置"按钮，弹出的列表中包含 10 种位置选项，每种选项都通过形象的缩略图表示，如图 5-166 所示。

图 5-166　设置位置

单击"环绕文字"按钮，在列表中用户可以设置图像与文字的关系，共包括 7 种方式，分别为"嵌入型""四周型""紧密型环绕""穿越型环绕""上下型环绕""衬于文字下方"和"浮于文字上方"。在列表中选择"其他布局选项"选项后，Word 会打开"布局"对话框，允许用户在"文字环绕"选项卡中设置和列表相同的文字环绕方式，如图 5-167 所示。

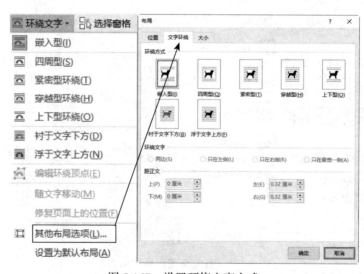

图 5-167　设置环绕文字方式

在 Word 中添加多幅图像后，若还设置了图像浮于文字上方，那么 Word 会激活"排列"选项组中的"上移一层"和"下移一层"按钮，单击对应的按钮就可以调整图像的层次。

设置"图片浮于文字上方"后，"对齐"列表中的部分选项也会被激活，如图 5-168 所示。

图 5-168　图片的对齐

在选择图像后,在"对齐"列表中用户可以选择合适的对齐方式对应的选项。"横向分布"表示选中的图像根据其最左侧和最右侧的位置水平等距离排列;"纵向分布"表示选中图像根据其最上方和最下方的位置垂直等距离排列。

单击"组合对象"按钮,用户可以在弹出的列表中设置"组合"和"取消组合"两个选项。两个选项可以将所选图像组合或将多个图像组成的集合拆分。

单击"旋转对象"按钮,用户可以在弹出的列表中使用预设的四个旋转功能,包括"向右旋转 90°""向左旋转 90°""垂直翻转"和"水平翻转"。如果选项中没有合适的,那么用户也可以选择"其他旋转选项"选项,打开"布局"对话框,在"大小"选项卡的"旋转"选项区域中设置"旋转"的角度以控制图像的旋转,如图 5-169 所示。

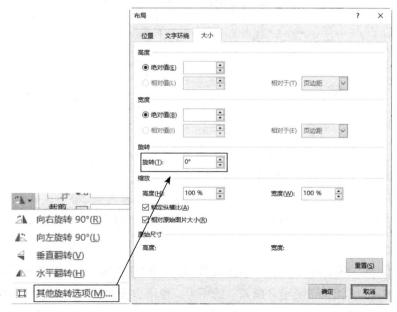

图 5-169　设置旋转

4）调整图像的大小

在 Word 中插入图像并选中后，图像的四周将显示 8 个控制点，调整控制点后用户可以改变图像的大小。一般来说只需要调整图像角控制点，因为 Word 中的图像在默认情况下是锁定纵横比的，调整时图像不会变形。

除此之外，用户还可以在"图片工具 - 格式"选项卡的"大小"选项组中精确地调整图像的大小，并对图像进行裁剪。选中图像，在"大小"选项组中设置"形状宽度"和"形状高度"的值即可，为了保证在调整时图像不变形，可以单击"大小"选项组中对话框启动器按钮，打开"布局"选项卡，在"大小"选项卡的"缩放"选项组中勾选"锁定纵横比"复选框，参照图 5-169。

单击"裁剪"按钮，弹出的列表中包括"裁剪""裁剪为形状"和"纵横比"等选项。选择"裁剪"选项后，图像四周会出现 8 个裁剪框，调整其位置即可裁剪图像；选择"裁剪为形状"选项，其子列中包含 Word 中所有形状，选择任意形状后，图像就会被裁剪为选中的形状效果；选择"纵横比"选项，在其子列表中包含内置的纵横比选项，选择任意选项后 Word 就会根据选择的纵横比裁剪图像，如图 5-170 所示。

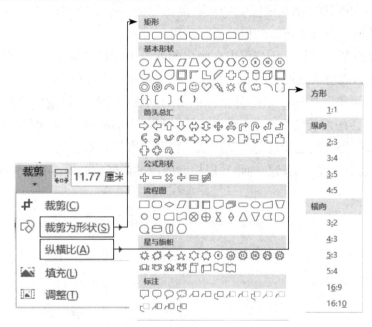

图 5-170　裁剪图像的参数

提示：3 种裁剪方式可以叠加使用

在对图像进行裁剪时，可以叠加使用 3 种裁剪方式，即按纵横比裁剪图像时，可以将图像裁剪为形状，也可以仅作普通裁剪。例如，在将图片按 4∶5 裁剪后，还可以将之裁剪为形状。

下面以制作爱心画中画进一步帮助读者巩固图像的基本操作，具体操作步骤如下。

（1）打开 Word 文档，切换至"插入"选项卡，单击"插图"选项组中"图片"按钮，在打开的对话框中选择"书中的花 .jpg"图像文件，单击"插入"按钮，将图像插入到文档中。

（2）选中图像，切换至"图片工具 - 格式"选项卡，在"大小"选项组中设置"形状宽度"为"11 厘米"，并居中对齐，如图 5-171 所示。

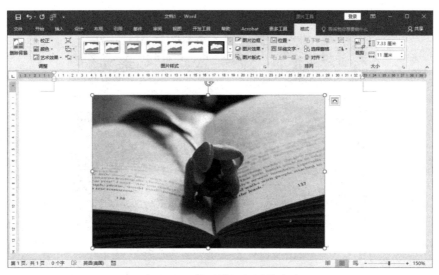

图 5-171　插入并调整图像大小

（3）保持图像为选中状态，在"图片工具 - 格式"选项卡下单击"布局选项"按钮，选择"浮于文字上方"选项。

（4）复制一份图像，选择底层的图像，单击"图片工具 - 格式"选项卡中"颜色"按钮，在列表中选择"灰度"选项，如图 5-172 所示。

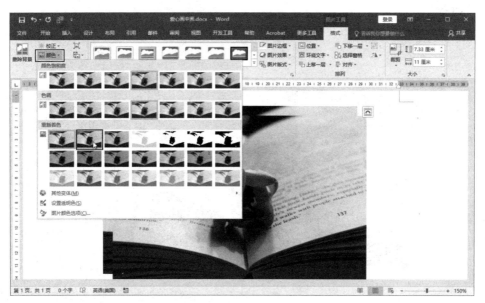

图 5-172　设置图像为灰色

（5）按住 Shfit 键选择上层图像，单击"图片工具 - 格式"选项卡中"对齐"按钮，在弹出的列表中分别选择"水平居中"和"垂直居中"选项，使两幅图像重叠在一起。

（6）选择上层图像，单击"图片工具-格式"选项卡中"裁剪"按钮，在弹出的列表中选择"裁剪为形状"选项，在子列表中选择"心形"形状。再次单击"裁剪"按钮，调整裁剪框的位置，如图5-173所示。

图5-173　将图像裁剪为心形

（7）选择底层图像，单击"图片工具-格式"选项卡中"图片样式"选项组中"其他"按钮，在样式库中选择"旋转白色"选项。右击底层图像，在快捷菜单中选择"设置图片格式"命令，在打开的"设置图片格式"导航窗格的"效果"选项卡的"三维旋转"中使此图像沿着Z轴旋转6°。

（8）选择心形图像，在"设置图片格式"导航窗格中设置沿Z轴旋转6°，如图5-174所示。

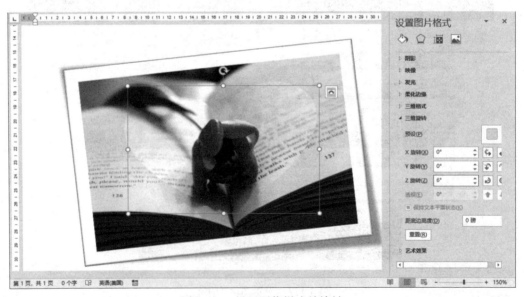

图5-174　设置图像样式并旋转

（9）选择心形图像，在"图片工具-格式"选项卡单击"图片边框"按钮，在列表中设置边框的颜色和粗细，即可完成画中画的制作，效果如图5-175所示。

图 5-175　查看爱心画中画的效果

5.3.2　表格的应用

表格是编辑文本时非常重要的工具，其可以将杂乱无章的信息管理得井井有条。Word 支持用户使用表格创建数据、计算数据、制作个人简历、考核表，以及对文档进行排版。

1. 在文档中插入表格

在 Word 2016 中用户可以通过以下几种方法插入表格。

1）自动插入表格

利用"表格"列表中的功能可以快速在文档中创建表格，而且可以预览表格在文档中的效果。

首先，将光标定位到需要插入表格的位置，然后，切换至"插入"选项卡单击"表格"按钮，用鼠标在"插入表格"区域选择目标表格的行数和列数，如图 5-176 所示。

图 5-176　插入表格

在"插入表格"区域选择行数和列数时，被选中的单元格以橙色显示。插入的表格和宽度与 Word 当前页面的宽度一致。

如果绘制的表格超过 8 列 10 行，那么用户可以在"表格"列表中选择"插入表格"

选项。打开"插入表格"对话框,在"表格尺寸"区域中输入列数和行数,单击"确定"按钮即可,如图 5-177 所示。

图 5-177 "插入表格"对话框

2)手动绘制表格

在需要绘制一些不规则的表格时,用户可以使用"表格绘制"工具手动绘制表格。手动绘制表时,首先要绘制表格的外边框,然后再绘制内边框,用户可以在"表格工具 - 设计"选项卡中进一步设置边框的颜色、线型等。

切换至"插入"选项卡单击"表格"按钮,在列表中选择"绘制表格"选项,光标将变为铅笔形状,此时,即可在页面中绘制表格的外边框,形状为矩形,之后可以在表格内部绘制表格的行列,以及斜线等,绘制完成后按 Esc 键即可退出绘制表格模式,如图 5-178 所示。

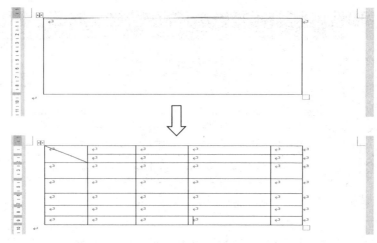

图 5-178 绘制表格

3)插入 Excel 电子表格

在"表格"列表中选择"Excel 电子表格"选项,即可为 Word 文档插入 Excel 表格,而且在功能区还可以使用 Excel 的功能处理数据。在 Word 工作区空白处单击即可退出 Excel 表格模式。

2. 编辑表格

Word 支持用户对已有表格进行编辑。例如，添加或删除行/列、合并单元格、设置行高/列宽和设置标题行跨页等。

1）合并/拆分单元格

合并单元格指将表格中两个以上连续的单元格合并成一个大的单元格。

首先选择需要合并的单元格区域，然后，单击"表格工具 - 布局"选项卡中"合并"选项组中"合并单元格"按钮，或者右击，在快捷菜单中选择"合并单元格"命令，即可将选中的单元格合并为一个大的单元格。

拆分单元格是和合并单元格执行相反的操作，其可以将一个单元格拆分成指定行数和列数的多个单元格。

将光标定位在需要拆分的单元格中，单击"表格工具 - 布局"选项卡中"合并"选项组中"拆分单元格"按钮，或者右击鼠标，在快捷菜单中选择"拆分单元格"命令，上述两种方法均可以打开"拆分单元格"对话框。在该对话框中设置拆分的列数和行数，单击"确定"按钮即可，如图 5-179 所示。

图 5-179 拆分单元格

2）插入或删除行、列

在制作表格过程中用户可以根据内容的变化插入或删除行列。

插入行和插入列的方法一样，下面以插入行为例介绍常用的方法。

（1）通过功能区按钮插入行。

首先指定插入行的位置，然后在"表格工具 - 布局"选项卡单击"行和列"选项组中对应的按钮即可，如图 5-180 所示。

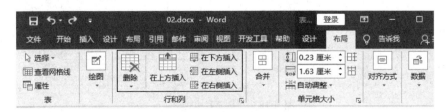

图 5-180 "行和列"选项组

"行和列"选项组中包括 4 种插入行或列的功能按钮，包括"在上方插入"：在指定单元格的上方插入一行；"在下方插入"：在指定单元格的下方插入一行；"在左侧插入"：在指定单元格的左侧插入一列；"在右侧插入"：在指定单元格的右侧插入一列。

（2）单击⊕按钮。

将光标移至想要插入行或列的位置，此时表格的行与行（列与列）之间会出现⊕按钮，单击此按钮即可在该位置插入一行（或一列），如图 5-181 所示。

图 5-181　单击⊕按钮

（3）通过 Enter 键。

将光标移至行的最左侧，按 Enter 键即可在该行的下一行插入一行，如图 5-182 所示。该方法只适合插入行，不适合插入列。

图 5-182　通过 Enter 键插入行

（4）快捷菜单法。

将光标定位在指定的行并右击，在快捷菜单中选择"插入"命令，在子菜单中选择合适的命令，如图 5-183 所示。

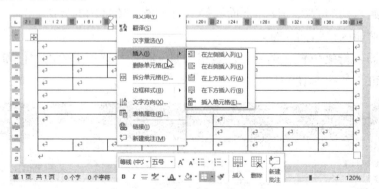

图 5-183　快捷菜单插入行

当在子菜单中选择"插入单元格"命令时，Word 将打开"插入单元格"对话框，通过该对话框用户可以插入整行或整列，也可以在表格中只插入单元格，如图 5-184 所示。

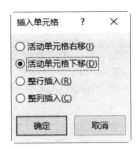

图 5-184 "插入单元格"对话框

在表格中删除行/列时可以根据插入行列的第 1 种和第 4 种方法进行逆操作,此处不再叙述。

3)调整表格的行高和列宽

在 Word 中插入的表格,其行高是由字号大小决定的,列宽是根据页面宽度平均分布的,当然,用户也可以根据需要调整行高和列宽,下面介绍调整行高和列宽的常用方法。

(1)手动调整行高或列宽。

将光标定位在行(列)的边界线上,待其变为双向箭头时按住鼠标左键不放,将之拖至合适的位置释放鼠标即可调整行高(列宽)。

(2)精确调整行高或列宽。

将光标定位在需要调整行高的单元格中,在"表格工具-布局"选项卡的"单元格大小"选项组中"行高"文本框中输入数值,按 Enter 键即可。

(3)自动调整列宽。

在"表格工具-布局"选项卡的"单元格大小"选项组中单击"自动调整"按钮,在弹出的列表中包含"根据内容自动调整表格""根据窗口自动调整表格"和"固定列宽"选项,如图 5-185 所示。选择"根据窗口自动调整表格"选项,表格会自动调整列宽到窗口界面内。

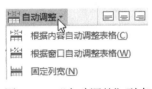

图 5-185 "自动调整"列表

(4)调整局部列宽。

该方法只适用于调整列宽。选中该部分的单元格,然后通过手动调整列宽的方法拖曳边界线即可。

4)为跨页表格添加表头

在制作表格时,经常会遇到跨页显示的表格,但若只有第一页显示表头,则这会严重影响其他页表格的显示效果。此时,可以通过设置重复标题行的方式快速为其他页的表格添加表头,下面介绍两种方法实现跨页添加表头。

(1)设置"重复标题行"。

将光标定位在表格的标题行中,切换至"表格工具-布局"选项卡,单击"数据"选项组中"重复标题行"按钮，即可在其他页添加表头，如图 5-186 所示。

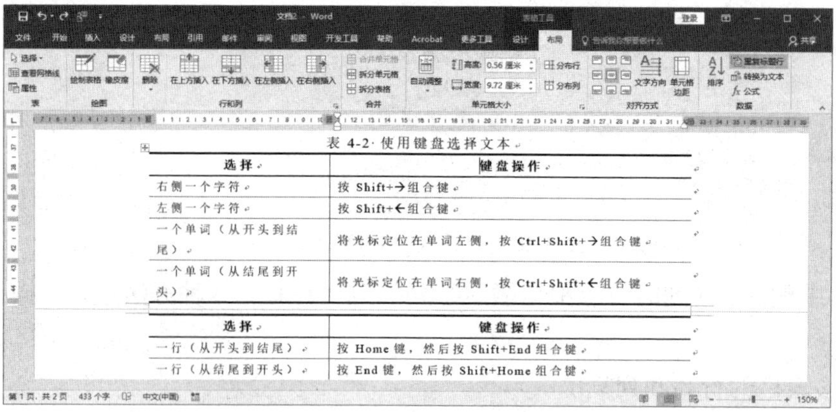

图 5-186　单击"重复标题行"按钮

（2）通过表格属性设置。

将光标定位在表格的标题行中，单击"表格工具 - 布局"选项卡"表"选项组中的"属性"按钮打开"表格属性"对话框，在"行"选项卡中勾选"在各页顶端以标题行形式重复出现"复选框，单击"确定"按钮即可在其他页添加表头，如图 5-187 所示。

图 5-187　"表格属性"对话框

3. 设置表格样式

Word 2016 中内置了 3 大类、105 种表格样式，直接选择合适的表格样式就可以快速美化表格，具体操作如下。

（1）将光标位于表格中。

（2）切换至"表格工具 - 设计"选项卡，单击"表格样式"选项组中"其他"按钮，弹出的列表中包含了所有表格样式选项，如图5-188所示。在表格样式库列表中，将光标移到某个样式上方时，Word会在文档的表格中预览应用该样式的效果。

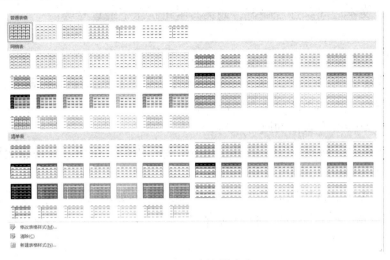

图5-188　表格样式库

（3）为表格应用样式后，还可以修改样式，在"其他"列表中选择"修改表格样式"选项，打开"修改样式"对话框，首先，在"格式"选项区域中单击"将格式应用于"按钮，弹出的列表中显示了表格的所有元素，选择后，在下方可以设置字体、颜色、边框、对齐方式等，如图5-189所示。

（4）将光标定位在表格中，在"其他"列表中选择"新建表格样式"选项，打开"根据格式化创建新样式"对话框，在"属性"区域设置表格样式的名称，"格式"区域在"将格式应用于"列表中选择表元素对应的选项，在下方设置相关格式，如图5-190所示。

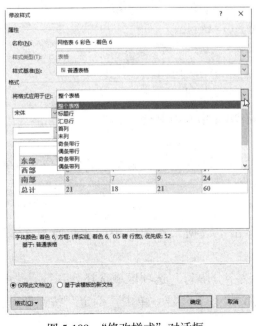
图5-189　"修改样式"对话框

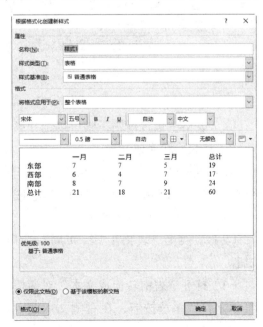
图5-190　自定义表格样式

4. 文本和表格相互转换

在 Word 中用户可以将表格转换为文本,也可以将文本转换为表格。其中,将文本转换为表格需要在文本之间添加分隔符,如英文半角状态下的逗号等。

1)将文本转换为表格

在 Word 中并不是所有文本都可以被转换成表格的,首先需要被转换为单元格中的内容之间必须由相同符号隔开,其次使用的分隔符号必须是英文半角状态下的,否则 Word 将无法识别分隔符,也就不能将文本转换成表格。

(1)全选需要转换为表格的所有文本。

(2)单击"插入"选项卡中"表格"选项组中"表格"按钮,在列表中选择"文本转换成表格"选项。

(3)打开"将文字转换成表格"对话框,文本中的分隔符是逗号,所以选中"逗号"单选按钮,选择完成后,"列数"将自动变为"6",单击"确定"按钮即可,如图 5-191 所示。

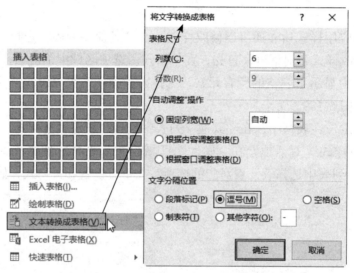

图 5-191 选择"逗号"单选按钮

(4)表格中包含标题,则可以选择第 1 行所有单元格并将其合并。

2)将表格转换成文本

Word 也支持通过文字分隔符将表格转换为文本。将表格转换为文本后,其应用的表格样式将被自动删除,如表格的边框、底纹颜色等。

(1)将光标定位在表格中。

(2)切换至"表格工具 - 布局"选项卡,单击"数据"选项组中的"转换为文本"按钮。

(3)打开"表格转换成文本"对话框,在"文字分隔符"选项区域选择分隔符,选中"其他字符"单选按钮,在右侧文本框中输入英文状态下分号,单击"确定"按钮即可,如图 5-192 所示。

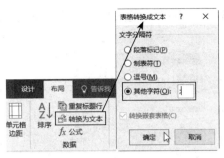

图 5-192　设置分号为分隔符

5. 表格中数据的计算

使用表格时经常要统计很多数据，对数据进行管理时，需要对数据进行计算。例如，求和、平均值、最大值等，下面以对数据进行求和为例，介绍计算数据的方法。

（1）将光标定位在需要计算的单元格中。

（2）切换至"表格工具 - 布局"选项卡，单击"数据"选项组中的"公式"按钮。

（3）打开"公式"对话框，在"公式"文本框中显示 SUM() 函数公式，在 SUM() 公式中显示 LEFT 表示对左侧数据求和，如图 5-193 所示。如果是对上方数据求和，则显示 ABOVE。

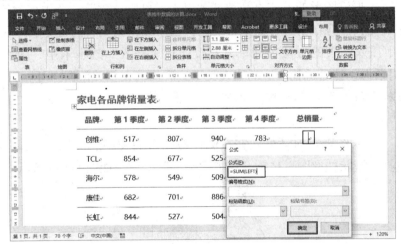

图 5-193　对数据进行求和

在"公式"对话框中，单击"粘贴函数"按钮，在列表中显示更多函数。例如，AVERAGE()、COUNT()、IF()、INT() 等函数，在下一章中介绍 Excel 时会详细讲解这些函数的含义和应用。在"编号格式"列表中可以选择数据的格式。

6. 对表格中数据进行排序

为表格数据排序需要根据排序的数据类型（如数字、拼音、日期、笔画等）设置排序依据（主要关键字、次要关键字），即按关键字的降序或升序排列顺序。

下面介绍按"总销量"升序排列的具体操作方法。

（1）将光标定位在表格任意位置。

（2）切换至"表格工具 - 布局"选项卡，单击"数据"选项组中的"排序"按钮。

（3）打开"排序"对话框，单击"主要关键字"按钮，在弹出的列表中选择"总销量"，设置"类型"为"数字",选择"升序"单选按钮,单击"确定"按钮,如图 5-194 所示。

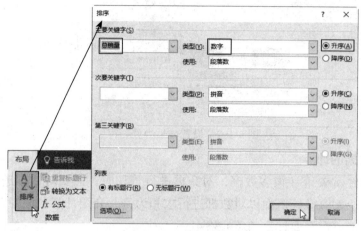

图 5-194 设置总销量升序

(4)操作完成后,表格中数据将按"总销量"的数值从小到大排序。

7. 在 Word 中插入图表

图表可以将数据以图形的方式直观地展示出来,可以让浏览者产生深刻的印象。图表和表格、文字相比其优势在于可将数据可视化,从而减少浏览者的视觉负担和思考负担。

在 Word 中插入图表的方法很简单,直接通过"插入"选项卡中"图表"按钮打开"插入图表"对话框,然后选择合适的图表类型最后再输入相关数据即可。

(1)将光标定位在需要插入图表的位置,单击"插入"选项卡"插图"选项组中"图表"按钮。

(2)打开"插入图表"对话框,在左侧选择图表的类型。例如,选择"柱形图"选项,在右侧选择"簇状柱形图"选项,单击"确定"按钮,如图 5-195 所示。

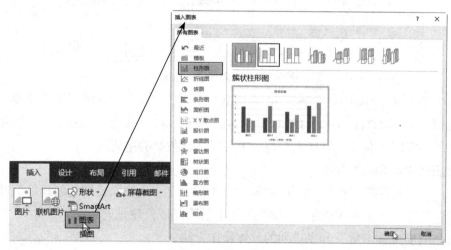

图 5-195 插入柱形图

(3)在 Word 页面中插入被选中的图表,并打开 Excel 工作表,在该区域输入相关数据,删除多余的数据,根据 Excel 工作表中数据自动更新数据,如图 5-196 所示。

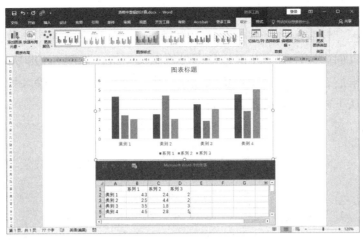

图 5-196　插入柱形图

在 Word 中图表的操作方法和在 Excel 中相同，具体如何美化图表、添加图表元素、显示指定数据等内容将在下一章中详细讲解。

5.3.3　文本框的应用

文本框是一种可移动位置、可调整大小的容器其中可以容纳文本、图形、图像等 Word 显示元素。文本框可以被放在文档页面任何位置。

1．插入文本框

在 Word 2016 中用户可以通过以下两种方法插入文本框。

（1）插入预设的文本框：切换至"插入"选项卡，单击"文本"选项组中"文本框"按钮，弹出的列表中包含了 35 个预设好的文本框，选择其中之一后即可在文档中插入文本框，如图 5-197 所示。

图 5-197　预设的文本框

（2）手动绘制文本框：切换至"插入"选项卡，单击"文本"选项组中"文本框"按钮，在列表中选择"绘制横排文本框"或"绘制竖排文本框"选项，此时，光标将变为黑色十字形状，在页面中按住鼠标左键拖动即可绘制文本框，如图 5-198 所示。

绘制完文本框后，光标会自动定位到文本框中，然后用户直接输入相关内容即可。其中竖排文本框是从上向下，以从右到左的方向显示。

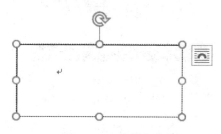

图 5-198　绘制文本框

2. 编辑文本框

将文本框插入到文档后，其默认是黑色边框、白色底纹，用户可以在"绘图工具 - 格式"选项卡中设置文本框的形状样式、更改其形状等。

3. 设置文本框链接

文本框链接就是在两个或两个以上的文本框之间建立链接关系，不管它们在什么位置，如果一个文本框中文本排满了，就会链接到下一个文本框中。下面介绍具体操作方法。

（1）在 Word 文档页面中绘制两个或两个以上文本框，此处先绘制两个文本框。

（2）将光标定位在其中一个文本框中，切换至"绘图工具 - 格式"选项卡，单击"文本"选项组中"创建链接"按钮。

（3）此时光标变为一个带有向下箭头的小杯子形状，将光标移到另一个文本框中单击，即可创建链接，如图 5-199 所示。

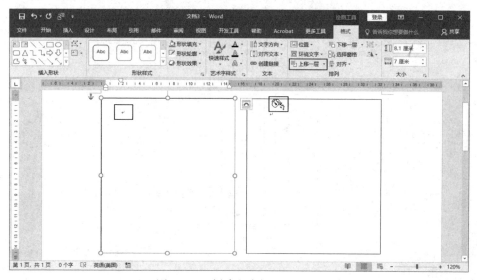

图 5-199　创建文本框之间链接

（4）如果还需要创建链接，则可根据上述方法继续链接文本框即可。

（5）在文本框中输入文本时，当第 1 个文本排满，则 Word 将自动切换至第 2 个文本框中输入文本。

> 提示：断开链接
>
> 如果想断开链接，则可以选择第 1 个文本框，切换至"绘图工具 - 格式"选项卡，单击"文本"选项组中"断开链接"按钮即可。断开链接后，链接到的文本框中文本将会消失，并全部移到第 1 个文本框中。

5.3.4 形状的应用

图形指一个或一组图形对象，其也被称为形状。Word 2016 为用户提供了大量的预置形状，共包含 6 大类、137 种，基本涵盖了多数绘图软件常用的形状类形。

1. 插入形状

切换至"插入"选项卡，单击"插图"选项组中"形状"按钮，弹出的列表中已包含所有形状，如图 5-200 所示。

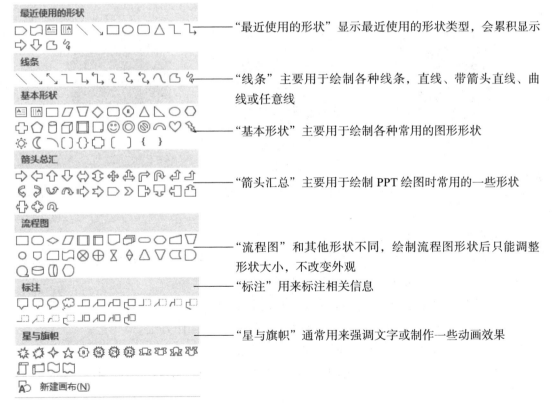

图 5-200 "形状"列表

选择形状后，光标将变为黑色十字形状，在页面中按住鼠标左键拖动，待形状变为所需的外观样式时释放鼠标左键即可。

如果需要绘制正的形状（如正方形），则可在选择"矩形"形状后按住 Shift 键不放在页面中拖动即可绘制正方形。

如果需要绘制直线形状，则可以按住 Shift 键，绘制沿单击点 45°角倍数方向的直线，一般需要按住 Shift 键绘制水平或垂直的直线。

如果按住 Ctrl 键绘制形状，则 Word 会以单击点为中心绘制形状；如果按住 Ctrl+Shift 组合键，则 Word 将会以单击点为中心绘制正的形状。

2. 调整形状的外观

在 Word 中添加某些形状后可以通过调整控制点或编辑顶点以调整形状的外观。

1）调整控制点改变形状的外观

在"形状"列表中，大部分带有倾斜或弧度的形状都可以通过调整黄色的控制点改变外观。

例如，在页面中绘制圆角矩形，其左上角显示了一个黄色控制点，该控制点只能在顶边左右移动。如果将黄色控制点移到最左侧，则其会变为方形；如果将黄色控制点移至最右侧，则其会变为圆形，如图 5-201 所示。

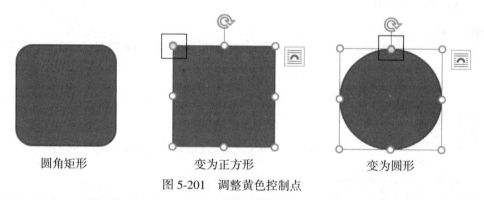

圆角矩形　　　　变为正方形　　　　变为圆形

图 5-201　调整黄色控制点

需要注意的是，在"形状"列表的"流程图"选项区域中所有形状都没有黄色的控制点。

2）编辑形状的顶点

通过"编辑顶点"功能可以调整形状的外观，即便针对"流程图"中的形状也不例外，但是"线条"中的形状是无法编辑顶点的。

另外，"编辑顶点"功能还可以在形状的边上添加顶点，再移动顶点的位置即可更改形状的外观。下面介绍编辑形状顶点改变形状外观的具体操作方法。

（1）在 Word 文档中绘制矩形，选择该矩形，切换至"绘图工具-格式"选项卡，在"插入形状"选项组中单击"编辑形状"按钮，在列表中选择"编辑顶点"选项。

（2）右击图形下方的中心点，在菜单中选择"添加顶点"命令，在该点添加一个顶点，选择顶点向上移动，如图 5-202 所示。

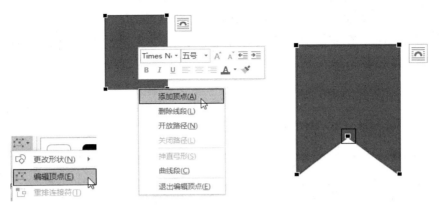

图 5-202　调整顶点

3. 美化形状

美化形状和之前介绍的美化图像的方法相似，选择需要应用格式的形状（其默认是蓝色填充、深蓝色边框）。切换至"绘图工具 - 格式"选项卡，在"形状样式"选项组中单击"形状样式"选项组中"其他"按钮，在列表中选择合适的样式，如图 5-203 所示。

图 5-203　形状样式库

"形状样式"选项组还包括"形状填充""形状轮廓"和"形状效果"三个按钮，可以分别设置形状的填充、轮廓和效果。

4. 设置为默认形状

在 Word 中形状的默认样式是蓝色填充、深蓝色轮廓，用户可以根据需要设置默认的形状。当形状被设置为默认的形状后，则再次绘制其他形状时 Word 就会自动应用对应的填充、轮廓和效果。

（1）打开 Word 文档，绘制正圆形，设置填充和轮廓均为浅灰色到白色的渐变，并添加阴影效果。

（2）右击绘制的正圆形，在快捷菜单中选择"设置为默认形状"命令。

（3）设置完成后，在文档绘制其他形状，可见绘制的形状应用了和正圆形相同的格式效果，如图 5-204 所示。

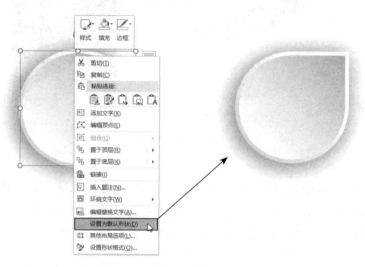

图 5-204　设置为默认形状的效果

5.3.5　SmartArt 图形的应用

SmartArt 图形是一种图文结合的特殊图形，其可以帮助观看者更好地捕捉和消化图形中的重要文字信息。

1. 插入 SmartArt 图形

在"插入"选项卡的"插图"选项组中单击 SmartArt 按钮，打开的"选择 SmartArt 图形"对话框中包括 8 大类、近 200 多种 SmartArt 图形，用户可以选择合适的 SmartArt 图形，将之插入到文档中，如图 5-205 所示。

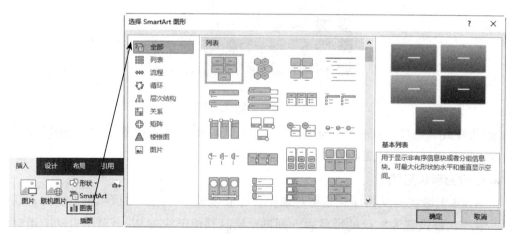

图 5-205　插入 SmartArt 图形

SmartArt 图形包括列表、流程、循环、层次结构、关系、矩阵、棱锥图和图片几大类，每一类都包含若干不同的图形。

2. 添加形状

在 Word 文档中插入默认的 SmartArt 图形后，一般要根据需要添加形状。选择 SmartArt 图形中某个形状，切换至"SmartArt 工具 - 设计"选项卡中单击"创建图形"选项组中"添加形状"按钮，在列表中选择需要添加的对象，如图 5-206 所示。

图 5-206 "添加形状"列表

- "在后面添加形状"：在选中形状的后面添加一个同级的形状。
- "在前面添加形状"：在选中形状的前面添加一个同级的形状。
- "在上方添加形状"：在选中形状的上方添加上一级的形状。
- "在下方添加形状"：在选中形状的下方添加下一级的形状。

3. 输入 SmartArt 图形的内容

一般情况下，在 SmartArt 图形中选择某个形状，将光标定位到该形状中即可在其中输入文本。对于新添加的形状，需要在形状上右击，在快捷菜单中选择"编辑文字"命令然后才能输入文本。

除此之外，单击 SmartArt 图形右侧 按钮，或者单击"SmartArt 工具 - 设计"选项卡下"创建图形"选项组中"文本窗格"按钮，即可打开"在此处键入文字"窗格，然后输入相关的文本，如图 5-207 所示。

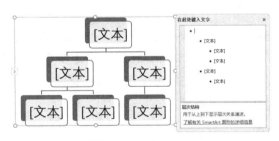

图 5-207 输入文本

4. 应用 SmartArt 图形的样式

SmartArt 图形支持由用户更改颜色和样式。选择 SmartArt 图形，切换至"SmartArt 工具 - 设计"选项卡，在"SmartArt 样式"选项组中即可设置，如图 5-208 所示。

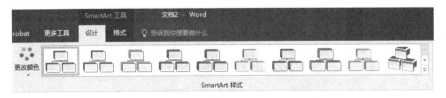

图 5-208 "SmartArt 样式"选项组

- "更改颜色"：单击"更改颜色"按钮，在列表中选择合适的颜色即可修改整体颜色，如图5-209所示。
- "SmartArt样式库"：单击"SmartArt样式"选项组中"其他"按钮可以在列表中选择合适的样式，如图5-210所示。

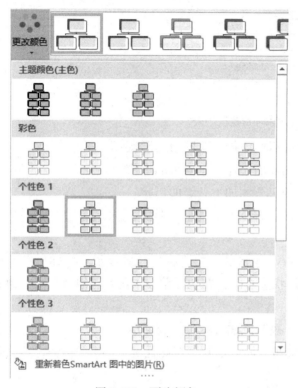
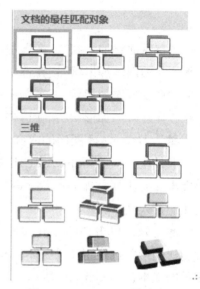

图5-209 更改颜色　　　　　　　　图5-210 SmartArt样式库

SmartArt样式库中的形状的颜色和"更改颜色"中应用的颜色是一致的。

除此之外，用户还可以单独设置SmartArt图形中单个形状格式。选择某形状，切换至"SmartArt工具-格式"选项卡，之后可以在"形状样式"选项组中应用样式，也可以通过"形状填充"和"形状轮廓"设置。

5.3.6 艺术字的应用

在编辑Word文档的过程中，为了突出文本的显示效果，可以将文本以艺术字的形式呈现。艺术字具有醒目的特性，经常被用在需要突出的标题或关键词等文本上。

1. 插入艺术字

打开Word文档，切换至"插入"选项卡，单击"文本"选项组中"艺术字"按钮，在列表中选择合适的样式后即可在文档中插入文本框，并将文本框中的文本设置为选中的艺术字样式，如图5-211所示。

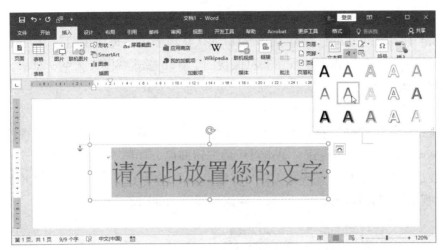

图 5-211　插入艺术字

提示：为现有文本设置艺术字

用户可以在文档中输入文本，然后选中文本，用插入艺术字的操作选择合适的艺术字样式，则选中文本将被应用艺术字样式，而且被放入文本框中显示。

2. 设置艺术字样式

创建艺术字后，用户还可以对其进一步设置，如设置填充颜色、轮廓颜色并应用效果等。

选择插入的艺术字，在功能区显示"绘图工具 - 格式"选项卡，在"形状样式"选项组中可以设置文本框的样式，和设置形状样式一样，此处不再讲解。在"艺术字样式"选项组中可以设置艺术字的相关参数，如图 5-212 所示。

图 5-212　设置艺术字样式

- "艺术字样式"：单击"其他"按钮，在列表中选择艺术字样式即可更改为选中效果。
- "文本填充"：用于设置艺术字的文本的填充颜色。
- "文本轮廓"：用于设置艺术字的文本的轮廓颜色、粗细、类型。
- "文本效果"：用于设置艺术字的效果，如阴影、发光、映射等。

5.4　浏览 Word 文档

文档浏览是阅读一个文档的过程，在 Word 2016 中提供了各种各样文本浏览的模式和工具，便于用户阅读各类文档。

5.4.1 视图的基本操作

在 Word 中，浏览 Word 文档的编辑窗口默认状态下为"页面视图"。Word 2016 共提供了五种视图模式，分别为阅读视图、页面视图、Web 版式视图、大纲、草稿。

1. 切换视图

视图的切换主要通过以下两种方法。

（1）通过功能区切换。打开 Word 文档，切换至"视图"选项卡，在"视图"选项组中包含了 Word 的五种视图模式，单击对应的按钮即可，如图 5-213 所示。

（2）通过状态栏切换：在 Word 文档的状态栏中显示了"阅读视图""页面视图"和"Web 版式视图"三种视图模式，单击对应按钮即可，如图 5-214 所示。

图 5-213　"视图"选项组

图 5-214　状态栏

2. 五种视图

Word 2016 共提供了五种视图模式，不同的视图方式作用和优点各有不同。

1）页面视图

页面视图是默认的视图方式，在进行文本输入和编辑时通常采用此视图，其页面布局简单，往往按照文档的打印效果显示内容，使文档在屏幕上看起来纸质文档类似，可以更好地排版，常用于修改文本、格式、文档外观等。

2）阅读视图

阅读视图主要用于查看文档，它最大的优点是以最大的空间展示内容，适合阅读或批注文档。进入阅读视图下，人们会获得一个干净、清爽的界面，因为 Word 会隐藏许多工具栏，从而使用窗口工作区中显示最多的内容，如图 5-215 所示。

图 5-215　阅读视图

进入阅读视图后将无法在编辑窗口中编辑文本，但是在视图左上角依然保留了部分功能菜单可以进行一些简单的操作，其中包括"文件"标签、"工具"和"视图"。

在阅读视图下，单击"文件"标签后显示的选项和页面视图是一样的。单击"工具"菜单按钮，在列表中可以执行"查找""智能查找""翻译""撤销键入"和"无法恢复"功能，如图 5-216 所示。单击"视图"菜单按钮，在列表中可以执行"编辑文档""导航窗格""显示批注""列宽""页面颜色"等功能，如图 5-217 所示。

图 5-216 "工具"菜单　　图 5-217 "视图"菜单

若要退出该视图，则可以直接按 Esc 键，Word 将切换至页面视图中。

3）Web 版式视图

Web 版式视图主要用于查看网页形式的文档外观。切换至 Web 版式视图后，文档中的文字和其他对象将按 Web 形式排列，并且提供编辑功能。在调整编辑窗口的大小时，Word 会自动换行以适应窗口，如图 5-218 所示。

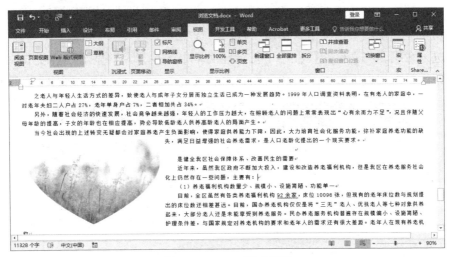

图 5-218　Web 版式视图

4）大纲

大纲主要用于对大型文档的总体结构进行规划或调整，它可以将所有的标题分级显示出来，层次分明，特别适合较多层次的文档。在大纲模式下，用户可以方便地移动和重组长档。

进入大纲后，功能区将显示"大纲显示"选项卡，在"大纲工具"选项组中单击"降级为正文"按钮可以将选中的文本降级为正文文本。若单击"降级"按钮，则选中的文本会被降一级。同样单击"提升至标题 1"按钮可以将选中文本直接提升为标题 1 级别，单击"升级"按钮则可将选中文本提升一个级别，如图 5-219 所示。

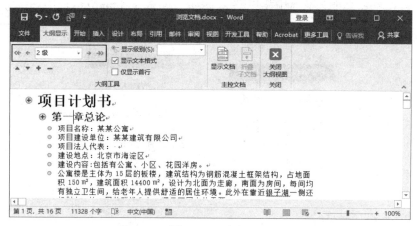

图 5-219　大纲

5）草稿

草稿不会显示图像、页眉、页脚等文档的信息，只专注于呈现文档正文中的文本。在该视图中用户同样可以进行文本的编辑操作。

3. 使用大纲设置长文档

在大纲中，Word 可以将所有标题分组显示出来，层次分明，用户也可以方便地创建标题，下面介绍具体操作方法。

（1）打开"公司财务规章制度.docx"文档，此时文档内文本都是默认的状态。

（2）切换至"视图"选项卡，单击"视图"选项组中"大纲"按钮。

（3）进入大纲，将光标定位在第 1 行标题文本中，在"大纲显示"选项卡的"大纲工具"选项组中单击"大纲级别"按钮，在弹出的列表中选择"1 级"，如图 5-220 所示。

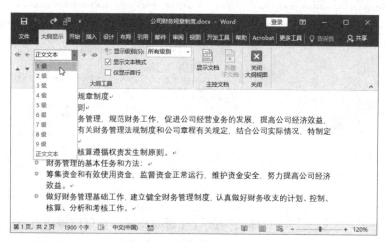

图 5-220　设置标题为 1 级

（4）为光标定位的文本应用"标题 1"样式。按住 Ctrl 键选择所有标题文本，根据相同的方法将之设置为"2 级"，应用"标题 2"样式。

（5）再按住 Ctrl 键，选择需要更改为"3 级"的标题文本，单击"大纲工具"选项组中"降级"按钮，即可将之设置为 3 级，应用"标题 3"样式，如图 5-221 所示。

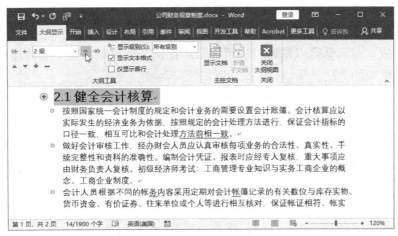

图 5-221　降级文本

（6）单击"大纲工具"选项组中"显示级别"按钮，在弹出的列表中选择"3 级"选项，表示在文档中只显示 1 级到 3 级的标题，即将 3 级以下内容隐藏，如图 5-222 所示。

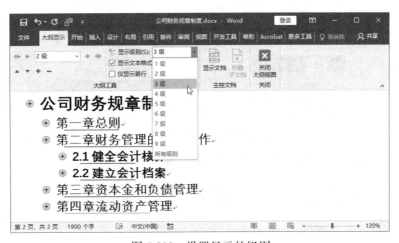

图 5-222　设置显示的级别

（7）如果需要显示某部分内容，那么只需要双击标题左侧加号即可。最后单击"关闭"选项组中"关闭大纲视图"按钮，恢复默认的页面视图。

5.4.2　页面显示比例

在 Word 中查看文档内容时，可以根据查看局部或整体内容的需要放大或缩小页面的显示比例。

1. 快速调整页面比例

在 Word 中快速调整页面比例可以通过以下两种方法实现。

（1）在状态栏中调整。在状态栏中单击左侧"缩小"或"放大"按钮，单击一次显示比例就缩小或放大 10%。

（2）通过鼠标中轴调整。在当面文档中按住 Ctrl 键，然后滚动鼠标滚轮，向上滚动是放大页面，向下滚动是缩小页面。调整到合适的大小后，停止滚动鼠标滚轮，然后再释放 Ctrl 键即可。每滚动一格，页面的显示比例调整 10%。

2. 精确设置缩放比例

通过"缩放"对话框可以精确设置页面显示比例，也可以自定义缩放比例。下面介绍精确设置缩放比例的方法。

（1）切换至"视图"选项卡，单击"显示比例"选项组中"显示比例"按钮。如果要显示 100% 的比例，直接单击"100%"按钮即可。

（2）打开"显示比例"对话框，在"显示比例"选项区域中可以选择系统预设的比例单选按钮，在"百分比"的数值框中可以输入数值，自定义页面缩放的比例，如图 5-223 所示。

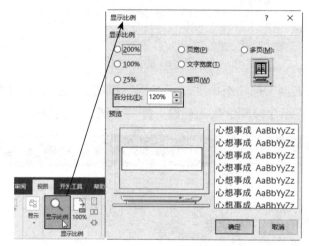

图 5-223　精确设置比例

除了上述介绍的方法外，用户还可以单击状态栏中缩放比例，快速打开"显示比例"对话框。

在"显示比例"对话框中，选中"多页"单选按钮，单击下方按钮，可以在列表中选择设置显示的页数。

5.4.3　导航窗格的应用

在处理长文档时，有时需要快速查看不同部分的内容，此时可以使用"导航"窗格，快速准确地定位文档。Word 2016 的"导航"窗格中包括"标题""页面"和"结果"3 个选项卡。

1. 打开"导航"窗格

Word 支持以两种方法打开"导航"窗格。

（1）通过"视图"选项卡打开。切换至"视图"选项卡，在"显示"选项组中勾选"导航窗格"复选框，编辑窗口左侧将显示"导航"窗格，并默认在"标题"选项卡中显示已应用标题样式的文本，如图 5-224 所示。

图 5-224　打开"导航"窗格

（2）通过状态栏打开。在 Word 文档的状态栏左侧显示了"第 x 页，共 n 页"的信息，直接单击此信息即可打开"导航"窗格，再次单击即可隐藏该窗格。

> **提示：** 显示/隐藏标题内容
> 在"导航"窗格中有的标题左侧会显示 ◢ 图标，说明在该标题下方还有下一级别的标题。如果单击该图标，则下级标题会被隐藏，此时该图标会变为 ▷ 图标。若再单击该图标，则会显示下级标题内容。

2. 切换文档的页面

在"导航"窗格中，切换至"页面"选项卡可以浏览文档各页的缩略图，并且可以快速切换到指定的页面。

3. 查找指定的内容

通过"导航"窗格中的"结果"选项卡可以快速在 Word 文档中查找到指定的关键字，并且可以快速浏览查找结果，具体操作请参照 5.1.10 节中介绍的查找与替换文本相关内容。

5.4.4　窗口的操作

在处理多文档或长文档时，若需要进行对照操作，则可以打开多个 Word 窗口。用户还可以并排查看文档，以及拆分 Word 窗口等。

1. 新建窗口

在使用 Word 时，直接双击文件是无法同时打开两个名称相同的文档，如果需要比对文档，可以通过"新建窗口"功能打开两份相同的文档。下面介绍具体操作方法。

（1）打开"浏览文档.docx"文档，切换至"视图"选项卡，单击"窗口"选项组中"新建窗口"按钮。

（2）在新的窗口打开"浏览文档"文档，之前的文档名称为"浏览文档.docx:1"，而新建文档名称为"浏览文档.docx:2"，如图 5-225 所示。

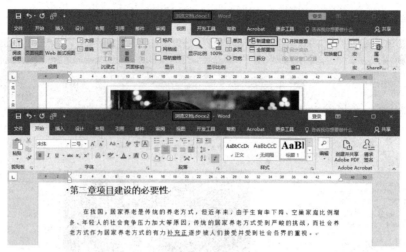

图 5-225　新建窗口

（3）在两个文档中用户可以查看文档的不同部分的文本，相互之间不会干扰。

（4）关闭两个文档中任意一个，则剩下文档将自动把名称更换为原来名称。

提示：全部重排查看两个文档

当前只打开原文档和新建的文档时，单击"视图"选项卡的"窗口"选项组中"全部重排"按钮，则两份文本会充满当前屏幕，方便用户分别浏览文档中的不同位置。

2. 拆分窗口

查看文档前后不连续的内容时，来回拖动滚动条翻转页面会极大降低工作效率。除了通过新建窗口之外，用户还可以拆分窗口，在两个窗格中查看文档的不同区域。

（1）打开"浏览文档.docx"文档，切换至"视图"选项卡，单击"窗口"选项组中"拆分"按钮。

（2）可见系统将一个窗口变为上下两部分子窗口，在不同的窗口中用户可以分别滚动并将光标定位在不同的位置，如图 5-226 所示。

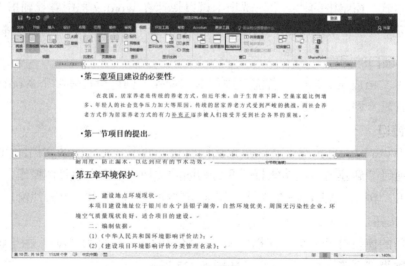

图 5-226　拆分窗口

（3）此时，在"窗口"选项组中的"拆分"按钮变为"取消拆分"按钮，如果要退出拆分窗口，单击"取消拆分"按钮即可。

3. 并排查看

在编辑 Word 文档时，经常需要将两个文档同步滚动，比较文档的内容，此时，可以通过"并排查看"功能实现。下面介绍具体操作方法。

（1）打开需要并排查看的两个文档，并将光标定位在首页。

（2）在任意一个文档中切换至"视图"选项卡，单击"窗口"选项组中"并排查看"按钮。

（3）打开"并排比较"对话框，在"并排比较"列表框中选择需要比较的文档名称，如"浏览文档.docx:2"，单击"确定"按钮，如图 5-227 所示。

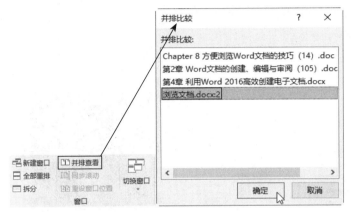

图 5-227 "并排比较"对话框

（4）可见当前文档和选中的文档将并排显示，如果两个文档窗口大小不同，则显示效果将较差。

（5）在任意文档中切换至"视图"选项卡，单击"窗口"选项组中"重设窗口位置"按钮，两个文档将平均分布在屏幕上，如图 5-228 所示。在"窗口"选项组中可见"并排查看"和"同步滚动"按钮均为激活状态。

图 5-228 并排查看的效果

5.4.5 查看文档的字数

在 Word 中，用户可以查看文档中文本的字符数量，这样对有字数要求的文档来说是很方便的。Word 中可以通过状态栏查看字数，还可以在"字数统计"对话框中查看更加详细的统计信息。

1. 通过状态栏查看字数

打开 Word 文档，状态栏中已默认显示了该文档中的字数。如果没有显示，则可在状态栏显示页码的右侧右击，在快捷菜单中选择"字数统计"或"字符计数（带空格）"选项，之后，在状态栏中就会显示字数或字符数量了，如图 5-229 所示。

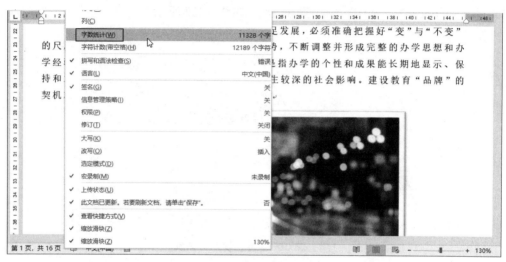

图 5-229　在状态栏中显示字数

如果在文档中选中某段文本，则在状态栏中将显示如"114/11328 个字"的字样。表示选中的文本字数为 114 个，该文档的总字数为 11 328 个，如图 5-230 所示。

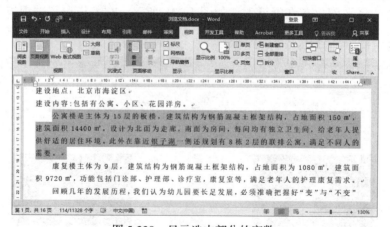

图 5-230　显示选中部分的字数

2. 从"字数统计"对话框查看文档的字数

单击状态栏中的字数可以打开"字数统计"对话框，在"统计信息"选项区域中将显示文档的页数、字数、段落数、行等信息，如图 5-231 所示。

如果在文档中选中某段文本然后再单击状态栏中字数，那么"字数统计"对话框中的信息将是选中部分的数据，如图 5-232 所示。

图 5-231　文档的信息

图 5-232　选中部分的信息

提示：另一种打开"字数统计"对话框的方法

切换至"审阅"选项卡，单击"校对"选项组中的"字数统计"按钮，同样可以打开"字数统计"对话框。

5.5　修订文档

完成制作文档后，可能需要多人协助共同完成文档的审阅和修订。Word 2016 提供了审阅修订功能，用户可以在修订状态下修改文档，Word 会把修改的内容记录下来，方便查看。

5.5.1　批注

批注是对文档的特殊说明，在 Word 中添加批注的对象可以是文本、表格或图像等元素。在多人审阅同一文档时，可能需要对文档内容进行解释说明，或者提出疑问，此时可以通过添加批注的方法进行相互沟通。

1. 添加批注

如果需要为文档内容添加批注，那么首先要选择文本，切换至"审阅"选项卡，单击"批注"选项组中"新建批注"按钮。在页面的右侧插入批注框，批注框的上方将显示用户名称。在批注框中输入批注内容，如图 5-233 所示。

除此之外，用户还可以通过快捷菜单添加批注。选择文本并右击，在快捷菜单中选择"新建批注"命令即可。

提示：删除批注

如果需要删除文档中的批注，可以单击"批注"选项组中"删除"按钮，在列表中选择相应的选项。也可选中批注并右击，在快捷菜单中选择"删除批注"命令。

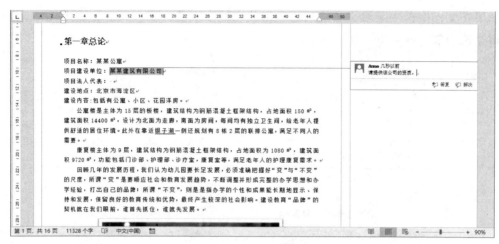

图 5-233 添加批注

2. 编辑批注

插入批注后，用户可以对其进行编辑，如修改批注颜色、批注框的大小、批注框的位置和使之显示/隐藏等。

1）修改批注颜色和位置

在添加批注的文档中单击"审阅"选项卡的"修订"对话框启动器按钮。打开"修订选项"对话框，单击"高级选项"按钮，打开"高级修订选项"对话框，可以设置批注的颜色、宽度、边距等，单击"确定"按钮，如图 5-234 所示。

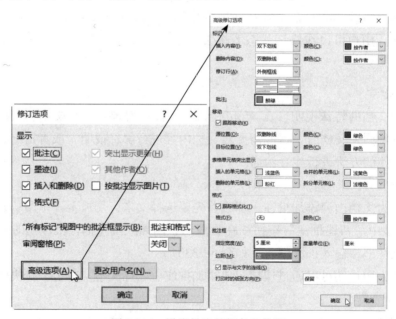

图 5-234 设置批注的颜色和位置

2）显示/隐藏批注

在 Word 文中，所有批注显示是默认的，用户可以根据需要隐藏所有批注，或隐藏指定用户名的批注。

切换至"审阅"选项卡,单击"修订"选项组中"显示标记"按钮,在弹出的列表中选择"批注"选项,即取消"批注"为选中状态,文档中将不再显示批注内容,如图 5-235 所示。

图 5-235 取消选择"批注"选项

用户还可以根据设置显示审阅者的批注,指定部分批注显示。单击"显示标记"按钮,在弹出的列表中选择"特定人员"选项,在子列表中取消选择某个用户名选项,文档中就将不再显示该用户的批注。

5.5.2 修订

修订是显示文档中某个或某些用户所做的诸如删除、插入或其他编辑更改的标记。Word 文档在修订状态下会记录用户编辑文档的每一项操作。

1. 进入修订状态

Word 默认是关闭修订状态的,首先要进入修订状态。

打开文档,切换至"审阅"选项卡,单击"修订"选项组"修订"按钮(或按 Ctrl+Shift+E 组合键),即可进入修订状态。

进入修订状态后,用户对文档的删除、添加等操作均会被记录下来,当把修改后的文档返给原作者时,原作者可以清晰地查看被修改的内容。

在文档中输入文本时,添加的文本颜色为浅蓝色,并有下划线;删除文本时,删除的文本为浅蓝色,并有删除线;设置文本格式时,在批注框中将显示信息,如图 5-236 所示。

图 5-236 修改文本内容

2. 更改修订选项

用户可以将修订方式更改为更个性化的形式,当多人对同一文档修订时,Word 支持通过不同颜色区分不同修改者修订的内容,具体对修订的设置和对批注设置的方法相同,此处不再赘述。

3. 设置修订的显示状态

Word 中默认的显示状态为"所有标记",用户可以根据需要选择显示不同的显示状态。在"审阅"选项卡的"修订"选项组中单击"显示以供审阅"按钮,然后即可在列表中选择显示状态对应的选项,如图 5-237 所示。

图 5-237 设置修订的显示状态

弹出的列表包含"简单标记""所有标记""无标记"和"原始版本"四种显示状态,下面介绍其含义。

- "简单标记":显示修改后的最终结果,在修订段落右侧区域将显示一条竖线,提醒用户此处发生了修改。
- "所有标记":显示该文档中所有的修改。
- "无标记":显示文档被修改的最终结果,隐藏所有标记。
- "原始版本":显示文档没有被修改之前的状态。

提示:退出修订状态

文档处于修订状态时,再次单击"审阅"选项卡的"修订"选项组中"修订"按钮,即可退出修订状态。

5.5.3 审阅修订

其他人在文档中添加批注或修改后,最终还需要作者审阅批注和修改的内容,最后确定最终结果。在接收到文档后,作者首先应查看批注和修订,然后决定接受或拒绝修改的内容。

(1)查看文档中批注和修订:切换至"审阅"选项卡,单击"批注"选项组中"上一条"或"下一条"按钮可以逐条查看批注或修订。

(2)接受修订:切换至"审阅"选项卡,单击"更改"选项组"接受"按钮,作者可以在列表中选择合适的选项,如图 5-238 所示。"接受并移到下一处"选项是接受当前修订,表示同意修改,然后定位到下一处修订;"接受此修订"选项表示同意此处修订,光标的位置不变;"接受所有修订"选项表示同意全文档所有修订。

(3)拒绝修订:切换至"审阅"选项卡,单击"更改"选项组"拒绝"按钮或该按钮下方的"更多"按钮 并在弹出的菜单中选择"拒绝更改""拒绝所有修订"等选项,如图 5-239 所示。

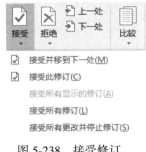
图 5-238　接受修订

图 5-239　拒绝修订

5.5.4　脚注和尾注

脚注和尾注一般用于在文档和书籍中显示引用资料的来源，或者用于对某些文本进行解释说明。脚注位于当前页面的底部或指定文本的下方；尾注位于文档的结尾处或指定的节的结尾。

1. 插入脚注或尾注

在文档中选择需要添加脚注的文本，切换至"引用"选项卡，单击"脚注"选项组中"插入脚注"按钮，在光标定位在该页面的最下方时即可输入脚注的内容。

如果需要输入尾注，则可在"脚注"选项组中单击"插入尾注"按钮，如图 5-240 所示。在该文档的结尾的下行可以插入尾注，输入相关内容。

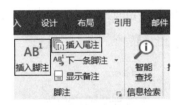
图 5-240　插入脚注和尾注

在文档中插入脚注或尾注时，用户不必向下滚动到页面底部或文档结尾，只需将光标定位在文档中脚注或尾注引用标记上，添加的内容会自动显示出来。

> 提示：通过组合键创建脚注和尾注
>
> 在 Word 中插入脚注和尾注除了上述介绍单击相应按钮的方法外，用户还可以按 Ctrl+Alt+F 组合键插入脚注，按 Ctrl+Alt+D 组合键插入尾注。

2. 编辑脚注或尾注

在"脚注和尾注"对话框中可以设置脚注和尾注的位置、编号格式，以及相互转换等。

单击"引用"选项卡的"脚注"选项组中对话框启动器按钮，打开"脚注和尾注"对话框，在"位置"选项区域中选中"脚注"单选按钮，然后可以设置编号格式、编号。单击"脚注"右侧"更多"按钮，用户可以在列表中选择"页面底端"和"文字下方"两个选项，如图 5-241 所示。

在"脚注和尾注"对话框中，在"位置"选项区域中选中"尾注"单选按钮，单击右侧列表按钮，弹出的列表中包含"节的结尾"和"文档结尾"两个选项，在下方用户可以设置编号格式、起始编号等，如图5-242所示。

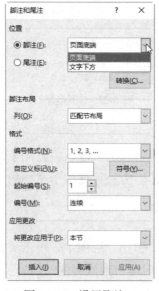 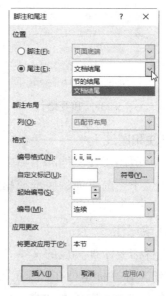

图5-241　设置脚注　　　　　　图5-242　设置尾注

如果单击"脚注和尾注"对话框中"转换"按钮则可以打开"转换注释"对话框，在该对话框中，用户可以根据需要选择单选按钮，单击"确定"按钮确认修改，如图5-243所示。之后，即可将脚注和尾注相互转换。

图5-243　设置脚注和尾注转换

5.5.5　比较与合并文档

如果审阅者没有在修订状态下修改文档，那该如何查看被修改的内容呢？Word 2016提供了比较文档的功能，可以精确对比两个文档的差异，并将两个版本合并为最终版本。

1. 比较文档

切换至"审阅"选项卡，单击"比较"选项组中"比较"按钮，在列表中选择"比较"选项，可以打开"比较文档"对话框，单击"原文档"右侧列表按钮，在列表中选择当前文档的名称，也可以单击右侧的文件夹图标，在打开的"打开"对话框中选择文档，单击"打开"按钮即可，如图5-244所示。根据相同的方法设置"修订的文档"。

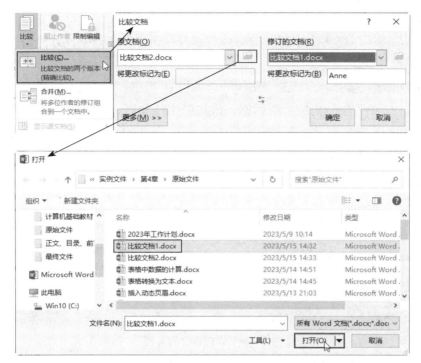

图 5-244　添加比较的文件

在"比较文档"对话框中单击"更多"按钮,在展开的区域中可以根据需要选择比较的项目,如批注、格式、页眉和页脚、文本框等。

最后单击"确定"按钮,打开"比较结果"文档,左侧窗格为两个文档的比较文档,显示两个文档的所有不同内容,作者可以根据需要决定接受或拒绝修订的内容。右上窗格为原文档,右下窗格为修订后的文档,在滚动查看文档时,三个窗格将同时滚动,同步比较文档,如图 5-245 所示。处理完修订的内容后,将其保存即可。

图 5-245　比较两个文档

2. 合并文档

合并文档功能可以将多个审阅者的修订版本合并到一个文档中，方便制作者同时根据不同审阅者的修订重新修改文档。

切换至"审阅"选项卡，单击"比较"选项组中"比较"按钮，在弹出的列表中选择"合并"选项。打开"合并文档"对话框，添加原文档和修订的文档，在下方显示文档对应的用户名，单击"确定"按钮，如图5-246所示。合并的两个文档一般是由不同用户修订的，用户名是不同的，因为此处的两个文档都是笔者制作的，所以用户是相同的。

图5-246 添加合并的文档

打开合并结果文档，左侧窗格为合并修订的文档，右侧上下窗格将分别为原文档和修订的文档，关闭右侧的文档后，Word会将合并的文档保存，如图5-247所示。合并的文档将包括两个文档中不同审阅者提交的所有修改内容。

图5-247 合并文档

提示：合并和合并多个文档的区别

"合并"功能指同一文档被不同审阅者修改后，将修改后文档的修改部分以修订的方式显示在合并的文档中；合并多个文档是将多个文档的内容合并到一个文档中，其功能相当于复制和粘贴。下面简单介绍合并多个文档的方法。

打开新文档，切换至"插入"选项卡，单击"文本"选项组中"对象"按钮，在弹出的列表中选择"文件中的文字"选项。打开"插入文件"对话框，选择需要合并的多个文档，单击"插入"按钮即可，如图 5-248 所示。

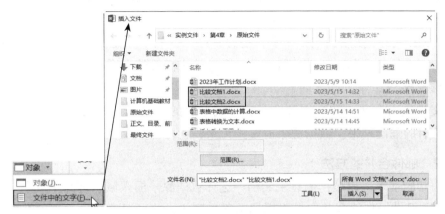

图 5-248　合并多个文档

5.6　邮件合并

Word 2016 提供了强大的邮件合并功能，该功能可以实现多文档的批量处理。例如，向不同的客户发送统一格式的邀请函、信封、标签等文档。

5.6.1　邮件合并的基本方法

邮件合并包含主文档、数据源和最终文件 3 个部分，其具体过程就是将主文档与数据源结合，最终生成一系列输出的文档。

1. 主文档

主文档就是 Word 文档，但是需要做一些特殊标记。主文档中的基本内容应当在所有输出文档中都是相同的，如信件的信头、主体和落款等。另外其他部分内容应该是合并域，如收件人的姓名、地址等。合并域就是被插入每个输出文档中的不同内容。

2. 数据源

数据源就是一个数据列表，其中包含合并到输出文档中的数据，用于保存姓名、性别、地址等数字字段。Word 邮件合并功能支持多种类型的数据源，其中主要包括以下几类。

（1）Microsoft Office 地址列表：在邮件合并过程中，用户可以创建简单的 Office 地址列表，并在创建的列表中输入收件人的姓名和地址等信息。此方法适用于不经常使用的小型、简单的列表。

（2）Microsoft Word 数据文件：可以使用某个 Word 文档作为数据源，该文档只能包含 1 个表格，而且表格的第 1 行必须是标题行，其他行必须包含邮件中需要的合适数据。

（3）Microsoft Excel 电子表格：Excel 电子表格工作簿中任意工作表或命名区域的数据都可以作为邮件合并的数据源。

（4）Microsoft Outlook 联系人列表：邮件合并时，可以直接在"Outlook 联系人列表"中检索联系人信息。

（5）Microsoft Access 数据库：邮件合并时，可以从 Access 创建的表或数据库中查询和选择数据。

（6）HTML 文件：使用只包含 1 个表格的 HTML 文件，其形式与 Word 数据文件类似，表格的第 1 行必须是标题行，其他行必须包含邮件中需要的合适数据。

3. 最终文件

最终文件是由主文档和数据源合并在一起形成的，可以单独存储或输出 Word 文档，其中包含所有的输出结果。数据源中有多少记录，就可以生成多少份 Word 文档。

5.6.2 邮件合并的方法

邮件合并的基本流程是：创建主文档→选择数据源→插入域→合并生成结果。用户可以通过 Word 提供的邮件合并向导根据提示逐步完成，也可以直接插入邮件合并域，创建邮件合并文档。

1. 使用邮件合并向导

具体操作如下。

（1）打开 Word 文档，将光标定位到指定位置。切换至"邮件"选项卡，单击"开始邮件合并"选项组中"开始邮件合并"按钮，在弹出的列表中选择"邮件合并分步向导"选项。

（2）打开"邮件合并"导航窗格，在"选择文档类型"区域选择需创建类型对应的单选按钮，单击"下一步：开始文档"链接，如图 5-249 所示。

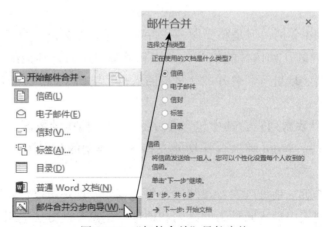

图 5-249 "邮件合并"导航窗格

（3）进入下一界面，在"选择开始文档"选项区域中确定邮件合并的主文档，单击"下一步：选择收件人"链接。

（4）进入下一界面，在"选择收件人"选项区域中确定邮件合并的数据源。添加数据源后,单击"下一步:撰写信函"链接。

(5)单击"其他项目"链接,打开"插入合并域"对话框,在"域"区域中选择需要插入的域,单击"插入"按钮,如图 5-250 所示。

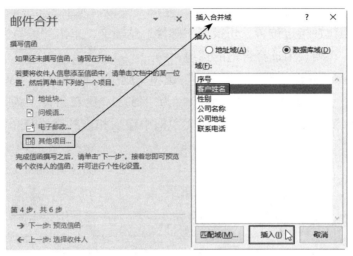

图 5-250 插入域

(6)单击"下一步:预览信函"链接可以查看输出的效果。

(7)单击"下一步:完成合并"链接,进入最后一步,在"合并"选项区域中根据实际需要单击"打印"或"编辑单个信函"链接。

(8)最后对主文档和合并结果的文档进行保存。

2. 直接进行邮件合并

如果对邮件合并的流程很熟悉,那么可以直接进行邮件合并。

(1)准备好数据源文件。

(2)打开主文档,切换至"邮件"选项卡,单击"选择收件人"按钮,在弹出的列表中选择"使用现有列表"选项,打开"选取数据源"对话框,选择准备好的数据源表格。

(3)将光标定位在需要插入域的位置,切换至"邮件"选项卡,单击"编写和插入域"选项组中"插入合并域"按钮,在弹出的列表中选择插入的域选项,如图 5-251 所示。

(4)切换至"邮件"选项卡,单击"完成"选项组中"完成并合并"按钮,在列表中选择合并结果的输出方式,如图 5-252 所示。

图 5-251 选择插入的域　　图 5-252 选择输出方式

3. 设置邮件合并的规则

在邮件合并时，有时需要根据条件对最终结果进行控制。例如，当性别为"男"时在姓名右侧添加"先生"字样，为"女"时，在姓名右侧添加"女士"字样。下面介绍具体操作方法。

（1）将光标定位在指定位置，切换至"邮件"选项卡，单击"编写和插入域"选项组中"规则"按钮，在列表中选择合适的选项。

（2）如果选择"如果…那么…否则…"选项，则可以打开"插入Word域：IF"对话框，设置"域名"为"性别"、"比较对象"为"男"、"比较条件"为"等于"，然后在"则插入此文字"和"否则插入此文字"文本框中输入相应的文本，单击"确定"按钮，如图5-253所示。

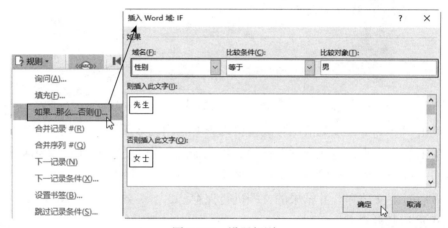

图5-253 设置规则

提示："插入Word域：IF"对话框中各参数简介

在"插入Word域：IF"对话框中设置规则，"域名"为设置规则的对象；"比较对象"为"男"，表示比较对象为男时，显示"则插入此文字"文本框中的内容，否则显示"否则插入此文字"文本框中的内容。

当存在第3种情况时，此规则将不适用。

5.6.3 邮件合并的应用

前两节介绍了邮件合并的基本内容和使用方法，下面分别以制作邀请函和考核成绩单为例介绍邮件合并功能的具体应用。

1. 制作邀请函

若邀请函的内容已经在Word文档中制作完成，则可以通过邮件合并功能将与会人员的姓名填在邀请函指定的位置，添加客户名称，并根据性别输入对应的称呼。下面介绍通过邮件合并向导制作邀请函的具体操作方法。

（1）打开"邀请函"文档，定位光标，切换至"邮件"选项卡，单击"开始邮件合并"选项组中"开始邮件合并"按钮，在弹出的列表中选择"信函"选项。

（2）打开"邮件合并"导航窗格，直接跳到第（3）步，保持"使用现有列表"单选按钮为选中状态，单击"浏览"链接，如图5-254所示。

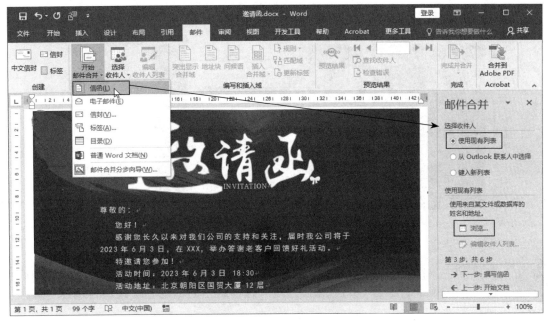

图5-254　准备选取数据源

（3）打开"选取数据源"对话框，打开保存名单的路径，选择"客户统计表.xlsx"工作簿，单击"打开"按钮。

（4）打开"选择表格"对话框，该工作簿中只包含Sheet1工作表，直接单击"确定"按钮。打开"邮件合并收件人"对话框，单击"确定"按钮，如图5-255所示。

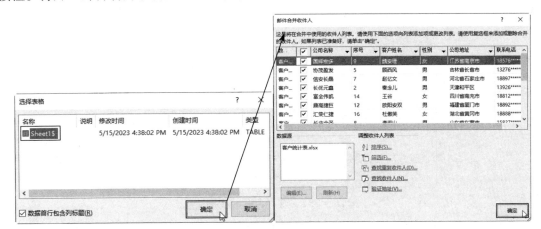

图5-255　邮件合并收件人

（5）在"邮件合并"导航窗格中单击"下一步：撰写信函"链接，在第（4）步界面的"撰写信函"选项区域中单击"其他项目"链接。

（6）打开"插入合并域"对话框，在"域"区域中选择"客户姓名"选项，单击"插入"按钮，如图5-256所示。

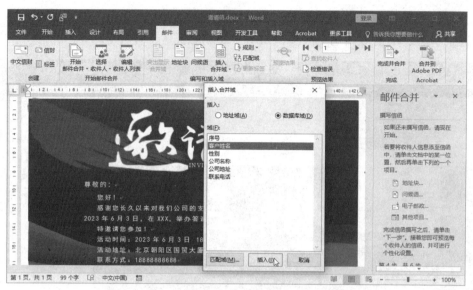

图 5-256 插入"客户姓名"域

（7）在光标定位处插入客户姓名域，接下来添加称呼，将光标定位在添加域的右侧，切换至"邮件"选项卡，单击"编写和插入域"选项组中的"规则"按钮，选择"如果…那么…否则…"选项。

（8）打开"插入 Word 域:IF"对话框，设置"域名"为"性别"、"比较对象"为"男"、"比较条件"为"等于"，然后在"则插入此文字"和"否则插入此文字"文本框中输入相应的文本，单击"确定"按钮，如图 5-257 所示。

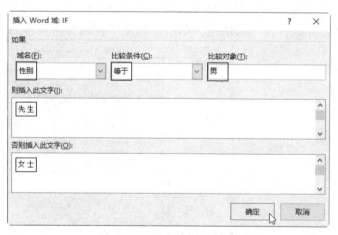

图 5-257 设置合并的规则

（9）在姓名右侧添加"称呼"，单击导航窗格"下一步：预览信函"链接。在下一界面中单击"下一步：完成合并"链接。

（10）在下一界面中单击"编辑单个信函"链接。

（11）打开"合并到新文档"对话框，保持"全部"单选按钮为选中状态，单击"确定"按钮，如图 5-258 所示。

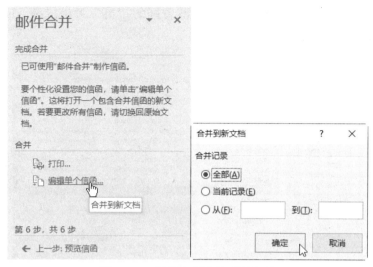

图 5-258　设置全部合并到新文档

（12）新建"信函 1.docx"文档，制作的所有邀请函都将显示该文档中。由于 Excel 工作表中包含 16 条数据，所以在文档中包含 16 张邀请函，如图 5-259 所示。最后分别保存文档即可。

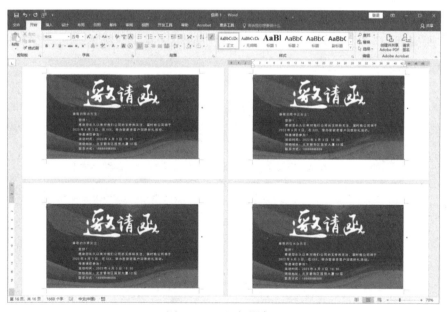

图 5-259　生成邀请函

2. 制作考核成绩单

在制作成绩表或工资表时，需要插入大量的数据，此时可以通过"插入合并域"功能准确快速地插入数据。本示例可以将员工考核成绩合并到 Word 中，同时根据总分判断成绩是合格还是优异。

（1）打开"考核成绩单 .docx"文档，切换至"邮件"选项卡，单击"开始邮件合并"选项组中"选择收件人"按钮，在弹出的列表中选择"使用现有列表"选项。

（2）打开"选取数据源"对话框，选择准备好的"员工考核成绩.xlsx"工作簿，单击"打开"按钮，如图 5-260 所示。

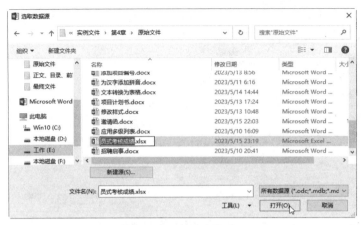

图 5-260　选择数据源

（3）打开"选择表格"对话框，选择 Sheet1 工作表，保持勾选"数据首行包含列标题"复选框，单击"确定"按钮。

（4）将光标定位在"尊敬的"右侧，切换至"邮件"选项卡，单击"编写和插入域"选项组中"插入合并域"按钮，在列表中选择"员工姓名"域。根据相同的方法在"员工工编号""所属部门""员工姓名"右侧添加对应的域，并将成绩的域也添加到成绩单中，如图 5-261 所示。

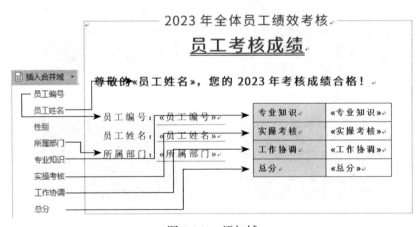

图 5-261　添加域

（5）接下判断总分大于等于 180 分以上的员工，为之发送考核成绩单。切换至"邮件"选项卡，单击"开始邮件合并"选项组中"编辑收入列表"按钮。

（6）打开"邮件合并收件人"对话框，单击"筛选"链接，打开"筛选和排序"对话框，设置"域"为"总分"、"比较关系"为"大于或等于"、"比较对象"为"180"，单击"确定"按钮，如图 5-262 所示。返回"邮件合并收件人"对话框可见只筛选出总分大于等于 180 分的数据。

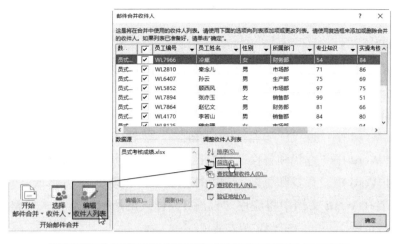

图 5-262 设置筛选条件

（7）切换至"邮件"选项卡，单击"完成"选项组中"完成并合并"按钮，在弹出的列表中选择"编辑单个文档"选项。在打开的"合并到新文档"对话框中单击"确定"按钮。Word 会为 Excel 中总分大于等于 180 分的员工信息生成员工考核成绩单，如图 5-263 所示。Excel 中工作表中包含 16 条数据，但是有两位员工总成绩小于 180 分，所以生成考核成绩单的数量是 14 张，最后将所有文档保存。

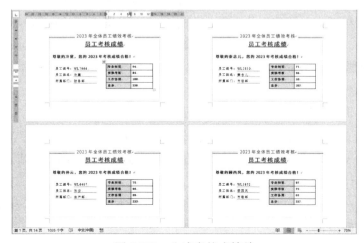

图 5-263 生成考核成绩单

练习题

一、选择题

1. 在 Word 文档中,员工"张小民"的名字被多次输入错误,输成"张晓明""张晓敏""张晓名",纠正错误的正确方法是(　　)。

　　A. 从前往后逐个查找错误的名字并修改

　　B. 利用 Word 中"查找"功能搜索"张晓",然后逐一修改

　　C. 利用 Word 中"查找和替换"功能搜索文本"张晓*",并修改

　　D. 利用 Word 中"查找和替换"功能搜索文本"张晓?",并修改

2. 小王需要在 Word 文档中将应用"标题 1"样式的所有段落格式调整为"段前和段后 12 磅、1.5 倍行距",最优的操作方法是(　　)。

　　A. 修改"标题 1"样式,将其段落格式调整为"段前和段后为 12 磅、1.5 倍行距"

　　B. 将每个段落逐个设置为"段前和段后为 12 磅、1.5 倍行距"

　　C. 将其中一个段落格式设置为"段前和段后为 12 磅、1.5 倍行距",然后使用"格式刷"将格式复制到其他文本上

　　D. 使用"查找和替换"功能,将"标题 1"样式替换"段前和段后为 12 磅、1.5 倍行距"格式

3. 在 Word 中编辑文档时,需要纵向选择一块文本,最便捷的操作是(　　)。

　　A. 按住 Ctrl 键不放,拖曳鼠标分别选择文本

　　B. 按住 Atl 键不放,拖曳鼠标选择文本

　　C. 按住 Shift 键不放,拖曳鼠标选择文本

　　D. 按 Ctrl+Shift+F8 组合键,拖曳鼠标选择文本

4. 小明利用 Word 编辑书稿,要求目录和正文的页码分别采用不同的格式,且均从第 1 页开始,最优的操作是(　　)。

　　A. 将目录和正文分别存在两个文档中,分别设置页码

　　B. 在目录与正文之间插入分节符,在不同的节中设置不同的页码

　　C. 在目录与正文之间插入分页符,在分页符前设置不同的页码

　　D. 在 Word 中不设置页码,将其转换为 PDF 格式时再添加页码

5. 刘秘书经常使用 Word 编辑中文公文,她想所录入的正文能够在段首缩进两个字符,最优的操作是(　　)。

　　A. 每次编辑正文时,先设置正文首行缩进 2 个字符

　　B. 编辑正文时,通过上方标尺"缩进"滑块设置首行缩进 2 个字符

　　C. 在空白文档中将"正文"样式修改为首行缩进 2 个字符,然后将当前样式集设置为默认值

　　D. 将一个"正文"样式设置为首行缩进 2 个字符,将文档保存为模板文件,每次基于该模板创建公文

6. 刘秘书在 Word 中制作了一份会议通知，她希望在文档结尾处的日期，能随着系统日期改变而改变，最快捷的操作是（　　）。

　　A. 通过插入日期和时间功能，插入特定格式的日期并设置自动更新

　　B. 通过插入对象功能，插入一个可链接到原文件的日期

　　C. 直接手动输入日期，然后设置自动更新

　　D. 通过域的方式插入日期和时间

7. 以下不属于 Word 文档视图的是（　　）。

　　A. 大纲视图　　　　　　　　　　　　B. 放映视图

　　C. Web 版式视图　　　　　　　　　　D. 阅读视图

8. 小刘想把某 Word 文档中漂亮的页眉应用到其他文档中，最优的操作是（　　）。

　　A. 创建新文档时，将该文档中页眉复制到新文档中

　　B. 将该文档保存为模板，下面在该模板基础上创建新文档

　　C. 将该页眉保存为页眉文档部件库中，以备下次使用

　　D. 将该文档另存为新文档

9. 刘老师在编辑 Word 文档时不小心将光标移动到了其他位置，他希望返回最近编辑文档处，最快捷的方法是（　　）。

　　A. 通滚动条查找　　　　　　　　　　B. 按 Ctrl+F5 组合键

　　C. 按 Shift+F5 组合键　　　　　　　　D. 按 Atl+F5 组合键

二、上机题

项目部刘姗姗制作了一份"项目计划书.docx"文档，没有进行任何设置，请按以下要求为此文档排版并保存。

1. 将纸张大小设置为"16 开"，上边距为"3.2 厘米"，下边距为"3 厘米"，左右边距为"2.5 厘米"。

2. 利用素材前三行文本为文档插入"花丝"封面，使其单独占一页（请参数"项目计划书 - 最终效果 .docx"文档）。

3. 将文档中章标题设置为"标题 1"样式；节标题设置为"标题 2"样式。

4. 设置正文内容字体为"宋体"、字号为"五号"；行距为 1.2 倍，段落首行缩进 2 个字符。

5. 为"第四章节能、节水"中"节水"添加超链接，链接到相关的网址。

6. 在封面和正文之间插入目录，要求目录中包含标题 1~2 级和页码，目录单独占一页。

7. 除封面和目录页之外，在正文页上添加页眉，内容为"项目计划书"和页码，并且偶数页页码在左侧显示，奇数页的页码在右侧，中间显示章节名。

8. 将完成的文档以 Word 格式、文件名为"项目计划书—最终效果 .docx"保存，并另外生成一份 PDF 文件。

第 6 章 使用 Excel 2016 创建并处理电子表格

办公自动化中的 Excel 电子表格软件是数据处理软件，被广泛应用于教学、生产、管理等领域。软件可以建立表格并存储数字、文本、公式等，再使用内置的函数、公式或数组等对这些数据进行处理，然后根据计算结果或数据分析管理，如数据排序、筛选、分类汇总等。Excel 还可以将数据以图表的形式展示出来，让浏览者直观地比较数据之间的关系。

本章将介绍 Excel 电子表格的单元格操作、工作表和工作簿的操作、数据处理、图表、数据透视表和数据透视图，以及宏的相关知识。

6.1 工作簿和工作表的基本操作

工作簿是用来存储并处理数据的表的集合，工作簿中每张表格称为工作表。Excel 2016 默认情况下一个工作簿中将包含一张工作表，在一个工作簿中，每个工作表都应有唯一的名称，该名称将被显示在工作表标签中。本节将介绍工作簿和工作表的基本操作。

6.1.1 工作簿的基本操作

工作簿的基本操作包括新建、打开、关闭、保存、显示和隐藏、保护工作簿等操作。其中新建、打开、保存和关闭工作簿内容请参考第 4 章 Office 的通用操作相关内容，本节将介绍隐藏和保护工作簿。

1. 显示 / 隐藏工作簿

若需要显示和隐藏工作簿，则可以在"视图"选项卡的"窗口"选项组中单击"隐藏"和"取消隐藏"按钮。

打开需要隐藏的工作簿，切换至"视图"选项卡，在"窗口"选项组中单击"隐藏"按钮，此时该工作簿将不再显示。

如果需要显示被隐藏的工作簿，则可以打开任意 Excel 工作簿，单击"窗口"选项组中"取消隐藏"按钮，打开"取消隐藏"对话框，在"取消隐藏工作簿"列表框中选择需要显示的工作簿，单击"确定"按钮即可，如图 6-1 所示。

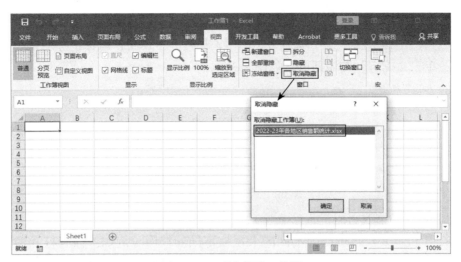

图 6-1 显示隐藏的工作簿

2. 保护工作簿

用户可以参考第 4 章 Office 通用操作中介绍的文档保存相关内容。此处介绍 Excel 工作簿的特有保护方法，如保护工作簿的结构、设置打开和修改密码。

1）保护工作簿的结构

保护工作簿的结构是保护该工作簿中工作表不被移动、删除、隐藏等的功能，具体操作如下。

（1）打开 Excel 工作簿，单击"文件"标签，在列表中选择"信息"选项。在"信息"选项区域中单击"保护工作簿"按钮，在弹出的列表中选择"保护工作簿结构"选项。

（2）打开"保护结构和窗口"对话框，保持"结构"复选框为选中状态，在"密码"框中输入密码，单击"确定"按钮。

（3）打开"确认密码"对话框，在"重新输入密码"对话框，输入设置的密码，单击"确定"按钮即可完成对工作簿的结构保护操作，如图 6-2 所示。

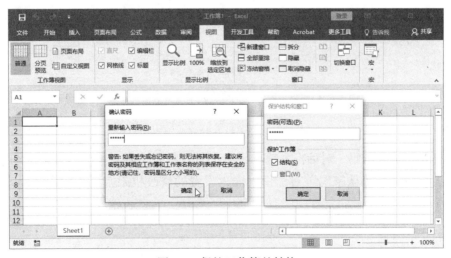

图 6-2 保护工作簿的结构

保存该工作簿后，在未输入密码之前将无法对工作表进行操作，如果需要取消密码保护，则可以再次选择"保护工作簿结构"选项，打开"撤销工作簿保护"对话框，输入正确的密码，单击"确定"按钮即可，如图6-3所示。

图6-3　撤销工作簿的保护

2）设置打开和修改密码

设置打开和修改密码可以为不同的人授权不同的权限。例如：拥有打开密码只能打开工作簿查看内容；拥有打开和修改密码则可以打开工作簿并进行编辑。具体操作方法如下。

（1）打开Excel工作簿，单击"文件"标签，在列表中选择"另存为"选项，双击"这台电脑"图标。

（2）打开"另存为"对话框，选择合适的路径，并输入文件名，单击"工具"按钮，选择"常规选项"选项。

（3）打开"常规选项"对话框，在"打开权限密码"和"修改权限密码"数值框中分别输入两个不同的密码，单击"确定"按钮，如图6-4所示。

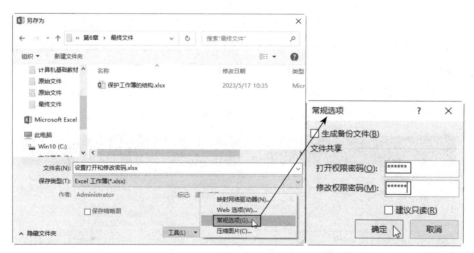

图6-4　设置打开和修改密码

（4）打开"确认密码"对话框，输入设置的打开权限密码，单击"确定"按钮。

（5）再次打开"确认密码"对话框，输入设置的修改权限密码，单击"确定"按钮，如图6-5所示。

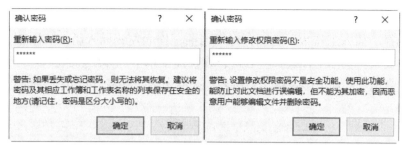

图 6-5 确认密码

（6）返回"另存为"对话框，单击"保存"按钮，即可完成工作簿密码的设置。

当再次打开保存的 Excel 工作簿时，Excel 会弹出"密码"对话框，输入打开或修改权限密码，单击"确定"按钮，即可打开该工作簿。如果只授权了打开密码，在该对话框中输入打开密码，单击"确定"按钮，在弹出的对话框中单击"只读"按钮，即可以只读模式打开该 Excel 工作簿了，如图 6-6 所示。

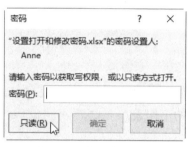

图 6-6 只授权打开密码

6.1.2 工作表的基本操作

工作表被存储在工作簿中，通常被称为电子表格，它是工作簿的组成部分。工作表默认的名称为"Sheet+ 数字"。创建工作簿时，Excel 默认也会为工作簿创建 1 张工作表。

1. 选择工作表

选择工作表是使用工作表的前提，Excel 支持选择单张工作表，也支持选择多张工作表。

（1）选择单张工作表。直接单击工作表标签即可选中该工作表。

（2）选择连续多张工作表：选中第 1 张工作表，按 Shift 键再单击最后 1 张工作表的标签，即可选择连续的工作表。

（3）选择不连续工作表：选中第 1 张工作表，按 Ctrl 键再单击选择其他工作表，即可选择不连续的工作表。

（4）选择全部工作表：选中任意 1 张工作表并右击鼠标，在快捷菜单中选择"选定全部工作表"命令即可。

2. 新建工作表

1 个 Excel 工作簿中可以创建 255 张工作表，下面介绍几种常用的新建工作表的方法。

（1）单击按钮：单击工作表标签右侧的"新工作表"按钮即可在当前工作表的右侧新建 1 张空白工作表。

（2）功能区插入：在"开始"选项卡中，单击"单元格"选项组中"插入"按钮，在下拉列表中选择"插入工作表"选项，即可当前工作表左侧插入新的工作表。

（3）右键插入：选中工作表标签右击，在快捷菜单中选择"插入"命令，打开"插入"对话框，在"常用"选项卡中选择"工作表"选项，单击"确定"按钮，如图6-7所示。

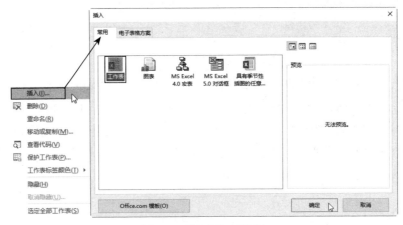

图6-7 "插入"对话框

3. 删除工作表

在Excel工作簿中，在需要删除的工作表标签上右击鼠标，在快捷菜单中选择"删除"命令，即可删除当前选下的工作表。

4. 移动或复制工作表

Excel支持在同一工作簿中移动或复制工作表，也支持在不同工作簿中移动或复制工作表，具体操作方法如下。

（1）打开工作簿，在需要移动或复制的工作表标签上右击鼠标，在快捷菜单中选择"移动或复制"命令；或者切换至"开始"选项卡，单击"单元格"选项组中"格式"按钮，在列表中选择"移动或复制工作表"命令。

（2）打开"移动或复制工作表"对话框，在"下列选定工作表之前"选择移动的位置，然后单击"确定"按钮，如图6-8所示。

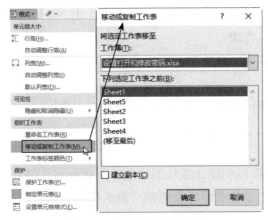

图6-8 移动或复制工作表

如果是移动工作表，则不需要勾选"建立副本"复选框，如果要复制工作表，则应勾选"建立副本"复选框，即可在同一工作簿中移动或复制工作表。

如果需要在不同工作簿中移动工作表，需要将目标工作簿也打开，然后在"移动或复制工作表"对话框中单击"工作簿"列表按钮，选择目标工作簿的名称，再选择移动的位置，单击"确定"按钮即可。

提示：快速移动、复制工作表

在同一工作簿中，使用鼠标拖曳工作表标签至指定位置，此时光标下方显示文本图标上方显示倒立黑色三角形，表示工作表移动的位置。释放鼠标即可完成移动操作。如果需要复制工作表，在拖动工作表的同时按住 Ctrl 键即可。

5. 设置工作表标签的颜色

工作簿中包含多个工作表，用户可为工作表标签设置不同的颜色，以方便对工作表的辨识。通常可以使用以下两种方法设置工作表标签的颜色。

（1）右键菜单：选中该工作表标签，右击鼠标，在快捷菜单中选择"工作表标签颜色"命令，选择合适的颜色。

（2）功能区设置：选中工作表标签，切换至"开始"选项卡，单击"单元格"选项组中"格式"按钮，选择"工作表标签颜色"选项，在列表中选择合适的颜色。

这两种方法都可以在列表中选择"其他颜色"选项，在打开的"颜色"对话框中进一步设置颜色。

6. 隐藏 / 显示工作表

在需要隐藏的工作表标签上右击鼠标，在快捷菜单中选择"隐藏"命令；或者在"开始"选项卡的"单元格"选项且中单击"格式"按钮，在列表中选择"隐藏或取消隐藏"→"隐藏工作表"选项。

如果需要取消隐藏工作表，则只需要按照上述的方法选择"取消隐藏"命令，在打开的对话框中选择要重新显示的工作表名称即可。

隐藏工作表后依然可以对工作表进行加密，防止他人取消隐藏后查看工作表中的内容。切换至"审阅"选项卡，单击"更改"选项组中"保护工作簿"按钮，打开"保护结构和窗口"对话框，勾选"结构"复选框，然后依次设置密码即可。

7. 保护工作表

Excel 电子表格的保护功能分为对工作簿的保护、对工作表的保护和对单元格的保护。此处介绍对工作表的保护，其与 Word 的区别在于，Excel 对工作表保护是可以设置浏览者修改权限的，即在不需要密码的情况下可以在修改权限内编辑工作表。

下面介绍保护工作表的具体操作方法。

（1）打开"员工信息表.xlsx"工作簿，切换至"审阅"选项卡，单击"保护"选项组中"保护工作表"按钮；或者单击"文件"标签，选择"信息"选项，单击"保护工作簿"按钮，在弹出的列表中选择"保护当前工作表"选项。

（2）打开"保护工作表"对话框，在"取消工作表保护时使用的密码"数值框中输入密码，在"允许此工作表的所有用户进行"列表中勾选相应的复选框。例如，勾选"设置单元格格式"复选框，单击"确定"按钮，如图6-9所示。

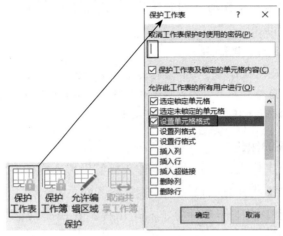

图6-9 设置权限和密码

（3）确认密码，然后即可完成对工作表的保护。打开该工作簿后，若未输入密码则仅可以浏览工作表中的内容和设置单元格格式，其他操作都不被允许。

6.1.3 多工作表操作

Excel允许同时对一组工作表进行同样的操作，如输入数据、修改格式等。根据选择工作表的方法可以选择多张工作表，同时在工作簿标题栏的文件名右侧显示"[组]"字样，形成工作表组，如图6-10所示。

图6-10 工作表组

1. 同时对多张工作表进行操作

选择多张工作表后，在其中一张工作表中所做的任何操作都会同步反映到同组中其他工作表中。例如，设置页面可以对工作表组设置相同的页面；输入公式可以根据公式进行相同的计算。

如果需要取消组合工作表，则可以在工作表组中任意工作表标签上右击，在快捷菜单中选择"取消组合工作表"命令；或者单击工作表组之外的任意工作表标签。

2. 填充成组工作表

所谓填充成组工作表就是先在一张工作表中输入数据并进行格式化或计算数据，然后将该工作表中的内容和格式填充到其他同组的工作表内。下面介绍具体操作方法。

（1）打开工作簿，首先在一张表格中输入数据并设置格式。

（2）然后插入新的工作表，切换至包含数据的工作表并选中数据区域。

（3）切换至"开始"选项卡，单击"编辑"选项组中"填充"按钮，在列表中选择"至同组工作表"选项。

（4）打开"填充成组工作表"对话框，选择"全部"单选按钮，根据需要选择单选按钮，如图6-11所示。

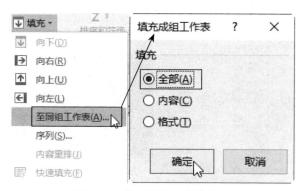

图 6-11　设置同组工作表填充

（5）将选中的数据复制到工作表组中每一个工作表中，并且使所有数据都在相同的位置，采用相同的格式。

6.1.4　工作簿窗口的管理

工作簿窗口的管理主要包括新建窗口、重排窗口、并排查看、拆分窗格和冻结窗格等。

1. 多窗口显示与切换

在 Excel 中进行多窗口的显示与切换，通常需要在"视图"选项卡的"窗口"选项组中实现，如图6-12所示。

图 6-12　Excel 窗口控制

（1）新建窗口：在 Excel 中，切换至"视图"选项卡，单击"窗口"选项组中"新建窗口"按钮即可在新建窗口显示当前工作表中的内容。同时，原工作簿和新建的工作簿都会相应地更改标题栏中的名称，原工作簿名称将变为"2022—2023 年各地区销售额统计.xlsx:1"，新建工作簿名称将变为"2022—2023 年各地区销售额统计.xlsx:2"，如图6-13所示。

图 6-13 新建窗口

在一个窗口中进行的更改也会被同步在其他窗口中，这是因为它们是属于同一工作簿，只是在不同窗口显示而已。

（2）全部重排：当 Excel 中打开了多个工作簿时，利用"全部重排"功能可以方便地一次全部展开已打开的多个窗口。切换至"视图"选项卡，单击"窗口"选项组中"全部重排"按钮。打开"重排窗口"对话框，在"排列方式"选项区域中可以选择排列的方式，单击"确定"按钮即可，如图 6-14 所示。

（3）并排查看：用于将两个工作窗口上下排列比较。首先切换至一个工作表窗口，再切换至"视图"选项卡，单击"窗口"选项组中"并排查看"按钮，打开"并排比较"对话框，在"并排比较"列表框中选择需要比较的工作簿名称，单击"确定"按钮即可，如图 6-15 所示。

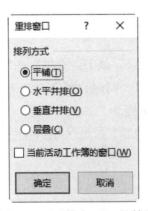

图 6-14 "重排窗口"对话框

图 6-15 "并排比较"对话框

（4）切换窗口：当打开多个工作簿，或者在工作表中创建了多个窗口后，切换至"视图"选项卡，单击"窗口"选项组中"切换窗口"按钮可以在弹出的列表中显示所有已打开的工作簿名称，选择后即可切换至该工作簿。

2. 拆分窗口

拆分窗口可以将当前窗口拆分为多个大小可调整的工作表，并能同时查看不同的工作表部分。

在工作表中选择一个单元格，切换至"视图"选项卡，单击"窗口"选项组中"拆分"按钮，Excel 会以单元格的左上角为中心将窗口水平和垂直拆分。拆分后每个窗口都可以显示工作表不同部分，而且可以编辑。

如果需要取消拆分，再单击"拆分"按钮即可。

3. 冻结窗格

使用冻结窗格可以使工作表的某一部分始终可见。

在工作表中，切换至"视图"选项卡，单击"窗口"选项组中"冻结窗格"按钮，弹出的列表中将包含"冻结拆分窗格""冻结首行"和"冻结首列"选项，如图 6-16 所示。"冻结拆分窗格"选项可将拆分窗格的上方和左方部分冻结；"冻结首行"选项可将表格中第 1 行冻结；"冻结首列"可将表格的第 1 列冻结。

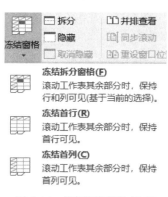

图 6-16 "冻结窗格"选项

6.2 Excel 2016 单元格的操作

单元格是工作表最基础的组成部分，是行和列交叉形成的格子，也是用户输入数据的存储单位。用户对工作表的各项操作都是通过操作单元格完成的。

本节将介绍单元格的基本操作，包括选择单元格、合并单元格、保护单元格及数据验证。

6.2.1 选择单元格

选择单元格也是使用工作表时最频繁的操作，一般来说包括以下几种类型，选择单个单元格、选择单元格区域、选择整行或整列、选择全部单元格。

1. 选择单个单元格

直接将光标移至需要选中的单元格上，然后单击即可选中该单元格。例如，选择 A5 单元格后，名称框中将显示该单元格的名称，编辑栏中将显示该单元格的内容。

2. 选择单元格区域

用户在选择单元格区域时，可以选择连续的或不连续的单元格。若需要选择连续的单元格区域，可首先选中区域中的第一个单元格，按住鼠标左键拖曳至区域的最后一个单元格，释放鼠标即可。若需要选择不连续的单元格，则可以按住 Ctrl 键然后逐个选择单元格，如图 6-17 所示。

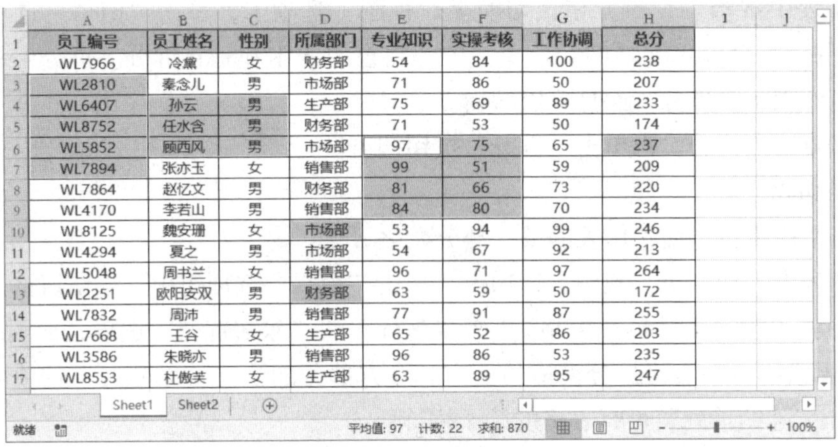

	A	B	C	D	E	F	G	H
1	员工编号	员工姓名	性别	所属部门	专业知识	实操考核	工作协调	总分
2	WL7966	冷黛	女	财务部	54	84	100	238
3	WL2810	秦念儿	男	市场部	71	86	50	207
4	WL6407	孙云	男	生产部	75	69	89	233
5	WL8752	任水含	男	财务部	71	53	50	174
6	WL5852	顾西风	男	市场部	97	75	65	237
7	WL7894	张亦玉	女	销售部	99	51	59	209
8	WL7864	赵忆文	男	财务部	81	66	73	220
9	WL4170	李若山	男	销售部	84	80	70	234
10	WL8125	魏安珊	女	市场部	53	94	99	246
11	WL4294	夏之	男	市场部	54	67	92	213
12	WL5048	周书兰	女	销售部	96	71	97	264
13	WL2251	欧阳安双	男	财务部	63	59	50	172
14	WL7832	周沛	男	销售部	77	91	87	255
15	WL7668	王谷	女	生产部	65	52	86	203
16	WL3586	朱晓亦	男	销售部	96	86	53	235
17	WL8553	杜傲芙	女	生产部	63	89	95	247

图 6-17　选择不连续区域

3. 选择整行或整列

将光标移至行号的位置，其会变为向右的箭头，然后单击即可选中该行。若需要选择多行则可以根据选择单元格区域的方法选择连续的行，也可按 Ctrl 键选择不连续的行。选择列的方法和选择行一样，此处不再赘述。

4. 选择所有单元格

如果需要选择所有的单元格，可将光标移至行号和列标交叉处，单击全选按钮即可。或者选中空白单元格，按 Ctrl+A 组合键，若需要选择数据区域，则可按两次 Ctrl+A 组合键。

6.2.2　单元格之间的移动

在工作表中，单元格之间的移动和定位常用的方法如表 6-1 所示。

表 6-1　单元格之间的移动和定位的快捷键

快捷键 / 组合键	功　能
Home	移动到当前行的第一个单元格
Ctrl+Home	移动到 A1 单元格
Ctrl+ 箭头键	移动到当前数据区域的边缘
Ctrl+End	移动到工作表的最后一个单元格，位于数据中的最右列的最下行
Tab	在选定区域中从左向右移动，如果选中单列，则从上向下移动
Shfit+Tab	在选定区域中从右向左移动，如果选中单列，则从下向上移动
Enter	在选定区域从上向下移动
Shift+Enter	在选定区域从下向上移动

6.2.3 合并与取消合并单元格

合并单元格就是将多个连续的单元格合并为一个大的单元格，取消合并单元格与合并单元格相反。

1. 合并单元格

首先选择单元格区域，切换至"开始"选项卡，单击"对齐方式"选项组中"合并后居中"右侧的菜单按钮，在下拉列表中已包含所有合并的选项，如图6-18所示。

"合并后居中"选项是将选择的单元格区域合并成一个大的单元格，单元格的文本居中显示；"跨越合并"选项是将选择单元格区域每行合并成一个单元格。例如，选择区域包含3行，则合并为3个单元格，如图6-19所示。"合并单元格"选项可将选择区域合并成一个单元格，但不改变对齐方式。

图 6-18　合并单元格选项

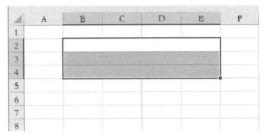
图 6-19　跨越合并

提示：合并单元格时应注意数据保护

在合并单元格时，若有多个单元格中包含数据，那么执行合并时，Excel会弹出提示对话框告知用户只能保留左上角单元格中的数据。

除了上述介绍的合并单元格的方法外，用户还可以通过"设置单元格格式"对话框合并，单击"对齐方式"选项组对话框启动器按钮，打开"设置单元格格式"对话框，勾选"合并单元格"复选框，单击"确定"按钮即可。

2. 取消合并单元格

如果需要取消被合并的单元格的合并状态，可以选中合并后的单元格，切换至"开始"选项卡，单击"对齐方式"选项组中"合并后居中"按钮，或者单击其右侧的菜单按钮，在列表中选择"取消单元格合并"选项。

6.2.4 保护部分单元格

所谓保护部分单元格即保护工作表中一部分单元格不被修改，其余部分则仍然可以被编辑。具体有以下两种方法，第一种是保护部分单元格不被修改，第二种是设置允许修改的部分单元格。

1. 保护部分单元格不被修改

与之前介绍的"保护工作表"功能类似，这里可以先锁定需要保护的单元格，然后再使用"保护工作表"功能添加保护。下面介绍具体操作方法。

（1）打开"员工信息统计表.xlsx"工作簿，单击全选按钮，选择所有单元格，单击

"开始"选项卡的"对齐方式"选项组中对话框启动器按钮。

（2）打开"设置单元格格式"对话框，切换至"保护"选项卡，取消勾选"锁定"复选框，单击"确定"按钮，如图6-20所示。

图6-20　取消锁定所有单元格

（3）返回工作表中选择需要保护的单元格区域，按住 Ctrl 键选择 A1:G4 和 A5:A17 单元格区域，再次打开"设置单元格格式"对话框，在"保护"选项卡中勾选"锁定"复选框，然后单击"确定"按钮。选中的单元格区域被锁定后，再进行保护就无法修改。

（4）返回工作表中，切换至"审阅"选项卡，单击"保护"选项组中"保护工作表"按钮，打开"保护工作表"对话框，设置密码为666666，单击"确定"按钮，如图6-21所示。

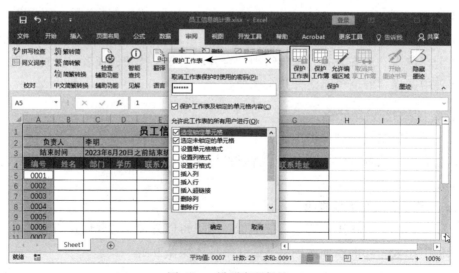

图6-21　设置密码保护

(5)打开"确认密码"对话框,输入设置的密码,单击"确定"按钮。返回工作表中,如果修改设置保护的单元格区域,则 Excel 会弹出提示对话框,显示更改的单元格受保护,如图 6-22 所示。

图 6-22　无法编辑受保护区域

(6)在不受保护的单元格区域,用户可以输入加工的信息。如果需要撤消保护,则可切换至"审阅"选项卡,单击"保护"选项组中"撤消保护工作表"按钮,在打开的对话框中输入设置的密码,单击"确定"按钮即可。

2. 设置允许用户编辑的区域

通过"允许编辑区域"功能,用户可以设置允许浏览者编辑的单元格区域,从而保护另外一部分单元格区域,具体操作方法如下。

(1)打开"学生证补办申请表.xlsx"工作簿,切换至"审阅"选项卡,单击"保护"选项组中"允许编辑区域"按钮。

(2)打开"允许用户编辑区域"对话框,单击"新建"按钮,如图 6-23 所示。

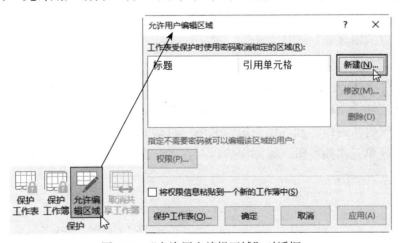

图 6-23　"允许用户编辑区域"对话框

(3)打开"新区域"对话框,在"标题"文本框中输入名称,然后单击"引用单元格"右侧折叠按钮,返回表格中选择允许用户编辑的单元格,然后单击"确定"按钮,如图 6-24 所示。

(4)返回"允许用户编辑区域"对话框,单击"保护工作表"按钮,设置密码为 666666,单击"确定"按钮。然后根据弹出对话框确认密码即可。

(5)返回表格中,如果在允许输入区域外编辑数据,Excel 将会弹出提示对话框,提示不能修改数据,在允许编辑区域内输入数据,则可以正常编辑。

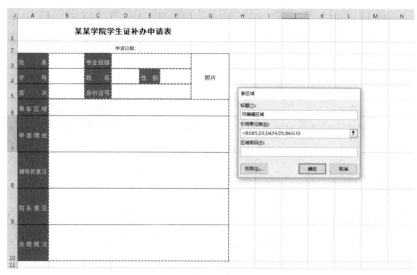

图 6-24 选择允许编辑的区域

3. 单元格区域权限分配

为单元格区域分配权限还是利用"允许编辑区域"功能，只是为不同的单元格设置不同的权限。例如，以"学生证补办申请表.xlsx"为例，设置 F2、B3、D3、B4、D4、F4、B5、D5、B6 和 B7 单元格中的内容由学生填写，并授权密码；B8 单元格是由辅导员填写；B9 单元格是由院系填写；B10 单元格由办理单位填写，下面介绍操作方法。

（1）打开"学生证补办申请表.xlsx"工作簿，切换至"审阅"选项卡，单击"保护"选项组中"允许编辑区域"按钮。

（2）打开"允许用户编辑区域"对话框，单击"新建"按钮，打开"新区域"对话框，在"标题"文本框中输入"学生编辑区域"，在"引用单元格"区域选择学生可编辑的单元格，在"区域密码"中设置密码为 111111，单击"确定"按钮，如图 6-25 所示。

（3）确认密码，返回"允许用户编辑区域"对话框，再次单击"新建"按钮，根据相同方法设置其他单元格的权限。添加完成后，在"允许用户编辑区域"对话框中设置区域和标题，如图 6-26 所示。

图 6-25 设置学生编辑区域和密码

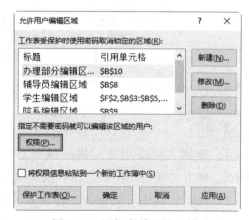

图 6-26 添加完单元格区域

（4）设置完成后，单击"保护工作表"按钮，在打开的对话框中设置密码，并确认密码。

（5）如果在允许编辑区域之外编辑，则 Excel 弹出提示提示对话框显示不可以编辑。用户输入授权密码后只能在对应的单元格中编辑。例如，辅导员只能在 B8 单元格中编辑。在输入时会弹出"取消锁定区域"对话框，只有输入正确的密码才能在指定的单元格中编辑，如图 6-27 所示。

图 6-27　输入密码在指定区域编辑

6.2.5　数据验证

为了避免输入数据时出现过多错误，Excel 提供了数据验证功能。数据验证可以限制输入数据的类型、设置数据验证的规则等，从而提高数据输入的准确性和工作效率。

1. 设置数据验证条件

数据验证条件可以控制输入数据的类型。在 Excel 中用户可以设置 8 种允许输入的数据验证条件，下面介绍具体操作方法。

（1）选中需要设置的单元格，切换至"数据"选项卡，单击"数据工具"选项组中"数据验证"按钮。

（2）弹出"数据验证"对话框，单击"允许"下的列表按钮，在弹出的列表中包含 8 种允许输入数据的类型选项，如图 6-28 所示。

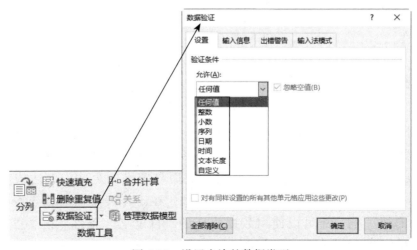

图 6-28　设置允许的数据类型

- "任何值":为数据验证默认的选项,表示在单元格中输入的数据不受任何限制。
- "整数":设置为"整数"条件,则选中的单元格区域中只能输入整数。在下方出现整数的条件,设置完条件后则可以在下方输入条件对应的值,如图 6-29 所示。当选择"介于"选项,则可以设置"最小值"和"最大值",那么在单元格区域只能输入设置范围内的整数。其他如小数、日期和时间与整数的设置类似,此处不再叙述。

图 6-29 设置整数条件

- "序列":要求在单元格区域中必须输入指定范围内的文本,序列的内容可以是单元格引用、公式或手动输入。设置完序列后,在单元格区域中单击右侧列表按钮可在列表中设置内容范围,选择即可输入。例如,在"来源"文本框中输入"生产部,质检部,营销部,财务部"(输入时需要注意用英文状态下逗号隔开),如图 6-30 所示。用户也可以单击"来源"右侧的折叠按钮,在工作表中选择要设置的内容序列。

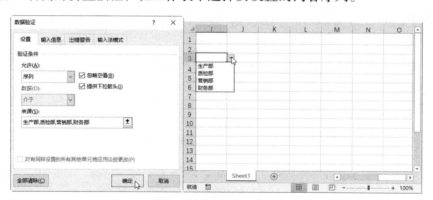

图 6-30 设置序列效果

- "文本长度":主要用于设置输入数据的字符数量。文档长度的条件和整数条件一样,例如,设置输入手机号码栏可以设置文本长度等于 11,如图 6-31 所示。
- "自定义":"自定义"条件允许用户使用自定义的公式、表达式或引用其他单元格的计算值判定输入数据的有效性。例如,在工作表中需要输入身份证号,因为身份证号是唯一的,故可以使用数据验证的"自定义"条件,在"公式"中输入"=COUNTIF($G$2:$G$18,G2)=1",确保输入的身份证号是唯一,不会重复,如图 6-32 所示。

图 6-31　设置文本长度条件　　　　图 6-32　设置自定义的条件

如果在设置数据验证的单元格区域输入的身份证号有重复的，则 Excel 将弹出提示对话框，显示"此值与此单元格定义的数据验证限制不匹配。"，需要单击"取消"按钮，然后才能重新输入，如图 6-33 所示。

图 6-33　输入重复身份证号后

2. 设置输入信息

利用"数据验证"功能可以预先设置输入信息的提示，类似于 Excel 中的批注。设置后，可在单元格中提供输入数据类型等指令信息，下面介绍具体操作方法。

（1）打开 Excel，选择单元格区域。

（2）切换至"数据"选项卡，单击"数据工具"选项组中"数据验证"按钮，打开"数据验证"对话框。

（3）切换至"输入信息"选项卡，在"标题"和"输入信息"文本框中输入提示信息，单击"确定"按钮，如图 6-34 所示。

图 6-34　设置输入信息

（4）返回工作表中，可发现当选中设置输入信息的单元格时，在单元格右侧显示输入的提示信息，如图 6-35 所示。

图 6-35 显示输入信息

"数据验证"对话框中的输入信息和设置条件没有关系，无论是否设置数据验证的条件都可以设置输入信息。

3. 设置出错警告提示

出错警告是在设置了数据验证的单元格中输入不符合条件的内容时，Excel 弹出的警告信息。出错警告包括 3 种类型，如表 6-2 所示。

表 6-2 数据验证出错警告

类　　型	图　标	作　　用
停止	✖	用于阻止用户在单元格中输入无效数据。有"重试"和"取消"两个选项
警告	⚠	警告用户输入数据无效，但不会阻止输入无效数据。出现"警告"提示时，用户可以单击"是"按钮接受无效输入；单击"否"按钮可再次编辑无效数据；单击"取消"按钮将删除无效数据
信息	ⓘ	通知用户输入数据无效，但不会阻止输入无效数据。出现"信息"提示时，用户可以单击"确定"按钮接受无效值；单击"取消"按钮则将拒绝无效值

下面在"员工信息统计表.xlsx"中设置"姓名"列数据验证的条件是"不能输入重复的身份证号码"，设置出错警告类型为"信息"，具体操作方法如下。

（1）打开"员工信息统计表.xlsx"工作簿，选择 B5:B17 单元格区域。

（2）切换至"数据"选项卡，单击"数据工具"选项组中"数据验证"按钮，打开"数据验证"对话框。

（3）切换至"设置"选项卡，设置"允许"为"自定义"，在"公式"文本框中输入公式"=COUNTIF($F$5:$F$17,F5)=1"。

（4）切换至"出错警告"选项卡，设置"样式"为"信息"，然后在"标题"和"错误信息"文本框中输入内容，单击"确定"按钮，如图 6-36 所示。"标题"和"错误信息"分别是出错时弹出提示对话框的名称和提示内容。

（5）在 B5:B17 单元格中输入姓名，如果输入姓名重复，则 Excel 将弹出提示对话框，如果接受输入则可以单击"确定"按钮，否则可单击"取消"按钮，如图 6-37 所示。

图 6-36　设置出错警告

图 6-37　输入重复数据

4. 清除数据验证

如果不再需要设置数据验证，则可以将其清除。清除数据验证分为清除部分数据验证和全部清除两种情况。

（1）清除部分数据验证：选择需要清除数据验证的单元格或单元格区域，切换至"数据"选项卡，单击"数据工具"选项组中"数据验证"按钮，在打开的"数据验证"对话框中单击"全部清除"按钮即可。

（2）清除所有数据验证：全选工作表，单击"数据验证"按钮，弹出提示对话框，单击"确定"按钮，在打开的"数据验证"对话框，有效性的值默认为将"任何值"，单击"确定"按钮即可，如图 6-38 所示。

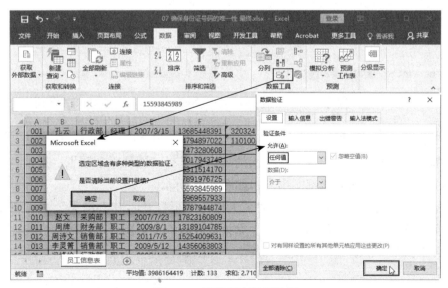

图 6-38　清除所有数据验证

用户可定位工作表中所有被设置数据验证的单元格，再执行清除所有数据验证。切换至"开始"选项卡，单击"编辑"选项组中"查找和选择"按钮，在弹出的列表中选择"数据验证"选项，即可定位当前工作表中所有应用数据验证的单元格或单元格区域。

5. 圈释无效的数据

用户在分析数据时，有时需要标出某范围之外的数据，以此方便查看有效数据。例如，在"员工考核成绩.xlsx"工作表中需要将单科成绩小于60分的和总分小于180分的数据圈出来，下面介绍具体操作方法。

（1）打开"员工考核成绩.xlsx"工作表，选择E2:G17单元格区域。

（2）切换至"数据"选项卡，单击"数据工具"选项组中"数据验证"按钮，打开"数据验证"对话框。

（3）切换至"设置"选项卡，设置"允许"为"整数"，"数据"为"大于"，"最大值"为"60"，单击"确定"按钮，如图6-39所示。

（4）选择H2:H17单元格区域，再次打开"数据验证"对话框，设置"允许"为"整数"，"数据"为"大于"，"最大值"为"180"，单击"确定"按钮，如图6-40所示。

图6-39　设置单科数据验证　　　　　　　图6-40　设置总分数据验证

（5）单击"数据验证"按钮，在弹出的列表中选择"圈释无效数据"选项，即可在工作表将不在设置范围内的数据都圈出来，如图6-41所示。

这种标识圈不是永久存在的，在关闭工作簿并再打开时其将消失。如果想显示标识圈，可再次选择"圈释无效数据"选项。如果需要清除标识圈，可以单击"数据验证"按钮，在列表中选择"清除验证标识圈"选项，如图6-42所示。

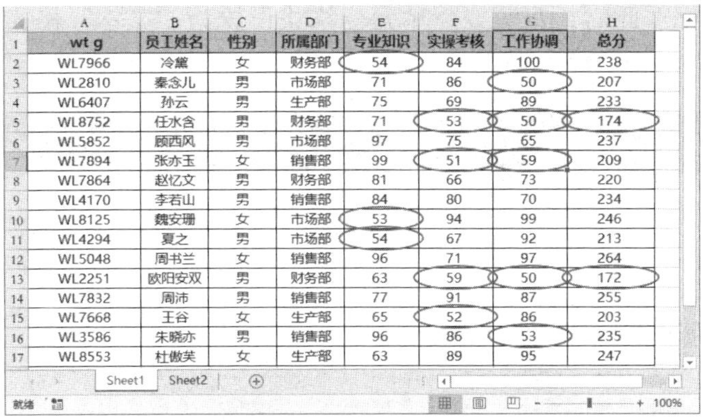

	A	B	C	D	E	F	G	H
1	wt g	员工姓名	性别	所属部门	专业知识	实操考核	工作协调	总分
2	WL7966	冷黛	女	财务部	54	84	100	238
3	WL2810	秦念儿	男	市场部	71	86	50	207
4	WL6407	孙云	男	生产部	75	69	89	233
5	WL8752	任水含	男	财务部	71	53	50	174
6	WL5852	顾西风	男	市场部	97	75	65	237
7	WL7894	张亦玉	女	销售部	99	51	59	209
8	WL7864	赵忆文	男	财务部	81	66	73	220
9	WL4170	李若山	男	销售部	84	80	70	234
10	WL8125	魏安珊	女	市场部	53	94	99	246
11	WL4294	夏之	男	市场部	54	67	92	213
12	WL5048	周书兰	女	销售部	96	71	97	264
13	WL2251	欧阳安双	男	财务部	63	59	50	172
14	WL7832	周沛	男	销售部	77	91	87	255
15	WL7668	王谷	女	生产部	65	52	86	203
16	WL3586	朱晓亦	男	销售部	96	86	53	235
17	WL8553	杜傲芙	女	生产部	63	89	95	247

图 6-41 圈释无效数据

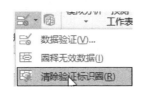

图 6-42 选择“清除验证标识圈”选项

6.3 工作表的美化

在工作表中输入数据后，为了使表格显得更加专业、更具可读性，还需要对数据和表格格式做进一步美化。本节将首先介绍数据的输入，然后再介绍工作表美化的内容，如单元格格式和设置、套用表格格式和添加背景图像等。

6.3.1 数据的输入

在 Excel 中，输入数据是最基本的操作，输入的数据类型包括文本、数值、日期和时间等。直接选择需要输入的数据的单元格，然后输入即可，本节将介绍一些提高输入数据的方法或输入一些特殊的数据的技巧。

1. 输入以 0 开头的数据

在 Excel 中，如果数据开头是 0，则在按 Enter 键确认输入时，Excel 会自动将前面的“0”省略。下面介绍输入以 0 开头的数据的方法。

（1）选择单元格区域，切换至“开始”选项卡，单击“字体”选项组中对话框启动器按钮，打开“设置单元格格式”对话框。

（2）在“数字”选项卡的“分类”列表框中选择“自定义”选项，然后在“类型”文本框中输入 0000，单击“确定”按钮，如图 6-43 所示。

（3）在选中的单元格区域中输入数字，如果输入小于等于 3 位的数字，则 Excel 将在高位自动“补齐”4 位数。例如，输入数字 1、11、111 或 1111 时，在单元格中显示 0001、0011、0111 或 1111。

2. 输入超过 15 位数字

在 Excel 中输入超过 15 位数字（如身份证号码）时，系统会自动以科学计数法计数，无法显示完全的数据。此时，只需要将单元格格式设置为"文本"格式即可，或者在输入数字前添加英文状态下的"'"单引号。

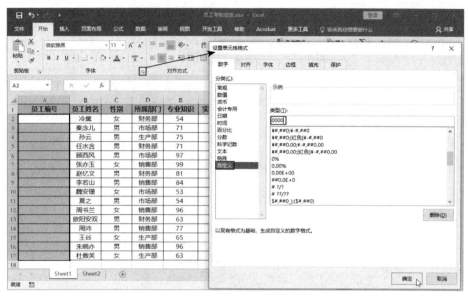

图 6-43　设置以 0 开头的数

3. 在多个单元格中输入相同数据

在 Excel 中选择需要输入相同的数据的单元格或单元格区域，然后输入文本，最后按 Ctrl+Enter 组合键，即可在选中的单元格中同时输入相同的文本。

4. 通过下拉列表输入数据

在使用"数据验证"功能时，可以通过"序列"添加下拉列表，并选择输入的内容。Excel 也支持通过 Alt+↓ 组合键打开下拉列表，但是这种方法只能显示在该列上方的数据。

例如，在 D 列输入了"财务部""市场部""生产部"和"销售部"文本，在下方需要输入上述文本时，只需要按 Alt+↓ 组合键，弹出的列表将包含上述文本内容，选择相应的选项即可将文本输入到当前单元格中，如图 6-44 所示。

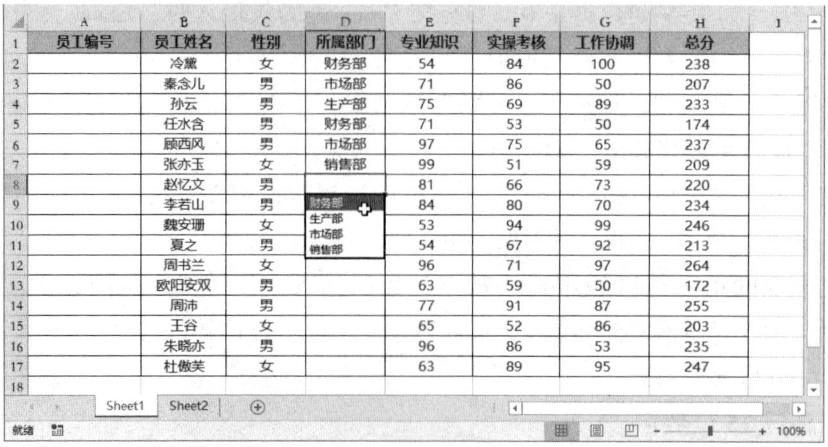

图 6-44　从列表中选择输入的数据

6.3.2 填充有规律的数据

在 Excel 中输入数据时,有时需要输入一些有规律的数据,这种情况下可以使用 Excel 的填充功能提高工作效率。

1. 填充数据的方法

在对数据进行填充时,可以使用快捷键、填充柄及"填充"功能。

(1)快捷键:在单元格中输入数据,以该单元格为最上方单元格向下选择单元格区域,按 Ctrl+D 组合键即可在选中单元格区域填充相同的数据。需要注意这种方法只能填充相同的数据。

(2)填充柄:选中单元格或单元格区域,右下角绿色小正方形就是填充柄。在单元格中输入数据,然后选中该单元格,拖动填充柄移动,可以向下、上、左、右移动,拖至合适单元中后释放鼠标左键即可填充数据,在单元格区域的右下方显示了不同自动填充选项。图 6-45 为数字的填充选项;图 6-46 为文本的填充选项;图 6-47 为日期的填充选项。

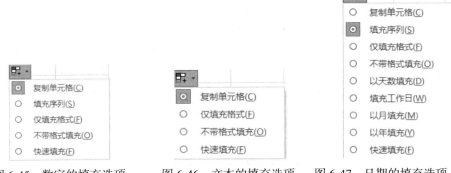

图 6-45 数字的填充选项　　图 6-46 文本的填充选项　　图 6-47 日期的填充选项

(3)"填充"功能:通过"填充"功能可以进一步精确设置填充参数,如步长、最终值等。图 6-48 为"填充"列表,在列表中选择"序列"选项后打开"序列"对话框,可以设置序列的方向、类型、步长值和终止值,如图 6-49 所示。

图 6-48 "填充"选项　　图 6-49 "序列"对话框

2. 填充文本数据

填充文本功能可以在单元格区域中填充相同的文本,也可以填充不同的、有规律的文本，还可以在不连续的单元格中填充相同的数据。

（1）填充相同的文本：在B3单元格中输入文本。例如，输入"电视机"，然后将数据向下填充到B11单元格区域，在该单元格区域中均被填充"电视机"。

（2）填充不同的文本：在B3:B5单元格区域中分别输入"电视机""洗衣机"和"空调"，选中B3:B5单元格区域向下填充至B11单元格，文本将交错填充，如图6-50所示。需要注意，在这种情况下是无法使用快捷键和"填充"功能向下填充数据的。

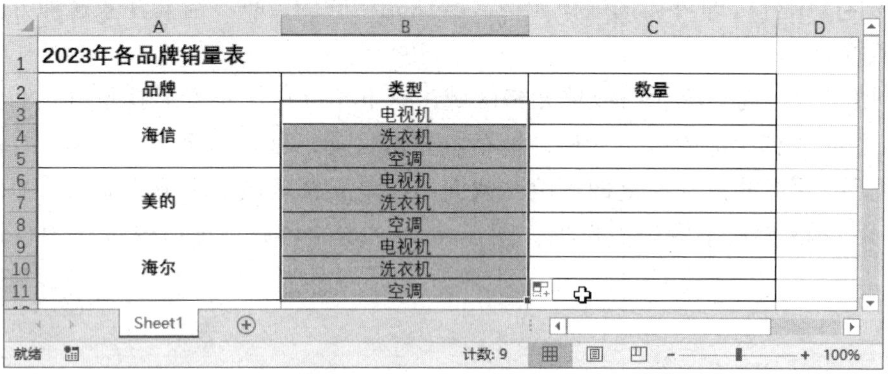

图6-50　交错填充数据

（3）在不连续单元格中填充数据：在B3单元格中输入"电视机"，然后按Ctrl键选择不连续的单元格，后通过组合键或"填充"功能即可在选中的不连续的单元格中填充数据，如图6-51所示。需要注意此情况下无法使用填充柄进行操作。

图6-51　在不连续单元格中填充数据

3. 填充规则的数值

根据文本填充的方法填充数值，可以填充相同的数值，也可以填充等差的数值，下面介绍填充等差的数值的方法。

（1）在A2单元格中输入数字1，使用填充柄向下填充至A17单元格中，可见单元格区域中都是数字1。

（2）单击右下角"自动填充选项"按钮，在弹出的列表中选择"填充序列"选项，即可在单元格区域以1为步长值递增，如图6-52所示。

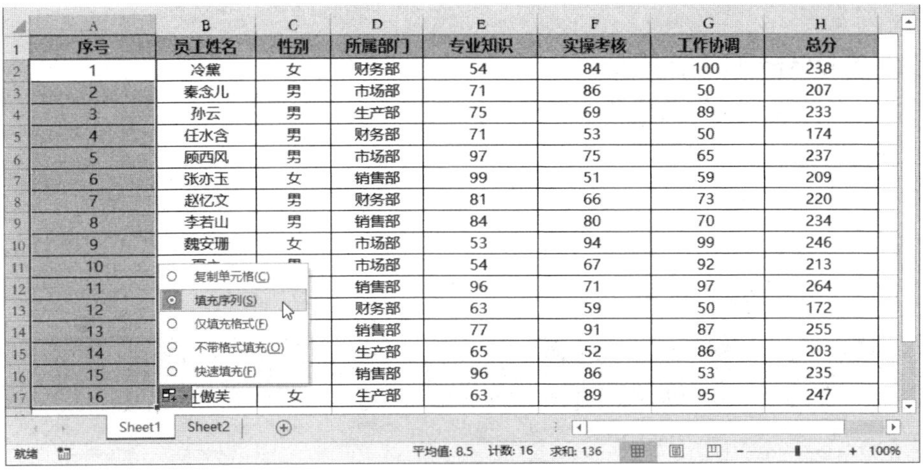

图 6-52 递增填充数据

提示：快速填充数据

本示例还可以快速填充数据，选中 A2 单元格，按住 Ctrl 键拖动填充柄至 A17 单元格，释放鼠标左键即可完成按步长值为 1 的等差填充数据。

用户可以在相邻的单元格中输入数值以确定步长值，Excel 会以此步长值填充数据。例如，在 A2 单元格中输入 1，在 A3 单元格中输入 3，选中 A2:A3 单元格式区域，向下填充至 A17 单元格，设置"自动填充选项"为"填充序列"，单元格中的值会以步长值为 2 等差填充，如图 6-53 所示。

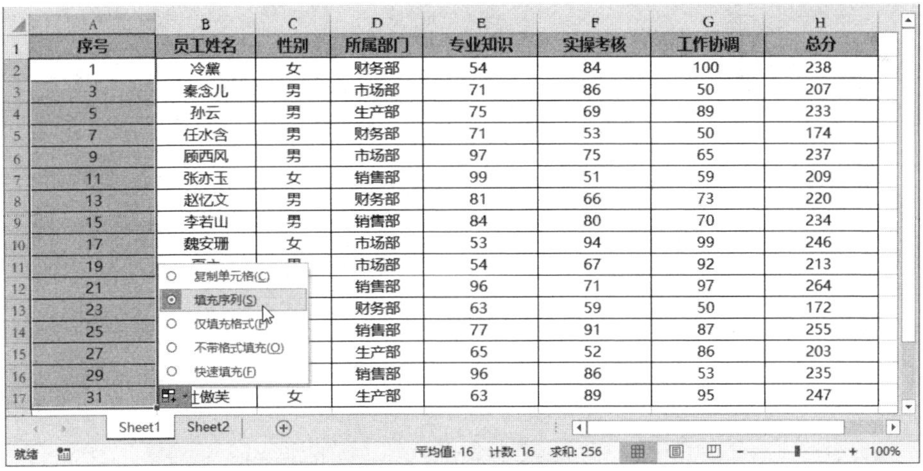

图 6-53 步长值为 2 填充数据

提示：数据与文本结合填充

当对数值与文本相结合的数据进行填充时，可以对数值进行序列填充。此时无论数值位于文本的左侧、右侧还是中间都可以填充，其填充方法与上述方式相同，此处不再赘述。

6.3.3 设置单元格格式

设置单元格格式是美化工作表的最基本操作，主要可以设置文字格式、对齐方式、边框和行高/列宽等。

1. 设置单元格格式的方法

在 Excel 中设置单元格的格式主要有三种方法。

1）"开始"选项卡下功能区

切换至"开始"选项，其中有多个选项组可以设置单元格格式，包括"字体""对齐方式""数字""样式"和"单元格"选项组，可以设置字体、对齐方式、边框样式、数字格式、样式等，如图 6-54 所示。

图 6-54 "开始"选项卡下功能区

2）"设置单元格格式"对话框

"设置单元格格式"对话框中包括"数字""对齐""字体""边框""填充"和"保护"选项卡，如图 6-55 所示。

图 6-55 "设置单元格格式"对话框

利用"设置单元格格式"对话框可以设置单元格的格式。通常有以下几种方法打开"设置单元格格式"对话框。

（1）选择需要设置格式的单元格区域并右击，在快捷菜单中选择"设置单元格格式"命令。

（2）单击"开始"选项下"字体""对齐方式"或"数字"任意选项组中的对话框启动器按钮。

(3)按 Ctrl+1 组合键。

3)浮动工具栏

选择需要设置单元格格式的单元格区域，右击，在弹出快捷菜单的同时也会出现"浮动工具栏"，在此可以设置常用的格式，如图 6-56 所示。

图 6-56　浮动工具栏

2. 设置字体格式

字体格式包括字体、字形、字号、颜色等。

选择需要设置字体格式的单元格区域，在"开始"选项卡的"字体"选项组中设置字体、字形、字号、颜色等。

打开"设置单元格格式"对话框，在"字体"选项组中也可以设置字体格式，如图 6-57 所示。

图 6-57　设置字体格式

3. 设置对齐方式

在"开始"选项卡的"对齐方式"选项组中可以设置对齐方式，其类型包括"顶端对齐""左对齐""垂直居中""居中"等方式。

在"设置单元格格式"对话框的"对齐"选项卡中也可以设置对齐方式，分别单击"水平对齐"和"垂直对齐"列表按钮，在弹出的列表中选择对齐方式即可，如图 6-58 所示。

图 6-58 设置对齐方式

提示：设置文本的方向

在"对齐"选项卡右侧的"方向"选项区域中用户还可以设置文本的方向。在"度"文本框中输入正数可使选中文本从左下角向右上角旋转；当输入负数时可使文本从左上角向右下角旋转。用户也可以手动调整文本指针，同时"度"文本框中将显示旋转的角度。

下面详细介绍各对齐方式的含义，如表 6-3 所示。

表 6-3 对齐方式

对齐方式	图标	功能
顶端对齐		将选中单元格中的数据沿单元格顶端对齐
垂直居中		将选中单元格中的数据上下居中对齐
底端对齐		将选中单元格中的数据沿单元格底端对齐
方向		单击此按钮可以在弹出的列表中选择对齐方式选项，如图 6-59 所示
左对齐		用于设置文本沿着单元格左对齐
居中		用于设置文本在单元格中水平居中对齐
右对齐		用于设置文本在单元格中水平右对齐
自动换行		可以使单元格中所有内容以多行形式全部显示出来

图 6-59 "方向"列表

4. 设置单元格的边框

在"开始"选项卡的"字体"选项组中单击"边框"右侧的列表按钮，在弹出的列表中可以设置线条的颜色、线型，然后在列表的"边框"区域选择应用的位置，也可以通过"绘制边框"手动设置边框，如图 6-60 所示。

在"设置单元格格式"对话框的"边框"选项卡中更能直观地设置边框的样式、颜色、应用的位置，而且可以预览效果，如图 6-61 所示。

图 6-60 "边框"的列表

图 6-61 "边框"选项卡

5. 设置填充颜色

在"开始"选项卡的"字体"选项组中单击"填充颜色"右侧的列表按钮，在弹出的列表中可以设置单元格填充的颜色。

在"设置单元格格式"对话框的"填充"选项卡中可以设置填充的颜色，还能设置填充效果，如图 6-62 所示。单击"填充效果"按钮，打开"填充效果"对话框，可以设置渐变的单元格填充颜色，如图 6-63 所示。

图 6-62 "填充"选项卡

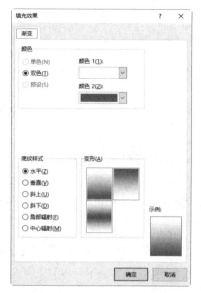
图 6-63 "填充效果"对话框

6. 设置数字格式

Excel 支持设置的数字格式有常规、数值、货币、会计专用、日期、时间、百分比、分数、文本、特殊和自定义等，具体设置方法有以下两种。

（1）"数字"选项组中设置：选中单元格区域，切换至"开始"选项卡，单击"数字格式"按钮，在弹出的列表中包含所有数字的格式，并且已展示设置后的效果，如图 6-64 所示。

图 6-64 "数字格式"列表

（2）"设置单元格格式"对话框：选择单元格区域后，打开"设置单元格格式"对话框，在"数字"选项卡的"分类"列表框中也可以选择数字格式选项，在右侧可以更详细地设置相关参数。例如，选择"货币"选项，可以设置小数位数、货币符号、负数，如图 6-65 所示。

图 6-65　设置货币格式

接下来将通过设置"数字格式"为"自定义"为表格中数值添加统一的单位。选择 C3:C11 单元格区域，打开"设置单元格格式"对话框，在"数字"选项卡中选择"自定义"选项，在右侧的"类型"文本框中输入"#"台""，单击"确定"按钮，在该单元格区域输入数值后，Excel 将自动在数值右侧添加"台"，如图 6-66 所示。

图 6-66　添加单位

6.3.4 单元格样式

Excel 提供了多种单元格样式，包括数据和模型、标题、主题单元格样式及数字格式等。选择单元格区域后，直接套用即可，当然，Excel 还支持以当前单元格样式作为基础修改创建新的样式。

选择需要应用单元格样式的单元格区域，切换至"开始"选项卡，单击"样式"选项组中"其他"按钮，在打开的列表中选择一种样式，如图 6-67 所示。选择样式后，选中的单元格区域将应用该样式。

如果需要自定义单元格样式，则可在列表中选择"新建单元格样式"选项，打开"样式"对话框，在"样式名"文本框中输入名称，单击"格式"按钮，如图 6-68 所示。打开"设置单元格格式"对话框，设置单元格的格式即可。

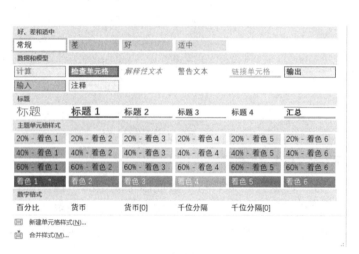

图 6-67 单元格样式库

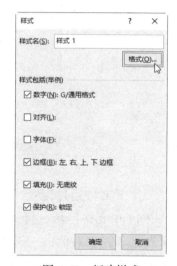

图 6-68 新建样式

如果需要修改某单元格样式，可以将光标定位在列表中需要修改的样式上并右击，在快捷菜单中选择"修改"命令，打开"样式"对话框，"样式名"中将显示修改的样式名称，单击"格式"按钮，在打开的对话框中修改即可。

6.3.5 表格格式

Excel 内置了 60 种表格格式，套用这些表格格式后，可以把格式集应用到整个数据区域并自动生成"表"。

1. 套用表格格式

选择单元格区域，切换至"开始"选项卡单击"样式"选项组中"套用表格格式"按钮，弹出的列表中包含了 Excel 内置的所有表格格式，如图 6-69 所示。接着，打开"套用表格格式"对话框，确定表数据的来源，然后单击"确定"按钮，即可为数据区域应用选中的表格格式，如图 6-70 所示。

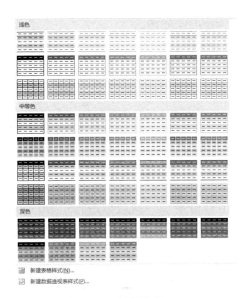

图 6-69 表格格式库

图 6-70 确定数据区域

2. 新建表样式

和单元格格式一样，Excel 也支持新建表格式。在列表中选择"新建表格样式"选项，打开"新建表样式"对话框，在"名称"文本框中输入名称，在"表元素"列表中选择需要设置的表格元素，然后单击"格式"按钮，如图 6-71 所示。打开"设置单元格格式"对话框可以发现，其中只包含"字体""边框"和"填充"3 个选项卡。

图 6-71 新建表样式

3. 表的应用

为表格套用表格格式后，就自动生成了"表"。"表"的每个标题字段的右侧均显示有下拉列表按钮，在列表中可以对该列数据进行排序和筛选，具体筛选操作将在以后介绍数据透视表时再详细介绍。

另外自动生成的"表"也会自动为数据区域命名，如"表1""表2"等。无论在表中添加数据还是删除数据，数据区域的名称都不会变，在以后使用公式或函数计算数据时可以很方便地引用表名称。"表"可以作为动态的数据库使用。

套用表格格式后，功能区将显示"表格工具 - 设计"选项卡，在此，用户可以进一步设置表格。例如，可添加"汇总行"对数据进行计算等。下面以添加"汇总行"为例介绍具体操作方法。

（1）打开"员工考核成绩.xlsx"工作表，为表格区域应用"蓝色，表样式中等深浅9"表格样式。

（2）切换至"表格工具 - 设计"选项卡，勾选"表格样式选项"选项组中的"汇总行"复选框。

（3）在表格下方添加汇总行，其默认作用是对最后一列数据进行求和，单击 H18 单元格右侧列表按钮，弹出的列表中将显示不同的计算方式，如图 6-72 所示。

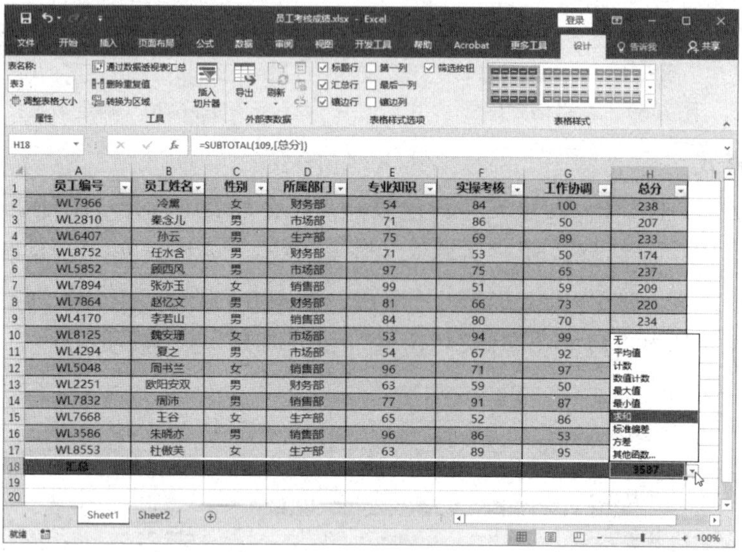

图 6-72　添加汇总行

（4）例如，选择"平均值"选项，即可在 H18 单元格中显示 H2:H17 单元格区域内数据的平均值，如图 6-73 所示。

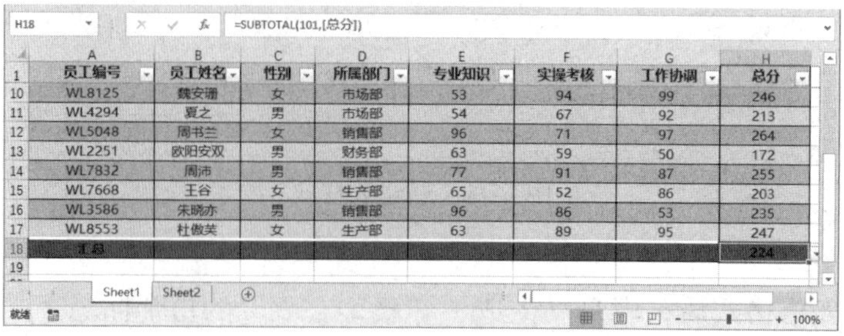

图 6-73　计算平均值

计算平均值的函数是 AVERAGE()，但是在选中 H18 单元格时，通过编辑栏可见，此处使用的是 SUBTOTAL() 函数。在介绍分类汇总数据时，也是使用 SUBTOTAL() 函数对数据进行求和、求平均值、求最大值等。该函数将在后面的章节详细介绍。

6.3.6 添加背景图像

在“设置单元格格式”对话框中可以为单元格设置填充底纹颜色，除此之外，Excel 也支持通过“背景”功能添加背景图像。在 Excel 中添加背景图像默认是为整个编辑区添加的，本节介绍如何在指定的数据区域显示背景图像，具体操作方法如下。

（1）打开“员工考核成绩 .xlsx”工作表，切换至“页面布局”选项卡，单击“页面设置”选项组中“背景”按钮。

（2）打开“插入图片”面板，单击“浏览”按钮，打开“工作表背景”对话框，选择合适的背景，单击“插入”按钮，如图 6-74 所示。

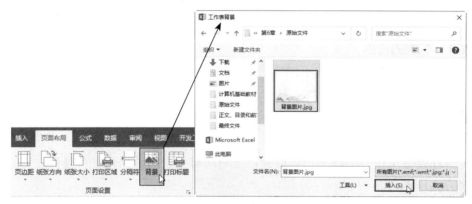

图 6-74 选择插入的背景图片

（3）返回工作表中，可见整个工作表都已添加选中的图像。接下来设置只为表格中数据区域填充图像。

（4）选择工作表所有单元格，单击“字体”选项组中“填充颜色”下三角按钮，在列表中选择白色，此时表格都填充了白色，所以图像被覆盖在下方。

（5）选择表格中数据区域，单击“填充颜色”列表按钮，在列表中选择“无填充”选项，此时在数据区域将显示背景图像，如图 6-75 所示。在工作表中底下一层是插入的背景图像，上一层是设置白色的填充，数据区域为无填充，所以数据区域显示背景图像。

员工编号	员工姓名	性别	所属部门	专业知识	实操考核	工作协调	总分
WL7966	冷黛	女	财务部	54	84	100	238
WL2810	秦念儿	男	市场部	71	86	50	207
WL6407	孙云	男	生产部	75	69	89	233
WL8752	任水含	男	财务部	71	53	50	174
WL5852	顾西风	男	市场部	97	75	65	237
WL7894	张亦玉	女	销售部	99	51	59	209
WL7864	赵亿文	男	财务部	81	66	73	220
WL4170	李若山	男	销售部	84	80	70	234
WL8125	魏安珊	女	市场部	53	94	99	246
WL4294	夏之	男	市场部	54	67	92	213
WL5048	周书兰	女	销售部	96	71	97	264
WL2251	欧阳安双	男	财务部	63	59	50	172
WL7832	周沛	男	销售部	77	91	87	255
WL7668	王谷	女	生产部	65	52	86	203
WL3586	朱晓亦	男	销售部	96	86	53	235
WL8553	杜傲芙	女	生产部	63	89	95	247

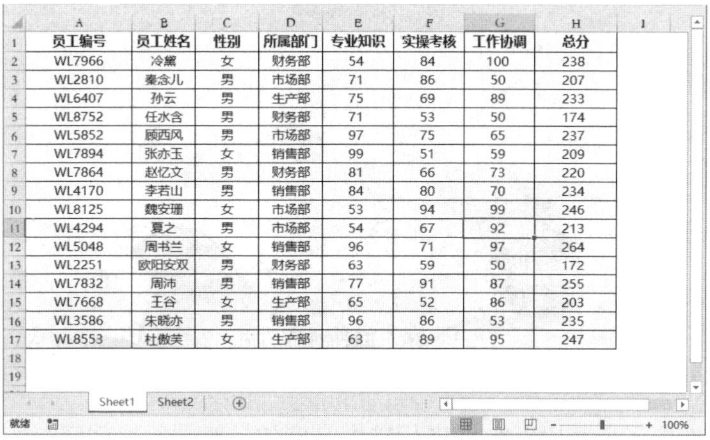

图 6-75 插入背景图像的效果

提示：删除背景图像

删除背景图像的方法为，切换至"页面布局"选项卡，单击"页面设置"选项组中"删除背景"按钮即可。

6.4 数据处理

在工作表中输入数据后，还需要对这些数据进行分析、处理，从中获取更加有价值的信息。本节将介绍使用排序、筛选、合并计算和分类汇总等功能对数据进行处理的方法。

为了方便对数据进行处理，在制作表格时需要注意将数据制作成矩形的数据区域；第一行为标题行；不需要合并单元格或制作斜线的表头等；每列数据的格式要统一。

6.4.1 数据的排序

对数据进行合理的排序有助于快速直观地组织和查找数据。Excel 提供了对数据进行排序的多种方式，如按行或列排序、按升序或降序排序，也可以自定义排序的顺序，还可根据背景或字体的颜色排序。

1. 简单排序

简单排序指在工作表中以一列数据为依据对所有关联的数据列进行排列。数据格式不同，排序方式也不同。

（1）数值格式：升序是按数值从小到大排序，降序是按数值从大到小排序。

（2）文本格式：升序是按字母从 A 到 Z 排序，降序是按字母从 Z 到 A 排序。

（3）日期和时间格式：升序是按数据从早到晚排序，降序是从晚到早排序。

简单排序的方法很简单，首先将光标定位在需要排序的数据区域任意单元格中，然后切换至"数据"选项卡，单击"排序和筛选"选项组中"降序"或"升序"按钮；或者右击单元格，在快捷菜单中选择"排序"命令，在子菜单中选择合适的排序方式，如图 6-76 所示。

图 6-76 两种排序方式

2. 复杂排序

复杂排序是按照多个字段对数据进行排序。例如，对"所属部门"按升序排序；相同部门再按总分降序排列。下面介绍具体操作方法。

（1）打开"员工考核成绩.xlsx"工作表，将光标定位在表格中任意单元格，切换至"数据"选项卡，单击"排序和筛选"选项组中"排序"按钮。

（2）打开"排序"对话框，单击"主要关键字"列表按钮，在弹出的列表中选择"所属部门"选项，然后单击"添加条件"按钮。

（3）在对话框中添加"次要关键字"，并设置为"总分"，单击"次序"列表按钮，在弹出的列表中选择"降序"选项，单击"确定"按钮，如图6-77所示。

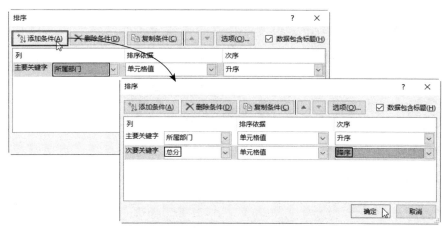

图6-77 设置排序的关键子

在"排序"对话框，Excel默认是按照单元格值进行排序的，单击"排序依据"列表按钮，弹出的列表中包括"单元格颜色""字体颜色"和"条件格式图标"选项，都可成为排序的依据。

如果想更改排序条件，则可进一步设置，单击"排序"对话框右上角"选项"按钮，打开"排序选项"对话框，在此设置排序的方向和方法，如图6-78所示。

图6-78 "排序选项"对话框

3. 自定义排序

自定义排序是将数据按照指定的顺序排列，不过Excel只支持基于数据创建自定义列表，而不能基于格式。例如，在"员工考核成绩.xlsx"工作表中将所属部分按照"市场部、销售部、财务部、生产部"排序，这种排序即不是按字母升序也不是降序，下面介绍具体操作方法。

（1）打开"员工考核成绩.xlsx"工作表，将光标定位在表数据区域任意单元格中。

（2）切换至"数据"选项卡，单击"排序和筛选"选项组中"排序"按钮。打开"排序"对话框，单击"主要关键字"列表按钮，在弹出的列表中选择"所属部门"选项，然后单击"次序"列表按钮，在弹出的列表中选择"系定义序列"选项。

（3）打开"自定义序列"对话框，在"输入序列"文本框中按顺序输入部门名称，单击"添加"按钮，如图6-79所示。

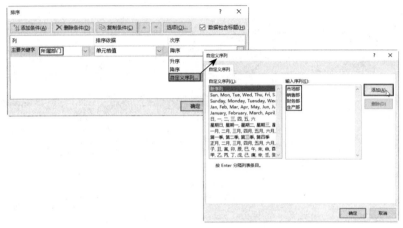

图 6-79　设置自定义列表

（4）单击"确定"按钮返回"排序"对话框，在"次序"文本框中将显示设置的部门排序，单击"确定"按钮即可按照自定义的顺序排序。

除了在"排序"对话框中打开"自定义序列"对话框外，用户还可以通过"Excel 选项"对话框打开。单击"文件"标签，选择"选项"选项，打开"Ecxel 选项"对话框，选择"高级"选项，在右侧单击"编辑自定义列表"按钮即可打开"自定义序列"对话框，添加自定义列表即可，如图6-80所示。

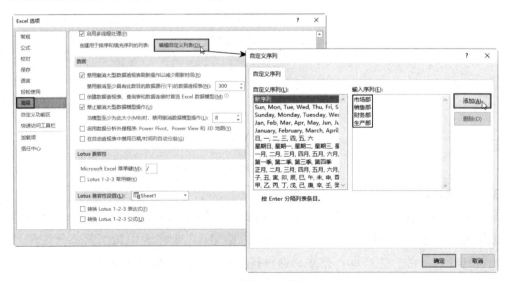

图 6-80　添加自定义列表

在 Excel 中设置自定义列表后，在单元格中输入任意部门名称，拖动填充柄即可以按自定义的顺序输入数据。

6.4.2 数据的筛选

筛选也是 Excel 数据分析中经常被使用的一个重要功能。筛选的数据将是满足特定条件的数据，其他数据将按行被隐藏起来。筛选的条件可以是数据、文本，也可以是设置的颜色等。

筛选数据可以按照单条件进行筛选，也可以按钮多条件进行筛选。

1. 自动筛选数据

自动筛选数据是根据用户设定的筛选条件自动将表格中符合条件的数据显示出来。例如，在"进销存表 .xlsx"工作簿中"采购表"工作表中筛选出采购数量大于等于 130 台的数据，下面介绍具体操作方法。

（1）打开"进销存表 .xlsx"工作簿中"采购表"工作表，选择表格中任意单元格。

（2）切换至"数据"选项卡，单击"排序和筛选"选项组中"筛选"按钮。

（3）表格进入筛选状态，单击"采购数量"右侧筛选按钮，在列表中选择"数字筛选"选项，在子列表中包含数字筛选的条件，选择"大于或等于"选项，如图 6-81 所示。

图 6-81 选择筛选条件

（4）打开"自定义自动筛选方式"对话框，在"大于或等于"右侧输入"130"，单击"确定"按钮，如图 6-82 所示。

图 6-82 设置筛选条件

（5）工作表中将只显示采购数量大于等于 130 的信息，其他内容均被隐藏。

在表格进入筛选状态时，列的数字格式不同，其筛选的列表也不同，图 6-81 是筛选的格式为数字时的"数字筛选"列表。当列表中数据是文本时，则显示"文本筛选"，如图 6-83 所示；当列表中数据是日期时，则显示"日期筛选"，如图 6-84 所示；当列表中数据是时间时，也显示"数字筛选"。

图 6-83　文本筛选　　　　　　　图 6-84　日期筛选

提示：设置多字段筛选

本示例中对"采购数量"进行筛选后，还可以对其他字段进行筛选，实现多列的自动筛选。

2. 高级筛选

高级筛选可以构建更为复杂的筛选条件，需要将构建的条件列在单独的区域，此时用户也可以为该区域命名以方便引用。在设置筛选条件时，需要使用运算比较符，如"="">""<"">="等。

设置筛选条件需要注意以下几点。

（1）筛选条件的标题与包含数据的标题一致。

（2）"与"条件可以将所有条件设置在同一行中，表示只有满足所有条件的数据才符合条件。

（3）"或"条件可以将所有条件设置在不同行中，表示只要满足其中一条的数据就符合条件。

例如，在"进销存表.xlsx"工作簿中的"各店面销售统计表"工作表内筛选出"国贸店"和"中关村店"中"联想"品牌销售数量大于等于 30 的数据，下面介绍具体的操作方法。

（1）打开"进销存表.xlsx"工作簿中的"各店面销售统计表"工作表，复制标题行并粘贴在表格的下方，注意要和表格之间有间隔。

（2）设置筛选的条件。

（3）将光标定位在表格的数据区域，切换至"数据"选项卡，单击"排序和筛选"选项组中"高级"按钮。

（4）打开"高级筛选"对话框，"列表区域"文本框中将显示原数据区域，单击"条件区域"右侧折叠按钮，如图 6-85 所示。在对话框中的"方式"选项区域中可以选择"将筛选结果复制到其他位置"单选按钮，然后"复制到"被激活，设置复制到的位置可以将筛选结果复制到指定的位置，原数据区域不会变化。

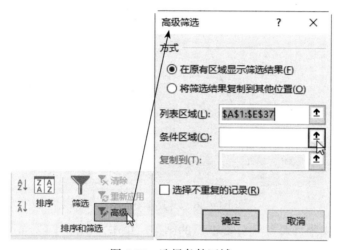

图 6-85 选择条件区域

（5）在工作表中选择 A40:E42 单元格区域。

（6）单击"确定"按钮，即可显示满足条件区域的数据。

提示：清除筛选

自动筛选时，单击筛选标题右侧的筛选按钮，在列表中选择"从'xxx'中清除筛选"选项即可。

如果需要清除表格中所有筛选或高级筛选，可以在"数据"选项卡的"排序和筛选"选项组中单击"清除"按钮。

6.4.3 分类汇总

分类汇总是对数据列表中的数据进行分类，再在分类的基础上进行汇总。在 Excel 中进行汇总方式有很多，如求和、求平均值、最大值和最小值等。分类汇总的结果将分级显示。

1. 创建分类汇总

分类汇总需要按照表格数据中的分类字段进行汇总，在分类汇总前需要对分类的字段进行排序。例如，在"员工工资表.xlsx"工作表中根据部分汇实发工资，下面介绍具体操作方法。

（1）打开"员工工资表.xlsx"工作簿，选中表格内"部门"列的任意单元，切换至

“数据”选项卡，单击“排序和筛选”选项组中“升序”按钮，对汇总字段进行排序，无论是升序还是降序都没问题。

（2）在“数据”选项卡的“分级显示”选项组中单击“分类汇总”按钮。

（3）打开“分类汇总”对话框，设置“分类字段”为“部门”，汇总方式为求和，在“选定汇总项”列表框中勾选“实发工资”复选框，单击“确定”按钮，如图 6-86 所示。

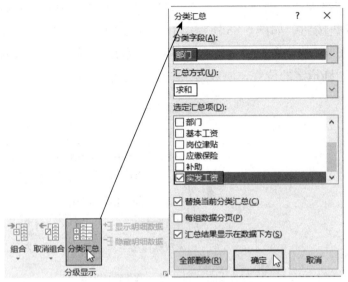

图 6-86　设置分类汇总

（4）返回工作表中，可看到分类汇总的结果。单击左侧的“+”或“−”号可以显示或隐藏数据，如图 6-87 所示。

	员工编号	姓名	学历	部门	基本工资	岗位津贴	应缴保险	补助	实发工资
7				财务部 汇总					¥20,200.00
12				人事部 汇总					¥14,780.00
22				销售部 汇总					¥26,100.00
23	WL792595	李若铜	本科	研发部	¥3,500.00	¥580.00	¥1,100.00	¥1,000.00	¥3,980.00
24	WL830461	关云长	研究生	研发部	¥3,500.00	¥580.00	¥1,100.00	¥1,000.00	¥3,980.00
25	WL846572	乔治	研究生	研发部	¥3,500.00	¥580.00	¥1,100.00	¥1,000.00	¥3,980.00
26				研发部 汇总					¥11,940.00
27				总计					¥73,020.00
28									

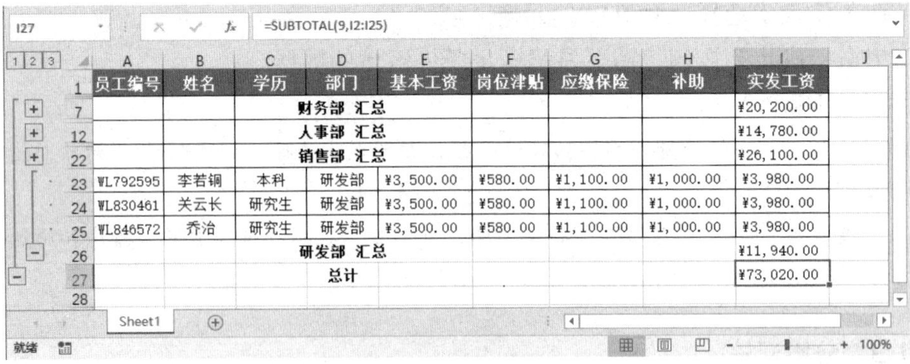

图 6-87　分类汇总的效果

“分类汇总”对话框下面包含 3 个复选框，其含义如下。

- “替换当前分类汇总”：对表格进行分类汇总后，还可以再次分类汇总，如果勾选该复选框，则 Excel 会替换之前的分类汇总，如果取消勾选，则 Excel 将在之前分类汇总基础上再次按设置的分类字段汇总。
- “每组数据分页”：勾选该复选框，每个分类汇总后将会有一个自动分页符，在打印时可将每组分别打印在一页中。

● "汇总结果显示在数据下方"：勾选该复选框，则每组汇总的数据在行的下方，否则在行的上方。

如果需要删除分类汇总的数据，则可以再次打开"分类汇总"对话框，单击"全部删除"按钮即可。

如果要取消分类汇总的分级显示，则可以在"数据"选项卡的"分级显示"选项组中单击"取消组合"列表按钮，在弹出的列表中选择"清除分级显示"选项即可。

6.4.4 合并计算

如果要汇总多个单独的工作表中的数据，可以将工作表中的数据合并到一个主工作表中，被合并的数据可以在同一工作簿也可以在不同的工作簿中。

例如，在"2023年上半年各店面销售统计表.xlsx"工作簿中包含3个店面的工作表，将3张工作表中数据汇总到"主工作表"中，并对销量进行求和，下面介绍具体操作方法。

（1）打开"2023年上半年各店面销售统计表.xlsx"工作簿，切换至"主工作表"工作表中并将光标定位在A1单元格。

（2）切换至"数据"选项卡，单击"数据工具"选项组中"合并计算"按钮。

（3）打开"合并计算"对话框，设置"函数"为"求和"，再单击"引用位置"右侧折叠按钮，如图6-88所示。

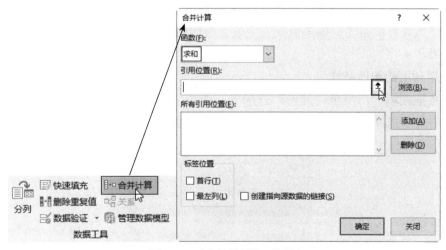

图6-88 "合并计算"对话框

（4）返回工作表中，切换至"中关村店"工作表，选择A1:B6单元格区域，单击"折叠"按钮返回"合并计算"对话框，在"引用位置"文本框中显示添加的单元格区域，单击"添加"按钮，即可将之添加到"所有引用位置"的列表中，如图6-89所示。

（5）根据相同的方法将国贸店和百脑汇店中数据都添加到"所有引用位置"中，在"标签位置"选项区域中勾选"首行"和"最左列"筛选框，单击"确定"按钮，如图6-90所示。

图 6-89 添加数据

图 6-90 添加所有数据

（6）返回"主工作表"中，即可在 A1 单元格处添加汇总数据，后设置文本格式和边框即可。

如果各个表格最左列和首行完全相同，那么在"合并计算"对话框中就不需要勾选"首行"和"最左列"复选框。如果勾选"创建指向源数据的链接"复选框，则修改过的分表格中的数据会自动更新到主表格中。

6.4.5 条件格式

设置条件格式可以轻松地突出显示某些单元格或单元格区域、强调特殊值和可视化数据。条件格式具有动态性，如果值发生更改，对应格式也将自动调整单元格或单元格区域的显示效果。

1. 使用预置的条件格式

选择数据区域，切换至"开始"选项卡，单击"样式"选项组中"条件格式"按钮，在弹出的列表中选择条件格式的选项，如图 6-91 所示。

图 6-91 条件格式的列表

各项条件规则的功能说明如下。
- "突出显示单元规则"：通过使用大于、小于、等于和包含等比较运算符限定数据范围，设定属于该数据范围内的单元格格式。例如，在员工考核成绩工作表中，将所有大于 200 分的数据以"浅红填充色深红色文本"格式突出显示。

● "最前 / 最后规则"：可为选定单元格区域中的前若干个最高值或后若干个最低值、高于或低于平均值的单元格设置特殊格式。例如，在成绩表中"黄填充色深黄色文本"显示前 10 名成绩的数据。

● "数据条"：可以直观地表现数据的大小，数据越大数据条就越长，数据越小数据条就越短。在比较一组数据时，其可以设置大于指定数值的单元格应用数据条显示。

● "色阶"：通过使用几种颜色的渐变效果以比较单元格区域中的数据。Excel 基本是根据平均值切分数据的，大于平均值是一种颜色，平均值是一种颜色，小于平均值是一种颜色。

● "图标集"：使用图标对单元格区域中的数据进行注释，每一个图标代表一个值的范围，图标集包含方向、形状、标记和等级 4 种类型。

下面实例将在"员工考核成绩 .xlsx"工作表中标记出总分最高的 3 位数据，并以浅黄色填充红色字体显示，具体操作方法如下。

（1）打开"员工考核成绩 .xlsx"工作表，选择"总分"列中的数据区域，即 H2:H17 单元格区域。

（2）切换至"开始"选项卡，单击"样式"选项组中"条件格式"按钮，在弹出的列表中选择"最前 / 最后规则"→"前 10 项"选项。

（3）打开"前 10 项"对话框，在左侧文本框中输入"3"，单击"设置为"列表按钮，在列表中选择"自定义格式"选项。

（4）打开"设置单元格格式"对话框，设置字体颜色为红色，填充为浅黄色，单击"确定"按钮，如图 6-92 所示。

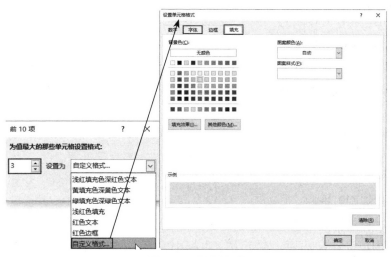

图 6-92　设置格式

（5）返回工作表中可见总分最高的 3 个单元格已被应用设置的格式。

2. 管理规则

如果同一单元格区域中被应用了多个条件格式，那么用户可以管理各条件的优先级别。选择应用多个条件格式的单元格区域，单击"条件格式"按钮，在弹出的列表中选择"管理规则"选项。打开"条件格式规则管理器"对话框，选择"前3个"条件，然后单击"上移"按钮，并勾选"前3个"右侧的"如果为真则停止"复选框，单击"确定"按钮，如图6-93所示。

图 6-93　管理规则

此时，在单元格区域中，如果先满足"前3个"规则，则将不会再显示"单元格值>230"规则的格式了。

在"条件格式规则管理器"对话框中，用户还可以新建规则、编辑规则和删除规则。

提示：如果为真则停止

为某区域设置多个条件时，优先级最高的规则先执行，然后再执行下一个规则，直至结束，若某规则开启"如果为真则停止"功能，则一旦满足该规则，Excel 将不再执行在其级别后的规则。

3. 自定义条件格式规则

如果 Excel 内置的条件不能满足需要，则用户可以新建规则。例如，在"员工考核成绩.xlsx"工作表中使总分最高的数据这一列以浅黄色填充字体加粗显示，具体操作如下。

（1）打开"员工考核成绩.xlsx"工作表，选择 A2:H17 单元格区域，即所有数据区域。

（2）切换至"开始"选项卡，单击"样式"选项组中"条件格式"按钮，在弹出的列表中选择"新建规则"选项。

（3）打开"新建格式规则"对话框，在"选择规则类型"列表框中选择"使用公式确定要设置格式的单元格"选项，在下方文本框中输入"=$H2=MAX($H$2:$H$17)"公式，单击"格式"按钮，如图6-94所示。

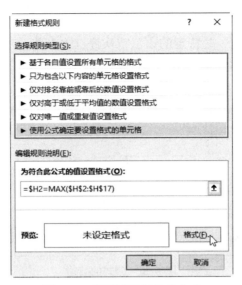

图 6-94 设置满足条件的公式

（4）打开"设置单元格格式"对话框，设置填充色为浅黄色，字体加粗显示，单击"确定"按钮。

（5）返回工作表中，可见总分最高的数据这一行应用设置的格式，如图 6-95 所示。

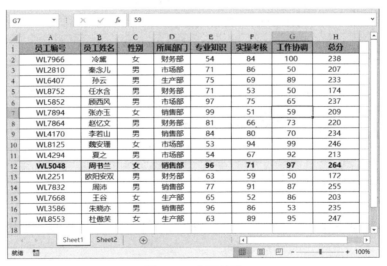

图 6-95 查看效果

在"新建格式规则"对话框中输入的公式"MAX()"是一个 Excel 函数，其作用是计算指定区域的最大值。

6.5 公式和函数

公式和函数是 Excel 中非常重要的工具，用户可以通过公式和函数很轻松地计算、分析数据。Excel 提供了丰富的实用函数，通过各种运算符和函数可以构造出复杂的公式以满足各类计算的需求。

6.5.1 公式的基础

在 Excel 中，公式遵循一些特定的语法或次序。本节将介绍公式的基础，包括公式的结构、运算符和公式的基本操作。

1. 公式的结构

Excel 公式以等号（=）开始，公式中可以包括单元格的引用、运算符、常量及函数等，公式的结构如图 6-96 所示。

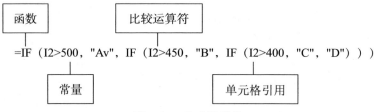

图 6-96 公式的结构

除图 6-96 中的元素之外，公式的元素还有命名的名称以及逻辑值等。表 6-4 介绍了公式的组成元素。

表 6-4 公式的组成元素

组成元素	说明	示例
函数	预先编写好的公式，直接使用可计算出结果	=SUM(B2:B10)
单元格引用	引用工作表中的数据所在的单元格的位置	B2，B2:B10
常量	公式中直接输入的数字或文本值	12，"利率"
运算符	公式中执行运算的类型	+、-、*
名称	为单元格或单元格区域定义的名称	销售金额
逻辑值	用于判断真假、对错的	TRUE、FALSE

其中单元格的引用、名称和函数将在以后的节中介绍。

2. 公式中的运算符

Excel 的运算符主要分为 4 种类型，即算术运算符、比较运算符、引用运算符和文本运算符。

（1）算术运算符：可以进行数学运算，包括加、减、乘、除和百分比等。

（2）比较运算符：主要用于比较两个数值或单元格引用的大小，返回逻辑值 TRUE 或 FALSE，如果满足条件则返回 TRUE，否则返回 FALSE。

（3）引用运算符：用于进行单元格之间的引用。

（4）文本运算符：主要用于将多个字符进行联合，产生一个大的文本，通过"&"符号连接。

下面通过表格介绍运算符的含义和示例，如表 6-5 所示。

表 6-5 运算符的含义和示例

类 型	运算符号	意 义	示 例
算术运算符	+（加号）	加法运算	=A2+B2
	−（减号）	减法运算	=A2−B2
	*（乘号）	乘法运算	=A2*B2
	/（除号）	除法运算	=A2/B2
	%（百分号）	百分比运算	50%
	^（脱字号）	乘方运算	2^3=8
比较运算符	=（等于号）	等于	=1=1 返回 TRUE
	>（大于号）	大于	=1>2 返回 FALSE
	<（小于号）	小于	=1<2 返回 TRUE
	>=（大于或等于号）	大于或等于	=1>=2 返回 FALSE
	<=（小于或等于号）	小于或等于	=1<=2 返回 TRUE
	<>（不等于号）	不等于	=1<>2 返回 TRUE
引用运算符	:（冒号）	区域运算	A1:B7
	,（逗号）	联合运算	A1:B7,D1:F7
	（空格）	交叉运算	A1:B7 D1:F7
文本运算符	&（与号）	将多个值连接在一起	="Excel"&"2016" 返回 Excel2016

公式中常包含多种运算，当公式的运算顺序改变时，所计算的结果也是不同的，因此用户在使用公式计算时，一定要熟知运算符的运算顺序以及更改顺序的方法。

公式的运算顺序是按照特定次序计算的，通常情况下是从左向右的顺序进行运算，但是当公式中包含多个运算符，则要按照一定的规则的次序进行计算。以表格的形式介绍运算符的顺序，按从上到下的次序进行计算，如表 6-6 所示。

表 6-6 运算符的运算顺序

优先级	运算符	说 明
1	:（冒号）	区域运算
2	（空格）	交叉运算
3	,（逗号）	联合运算
4	−（负号）	负号
5	%（百分号）	百分比
6	^（脱字号）	乘方运算
7	* 和 /	乘法和除法
8	+ 和 −	加法和减法
9	&	连接文本字符
10	=、<、>、<=、>= 和 <>	比较运算符

3. 公式的基本操作

公式的基本操作包括公式的输入、复制、修改等。

1）输入公式

在 Excel 中输入公式的方法与输入普通文本类似。方法为先选择单元格，然后再输入等号"="，表示输入的内容是公式，系统会将其判断为公式。接着输入公式的内容，最后按 Enter 键确认结果，如果输入的是数组公式，则需要按 Ctrl+Shift+Enter 组合键。

在输入公式时，应在英文状态下输入，这样才能保证运算符、括号、引号和逗号等各种对象均是英文状态下的符号，Excel 才能正确识别。

2）复制公式

复制公式通常用于需要输入大量相同公式的表达式时，可以快速批量计算出结果。在复制公式时，公式中的单元格引用会随着粘贴单元格的位置而变化。

下面介绍两种常用的复制公式的方法。

（1）复制粘贴公式。选择需要复制公式所在的单元格，按 Ctrl+C 组合键复制，单元格将被虚线选中。接着选择需要粘贴公式所在的单元格区域，按 Ctrl+V 组合键即可。

（2）填充公式。选择公式所在的单元格，拖动填充柄进行填充；或者选择单元格区域，使公式所在单元格位于最上方，在"填充"列表中选择"向下"选项，即可完成填充公式。

3）修改公式

选择公式所在的单元格，将光标定位在编辑栏中，按修改数据的方法即可修改公式，最后按 Enter 键确认结果。或者双击公式所在的单元格，公式将变为可编辑状态，修改公式即可。

6.5.2 单元格的引用

在公式中引用单元格就是引用单元格内的数据进行计算，因此，正确地引用单元格才能得到正确的计算结果。在 Excel 中引用单元格一般有 3 种方式，即相对引用、绝对引用和混合引用。

1. 相对引用

相对引用时公式中单元格的引用会随着公式所在单元格的位置变化而变化。当公式所在的单元格移动时，其引用的单元格也会跟随变化。Excel 2016 中默认的单元格引用就是相对引用。

例如，在 H2 单元格中输入"=E2+F2+G2"公式，即可将其左侧 3 个单元格中数据相加，公式中"E2""F2"和"G2"就是相对引用。将公式向下填充到 H3 单元格，其中公式也会变为"=E3+F3+G3"，随着目标单元格移动其引用的单元格的行号和列标都将发生变化，如图 6-97 所示。

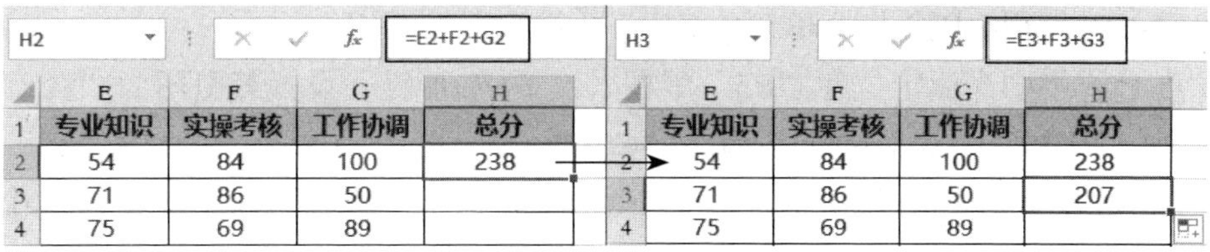

H2　=E2+F2+G2

	E	F	G	H
1	专业知识	实操考核	工作协调	总分
2	54	84	100	238
3	71	86	50	
4	75	69	89	

H3　=E3+F3+G3

	E	F	G	H
1	专业知识	实操考核	工作协调	总分
2	54	84	100	238
3	71	86	50	207
4	75	69	89	

图 6-97　相对引用

2. 绝对引用

绝对引用和相对引用是对立的，即公式所在的单元格发生改变时，引用的单元格不随之变化。

绝对引用的方法：选择需要单元格，然后输入公式，将光标定位需要绝对引用的单元格名称上，按 F4 功能键即可在行号和列标左侧添加“$”符号（当然，用户也可以在英文状态下直接输入该符号）。将公式填充后，添加绝对符号的单元格引用不会发生变化。

例如，所有商品的折扣率是 15%，将所有商品单价分别与折扣率进行计算即可。折扣率所在的单元格是不需要变化的。在 E2 单元格中输入“=D2*(1-$F$2)”公式，将公式向下填充至 E13 单元格，可以发现添加“$”符号后，在填充的公式中引用的 F2 单元格不会改变，如图 6-98 所示。

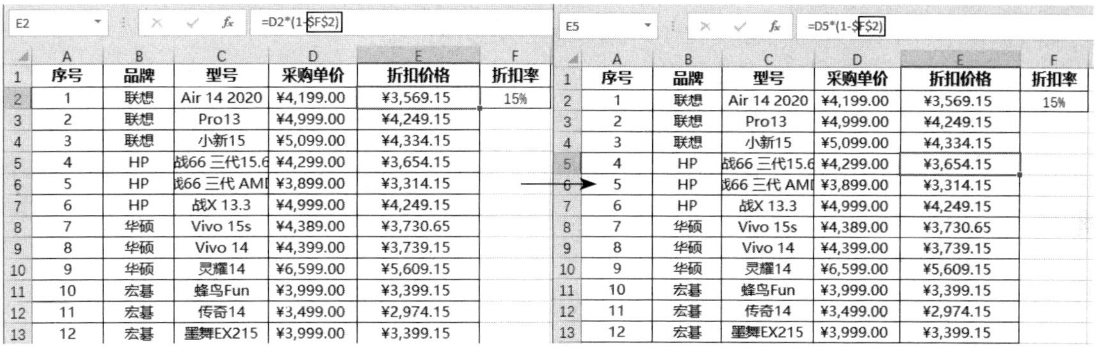

E2　=D2*(1-$F$2)

	A	B	C	D	E	F
1	序号	品牌	型号	采购单价	折扣价格	折扣率
2	1	联想	Air 14 2020	¥4,199.00	¥3,569.15	15%
3	2	联想	Pro13	¥4,999.00	¥4,249.15	
4	3	联想	小新15	¥5,099.00	¥4,334.15	
5	4	HP	战66 三代15.6	¥4,299.00	¥3,654.15	
6	5	HP	战66 三代 AMI	¥3,899.00	¥3,314.15	
7	6	HP	战X 13.3	¥4,999.00	¥4,249.15	
8	7	华硕	Vivo 15s	¥4,389.00	¥3,730.65	
9	8	华硕	Vivo 14	¥4,399.00	¥3,739.15	
10	9	华硕	灵耀14	¥6,599.00	¥5,609.15	
11	10	宏碁	蜂鸟Fun	¥3,999.00	¥3,399.15	
12	11	宏碁	传奇14	¥3,499.00	¥2,974.15	
13	12	宏碁	墨舞EX215	¥3,999.00	¥3,399.15	

E5　=D5*(1-$F$2)

	A	B	C	D	E	F
1	序号	品牌	型号	采购单价	折扣价格	折扣率
2	1	联想	Air 14 2020	¥4,199.00	¥3,569.15	15%
3	2	联想	Pro13	¥4,999.00	¥4,249.15	
4	3	联想	小新15	¥5,099.00	¥4,334.15	
5	4	HP	战66 三代15.6	¥4,299.00	¥3,654.15	
6	5	HP	战66 三代 AMI	¥3,899.00	¥3,314.15	
7	6	HP	战X 13.3	¥4,999.00	¥4,249.15	
8	7	华硕	Vivo 15s	¥4,389.00	¥3,730.65	
9	8	华硕	Vivo 14	¥4,399.00	¥3,739.15	
10	9	华硕	灵耀14	¥6,599.00	¥5,609.15	
11	10	宏碁	蜂鸟Fun	¥3,999.00	¥3,399.15	
12	11	宏碁	传奇14	¥3,499.00	¥2,974.15	
13	12	宏碁	墨舞EX215	¥3,999.00	¥3,399.15	

图 6-98　绝对引用

3. 混合引用

混合引用指相对引用和绝引用相结合的形式，即在引用单元格时包括相对行绝对列或是绝对行相对列。

混合引用时，在公式中输入引用的单元格，按一次 F4 功能键是绝对引用（$E$2）；按两次 F4 功能键是相对列绝对行引用（E$2）；按三次 F4 功能键是绝对列相对行引用（$E2）；按四次 F4 功能键是相对引用（E2）。

例如，某商场销售活动，购买商品 50 台以下的，折扣率为 10%；50~100 台的折扣率为 15%；100 台以上折扣率为 20%。现在分别计算各商品不同折扣价格，具体操作如下。

（1）打开“进销存 .xlsx”工作簿，切换至“商品折扣价格”工作表。

（2）在 C5 单元格中输入“=B5*(1-C2)”公式。

（3）在公式将中光标定位在“B5”中按 3 次 F4 功能键，设置其引用为“$B5”；定位在“C2”中，按 2 次 F4 功能键，设置为“C$2”。

（4）将 C5 单元格中的公式向右填充至 E5 单元格中，将 C5:E5 单元格区域中公式向下填充至 E16 单元格，如图 6-99 所示。

	B	C	D	E
1	销售数量	50台以下	100台	100台以上
2	折扣率	10%	15%	20%
3	采购单价	折扣价格		
4		50台以下	100台	100台以上
5	¥4,199.00	=$B5*(1-C$2)		
6	¥4,999.00			
7	¥5,099.00			
8	¥4,299.00			
9	¥3,899.00			
10	¥4,999.00			
11	¥4,389.00			
12	¥4,399.00			
13	¥6,599.00			
14	¥3,999.00			
15	¥3,499.00			
16	¥3,999.00			

D7 =$B7*(1-D$2)

	B	C	D	E
1	销售数量	50台以下	100台	100台以上
2	折扣率	10%	15%	20%
3	采购单价	折扣价格		
4		50台以下	100台	100台以上
5	¥4,199.00	¥3,779.10	¥3,569.15	¥3,359.20
6	¥4,999.00	¥4,499.10	¥4,249.15	¥3,999.20
7	¥5,099.00	¥4,589.10	¥4,334.15	¥4,079.20
8	¥4,299.00	¥3,869.10	¥3,654.15	¥3,439.20
9	¥3,899.00	¥3,509.10	¥3,314.15	¥3,119.20
10	¥4,999.00	¥4,499.10	¥4,249.15	¥3,999.20
11	¥4,389.00	¥3,950.10	¥3,730.65	¥3,511.20
12	¥4,399.00	¥3,959.10	¥3,739.15	¥3,519.20
13	¥6,599.00	¥5,939.10	¥5,609.15	¥5,279.20
14	¥3,999.00	¥3,599.10	¥3,399.15	¥3,199.20
15	¥3,499.00	¥3,149.10	¥2,974.15	¥2,799.20
16	¥3,999.00	¥3,599.10	¥3,399.15	¥3,199.20

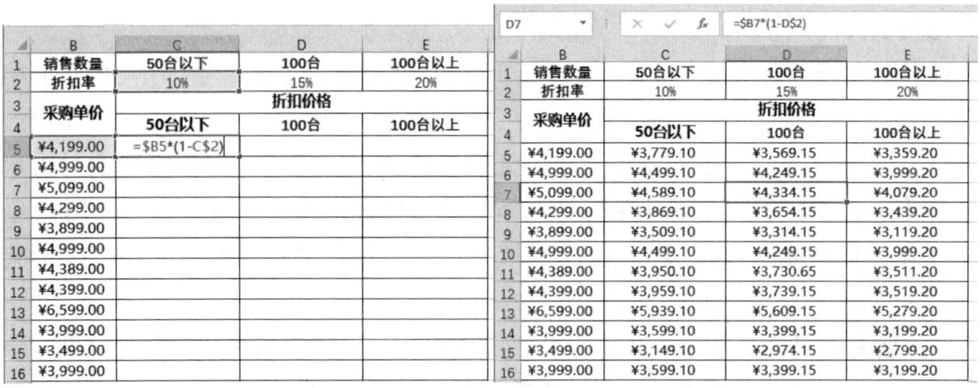

图 6-99　填充公式

（5）计算出所有商品不同的折扣价格后，选择数据区域任意单元格，如 D7 单元格，则公式为“=$B7*(1-D$2)”，可见“$B7”中绝对列 B 列没改变，只是行号变化了，“D$2”中绝对行没有变化，只是列标变化了，这就是混合引用。

4. 引用其他工作表中的数据

在 Excel 中引用其他工作表的数据可以分为引用同一工作簿中不同工作表中的数据和引用不同工作簿中的数据。这两种引用都既可以通过手动输入公式引用也可以选择引用单元格。

1）手动输入引用单元格

在同一工作簿中引用不同工作表中的数据时，公式统一格式为：工作表名称 +“！”+ 单元格或单元格区域。例如，公式“= 百脑汇店 !B2+ 国贸店 !B6+ 中关村店 !B2”，引用同一工簿中 3 个不同工作表中的数据，如图 6-100 所示。

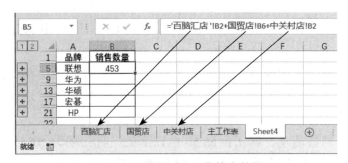

图 6-100　引用同一工作簿中数据

在不同工作簿中引用数据时，可打开需要引用的工作簿，则公式格式为“[工作簿名 .xlsx] 工作表名称”+“！”+“单元格或单元格区域”。例如，公式“=VLOOKUP(C2,[采购表.xlsx]Sheet1!$C$2:$D$13,2,FALSE)",用于引用打开的"采购表 xlsx"工作簿中"Sheet1 工作表"中的"C2:D13"单元格区域,如图 6-101 所示。

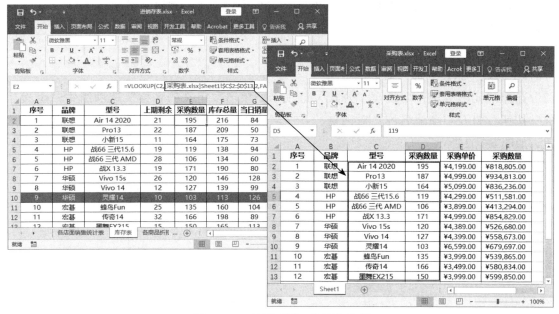

图 6-101　引用不同工作簿中数据

2)选择引用单元格

在工作表中选择输入公式的单元格,将光标定位在编辑栏中并输入"=",如果需要引用单元格中数据,可直接切换至对应的工作簿中的工作表通过鼠标选择即可。

6.5.3　名称的使用

Excel 支持为单元格、单元格区域或常量等定义名称,在使用公式计算时可直接以该名称参与计算,这样表现更直观。而且使用名称计算数据时不需要考虑单元格的引用,可避免出现错误。

1. 名称的语法规则

在 Excel 中定位名称时要遵循一定的语法规则。

(1)唯一性:在其使用范围内,定义的名称应是唯一的,不能重名。

(2)使用有效的字符:名称中第一个字符必须是字母、下划线"_"或反斜线"\"。不能使用 C、c、R 和 r 作为名称。

(3)不能与单元格地址重名:名称不能用工作表中包含的单元格名称。

(4)不能使用空格:名称中不能使用空格。

(5)名称长度:名称的长度最多为 255 个字符。

(6)不区分大小写:定义名称时可以输入大小写字母,但是 Excel 是不区分大小写的。例如,定义名称为 number,在公式中引用时其既可以是 Number 或 NUMBER,都表示引用的是同一区域。

2. 定义名称

只有定义名称之后才能使用，如果使用未定义的名称，则 Excel 将返回错误值。通常定义名称有 3 种方法，即通过"新建名称"对话框定义、名称框定义、根据所选内容定义。

1）通过"新建名称"对话框定义

选择单元格区域，切换至"公式"选项卡，单击"定义的名称"选项组中"定义名称"按钮。打开"新建名称"对话框，在"名称"文本框中输入名称，单击"确定"按钮，如图 6-102 所示。

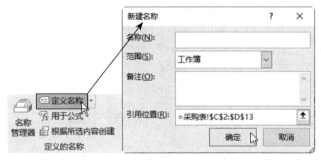

图 6-102 "新建名称"对话框

在"新建名称"对话框中，单击"范围"列表按钮，在弹出的列表中可以设置名称使用的范围，默认是整个工作簿，也可以选择某个工作表，则表示该名称只能在该工作表中使用。在"引用位置"中显示了定义名称的单元格区域。

2）使用名称框定义

在定义名称时，可以使用一种便捷的方法，就是使用名称框。首先选择单元格区域，然后在名称框内输入名称，最后按 Enter 键即可。单击名称框右侧列表按钮，在弹出的列表中可以查看定义的名称。

使用名称框定义的范围是工作簿级别，定义的单元格或单元格区域为绝对引用。

3）根据所选内容创建

如果需要对表格中首行或某列定义名称，则使用以上两种方法会很麻烦，此时可使用"根据所选内容创建"功能快速定义多个名称。

选择单元格区域，该区域内将包含标题栏，而且在区域的最上方或最左侧。切换至"公式"选项卡，单击"定义的名称"选项组中"根据所选内容创建"按钮，打开"根据所选内容创建名称"对话框，勾选"首行"和"最左列"复选框，单击"确定"按钮，如图 6-103 所示。

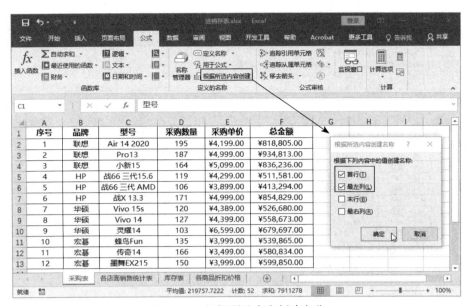

图 6-103 根据所选内容创建名称

定义完名称后可以验证一下。例如，在"名称框"中输入"采购数量"，按 Enter 键后即可选中"采购数量"列下方的数据区域。如果输入"小新 15"，则会选中该型号右侧的数据区域。如果输入"小新 15 采购数量"，则会选中"小新 15"的"采购数量"所在的单元格，即 D4 单元格。

3. 名称的应用

在公式中使用名称时，如果对工作簿的中名称很熟悉，则可以直接输入已定义的名称。如果不太清楚，则可以切换至"公式"选项卡，单击"定义的名称"选项组中"用于公式"按钮，在弹出的列表中选择需要使用的名称选项即可。

下面通过在"库存表"中使用名称计算"当日销量"实例介绍名称的应用。首先，在"各店面销售统计表"工作表中定义 D2:D37 单元格区域名称为"型号"、定义 E2:E37 单元格区域名称为"销售数量"，下面介绍名称应用的具体方法。

（1）打开"库存统计表 .xlsx"工作簿，切换至"库存表"工作表，选择 G2 单元格，输入"SUMIF("。

（2）第 1 个参数引用"各店面销售统计表"工作表中"型号"名称，接着直接输入"型号"。

（3）再输入",C2,"，此时公式为"=SUMIF(型号 ,C2,"。

（4）切换至"公式"选项卡，单击"定义的名称"选项组中"用于公式"按钮，在弹出的列表中选择"销售数量"选项，如图 6-104 所示。

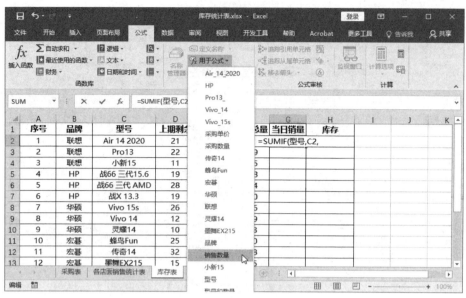

图 6-104　选择名称选项

（5）最后输入"）"，按钮 Enter 键确认。将公式向下填充至 G13 单元格。

在"用于公式"列表中也可以选择"粘贴名称"选项，打开"粘贴名称"对话框，选择名称选项，单击"确定"按钮，如图 6-105 所示。

图 6-105　"粘贴名称"对话框

6.5.4　函数的基础

函数实际上是一类特殊的、事先编辑好的公式，主要处理基本的四则运算无法处理的问题。函数是 Excel 中最重要的部分，在数据处理和分析方面尤为重要，可以轻松完成对复杂数据的处理。

1. 认识函数

Excel 中的函数很多，基本上能服务很多行业，因此学好函数可以轻松完成诸多复杂的工作。

函数通常表示为"函数名([参数 1],[参数 2],…)"，括号中的参数可以有多个，之间用英文逗号隔开。中括号中的参数是可选的，没有中括号的参数是必需的。在 Excel 中大部分的函数都是有参数的，但也有的函数是无参数的，如 TODAY()、NOW() 函数，只需要输入"=TODAY()"即可执行计算。

在函数中可以调用另一个函数，即一个函数可以作为另一个函数的参数，这就是嵌套函数。Excel 2016 中函数嵌套不能超过 64 层。

Excel 中的函数是不区分大小写的，函数的结构和公式的结构类似，此处不再展示。

2. 函数的类型

Excel 中有 13 大类上百种函数，并且随着 Excel 的版本升级，微软公司还在不断更新更多的函数。其中包括日期和时间函数、数学与三角函数、统计函数和查找与引用函数等。

1）财务函数

财务函数主要用于财务领域的计算，如计算债券的利息、结算日的天数，还包括固定资产折旧的相关函数。

典型的财务函数如 FV()、ACCRINT()、DB()、PMT()、NPV()、SLN() 等。

2）日期与时间函数

日期与时间函数主要用于计算日期和时间，如计算两个日期间相关的天数、两个日期之间完整工作日数、计算日期的年份值等。

典型的日期与时间函数如 DATE()、DAYS360()、HOUR()、MONTH()、WEEKDAY()、TODAY()、YEAR() 等。

3）数学与三角函数

数学与三角函数主要用于计算数据，如求和、绝对值、向下取整数、两数值相除的余数、数据列表的分类汇总。

典型的数学与三角函数如 INT()、MOD()、RAND()、SUMIF()、SUM()、SUBTOTAL()、PRODUCT()、ROUND() 等。

4）统计函数

统计函数用于对数据区域执行统计分析，如求平均值、最大值、最小值、统计个数、返回数据组中第 n 个最小值等。

典型的统计函数如 MAX()、AVERAGE()、RAND()、SUMIF()、RANK()、SMLL() 等。

5）查找与引用函数

查找与引用函数用于在数据区域中查找指定的数值或是查找某单元格的引用，如根据给定的索引值，从参数中选出相应值或操作时可以使用 CHOOSE()；以指定的引用为参照系，通过给定偏移量返回新的引用时可以使用 OFFSET()。

典型的查找与引用函数如 ADDRESS()、HLOOKUP()、INDEX()、LOOKUP()、ROW()、MATCH()、VLOOKUP() 等。

6）文本函数

文本函数主要用于处理字符串，如将多个字符合并为一个字符串、返回字符串在另一个字符串中的起始位置、从字符串指定位置返回某长度的字符。

典型的文本函数如 CONCATENATE()、FIND()、LEFT()、LEN()、MID()、TEXT()、CLEAN()、REPLACE()、RIGHT() 等。

7）逻辑函数

逻辑函数主要用于真假值的判断，如判断是否满足条件并返回不同的值、判断所有参数是否为真返回 TRUE。

典型的逻辑函数如 AND()、OR()、TRUE()、FALSE()、IF()、NOT() 等。

8）数据库函数

数据库函数主要用于分析数据清单中的数值是否符合指定条件，如返回满足给定条件的数据库中记录的字段中数据的最大值。

典型的数据库函数如 DAVERAGE()、DMAX()、DSUM()、DPRODUCT() 等。

9）信息函数

信息函数主要用于确定单元格内数据的类型以及错误值的种类，如确定数字是否为奇数、检测值是否为 #N/A。

典型的信息函数如 CELL()、INFO()、ISERR()、TYPE() 等。

10）工程函数

工程函数主要用于工程分析，如将二进制转换为十进制、返回复数的自然对数等。

典型的工程函数如 BIN2DEC()、COMOLEX()、ERF()、IMCOS() 等。

11）兼容性函数

兼容性函数用于兼容 Excel 早期版本，如 RANK() 函数可返回一个数字在数字列表中的排位。

12）多维数据集函数

多维数据集函数如 CUBEVALUE() 函数可从多维数据集中返回汇总值。

13）加载宏和自动化函数

为了利用外部数据库而设置的函数，也包含将数值换算成欧洲单位的函数。

典型的加载宏和自动化函数如 EUROCONVERT()、SQL()、REQUEST() 等。

3. 输入函数

直接输入函数时不需要过多的操作，只需输入函数和相关参数，然后按 Enter 键即可。但是如果不熟悉函数的名称及各项参数，则可以通过以下方法输入。

1）根据公式记忆输入

在 Excel 单元格中输入等号"="后，只需要输入函数前几个字母，Excel 会打开相关函数的列表，若用户选择某函数则在右侧将显示该函数的说明信息。双击选择此信息即可输入该函数，如图 6-106 所示。

输入函数完成后，在其右下角将显示该函数中包含的参数，当前需要输入的参数会加粗显示，根据参数提示输入相关内容即可，如图 6-107 所示。

图 6-106　根据公式记忆输入函数

图 6-107　根据提示输入参数

如果在 Excel 中输入函数前部分字母时未显示相关的函数，则用户需要打开"Excel 选项"对话框，在"公式"选项卡的"使用公式"区域勾选"公式记忆式键入"复选框，如图 6-108 所示。

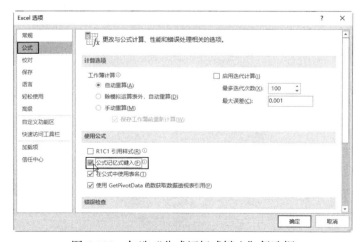

图 6-108　勾选"公式记忆式键入"复选框

2）根据"插入函数"对话框插入函数

如果不是很确定函数的用法，或者不清楚函数参数的顺序，则可以通过"插入函数"对话框输入函数，根据提示的向导逐步输入数据。

选择目标单元格，切换至"公式"选项卡，单击"函数库"选项组中"插入函数"按钮，打开"插入函数"对话框，单击"或选择类别"按钮，在弹出的列表中选择"数学与三角函数"选项，在"选择函数"选项框中选择 SUMIF() 函数，单击"确定"按钮，如图 6-109 所示。

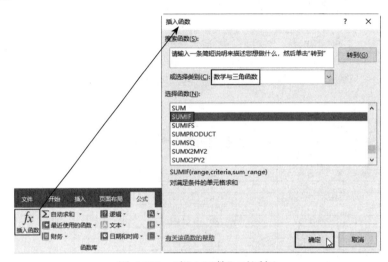

图 6-109 "插入函数"对话框

打开"函数参数"对话框，然后输入对应的参数，或者单击文本框右侧折叠按钮，在表格中选择对应的单元格，文本框的右侧将显示引用单元格的内容，单击"确定"按钮，如图 6-110 所示。

如果已经了解函数的类别，但是不了解函数的参数，则可以直接打开"函数参数"对话框输入参数。选择单元格，切换至"公式"选项卡，单击"函数库"选项组中"数学和三角函数"按钮，在弹出的列表中选择 SUMIF() 函数即可，如图 6-111 所示。

图 6-110 "函数参数"对话框

图 6-111 选择函数

4. 嵌套函数

在处理某些复杂的数据时，使用嵌套函数可简化函数的参数。当嵌套函数被作为参数使用时，其返回的数据类型与参数的数值类型相同。嵌套函数的结构，如图 6-112 所示。

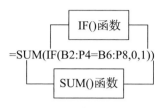

图 6-112　嵌套函数的结构

在输入嵌套函数时，如果对函数比较了解可以直接输入，如果不太清楚函数的名称和参数，则可以根据以下方法输入。

在"员工基本信息表 .xlsx"工作表中统计员工的身份证号码，要使用函数输入员工的性别。身份证号码第 17 位数是偶数则性别为"女"，是奇数则性别为"男"。下面介绍使用嵌套函数的方法。

（1）打开"员工基本信息表 .xlsx"工作表，选中 H2 单元格，单击编辑栏左侧"插入函数"按钮。

（2）打开"插入函数"对话框，在"或选项类别"列表中选择"逻辑"选项，选择 IF() 函数，单击"确定"按钮。

（3）此时如果了解函数可以直接输入 IF() 函数的参数。如果不了解，则可以将光标定位在需要嵌套函数的参数文本框，单击名称框右侧列表按钮，在弹出的列表中选择函数，如果没有则选择"其他函数"选项，如图 6-113 所示。

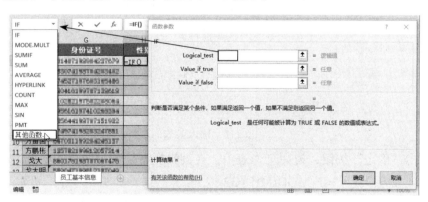

图 6-113　选择"其他函数"选项

（4）在打开的"插入函数"对话框中选择"数学与三角函数"中的 MOD() 函数，如图 6-114 所示。

（5）将光标定位在 MOD() 函数的"函数参数"第 1 个文本框中，根据相同的方法再嵌套"文本"函数中的 MID() 函数，如图 6-115 所示。

图 6-114 选择 MOD() 函数

图 6-115 选择 MID() 函数

MID() 函数用于返回字符串中从指定位置开始的指定数量的字符，本示例将提取身份证号码中第 17 位数字。MOD() 函数用于返回两数相除的余数，本示例将提取第 17 位数字与 2 相除，根据余数判断提取的数是奇数还是偶数。

（6）在 MID() 的"函数参数"对话框中输入参数，如图 6-116 所示，表示从 G2 单元格中的身份证号码中提取第 17 位数字。

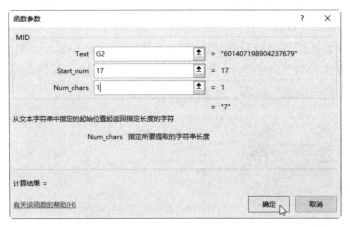
图 6-116 输入参数

（7）单击"确定"按钮，返回工作表中，在编辑栏将显示函数公式，此时该公式并不完整。将公式完善后是"=IF(MOD(MID(G2,17,1),2)," 男 "," 女 ")"。

（8）按 Enter 键确认结果，即可在 H2 单元格中显示结果为"男"，因为此员工身份证号的第 17 位数字是 7，是奇数。

（9）将公式向下填充至表格结尾，即可显示所有员工的性别。

为了提高输入嵌套函数的效率，可以逐步输入单个函数公式并查看结果，再从里到外一层一层添加函数。例如，本示例可以先在 H2 单元格中输入公式"=MID(G2,17,1)"，提取数字为 7；然后再添加 MOD() 函数取余，公式为"=MOD(MID(G2,17,1),2)"，余数为 1；

最后使用 IF() 函数判断性别，公式为"=IF(MOD(MID(G2,17,1),2),"男","女")"，则性别为"男"，如图 6-117 所示。

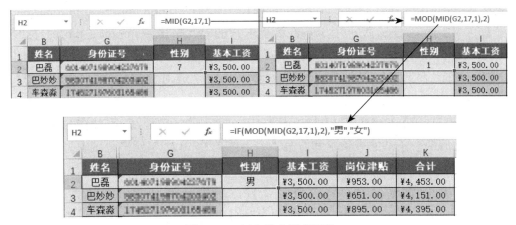

图 6-117 逐步输入嵌套函数

6.5.5 Excel 常用的函数

在学习 Excel 函数时需要记住常用的函数，以及参数的设置等。本节将根据函数的类型介绍，如数字和三角函数、文本函数、查找与引用函数、逻辑函数等。

1. 数学和三角函数

数学和三角函数共包括 70 多个函数，常用的如求和函数、四舍五入函数、乘幂、指数及正余弦函数等。

1) SUM() 函数

SUM() 函数可返回单元格区域中数字、逻辑值及数字的文本表达式之和。

表达式：SUM(number1,number2, ...)

参数含义：number1 和 number2 表示需要求和的参数，参数数量最多为 255 个，该参数可以是单元格区域、数组、常量、公式或函数。

例如，"=SUM(B2:B5)"表示将 B2 至 B5 单元格中所有数据相加；"=SUM(B2,B4,B6)"表示将单元格 B2、B4 和 B6 单元格中的数据相加。

2) SUMIF() 函数

SUMIF() 函数可返回指定数据区域中满足条件的数值之和。

表达式：SUMIF(range,criteria,sum_range)

参数含义：range 表示根据条件计算的区域；criteria 表示求和条件，其形式可以为数字、逻辑表达式、文本等，当为文本条件或含有逻辑或数学符号的条件时必须使用双引号；sum_range 表示实际求和的区域，如果省略该参数，则条件区域就是实际求和区域。

例如，"=SUMIF(K2:K69,">6000")"表示在 K2:K69 单元格区域中对大于 6000 的数值求和。"=SUMIF(C2:C69,"企划部",K2:K69)"表示将 C2:C69 单元格区域中是"企划部"的对应 K2:K69 单元格区域中的数值相加。

3）SUMIFS() 函数

SUMIFS() 函数表示在指定的数据范围内对满足多条件的数据求和。

表达式：SUMIFS(sum_range, criteria_range1, criteria1, criteria_range2, crite-ria2, ...)

参数含义：sum_range 表示用于条件计算求和的单元格区域；criteria_range1 表示条件的第一个区域；criteria1 表示第一个区域需要满足的条件；criteria_range2 表示条件的第二个区域；criteria2 表示条件 2。criteria_range 和 criteria 是成对出现的，最多允许 127 对区域和条件。

例如，"=SUMIFS(F2:F22,B2:B22," 华为 ",E2:E22,">2000")" 表示对在 F2:F22 单元格区域中满足之后两个条件的数值求和。第 1 个条件是 B2:B22 单元格区域中为"华为"；第 2 个条件是 E2:E22 单元格区域中值大于 2000。

使用 SUMIF() 和 SUMIFS() 函数进行条件求和时，可以使用通配符，"*"表示 0 或多个字符；"?"表示 1 个字符。例如，"=SUMIFS(J2:J13,B2:B13," 王 *",C2:C13," 男 ")" 和 "=SUMIF(B2:B13," 王 ?",J2:J13)" 两个公式就使用了通配符指代某些或某个字符。

4）INT() 函数

INT() 函数可将数值向下取整为最接近的整数。

表达式：INT(number)

参数含义：number 表示需要舍入的数值或引用的单元格。如果指定某单元格区域，则该函数只会返回第一个单元格的结果。如果参数值是文本，则返回错误值 "#VALUE!"。

INT() 函数是用来求不超过数值本身的最大整数，因此，当数值为正数时，其将直接舍去小数部分；当数值为负数时，舍去小数之后则将会超过数值本身，所以结果将在负数整数的基础上减去 1。例如 5.8 和 -5.8，使用 INT() 函数处理后分别返回 5 和 -6。

5）TRUNC() 函数

TRUNC() 函数可返回舍去指定位数的值。

表达式：TRUNC(number, number_digits)

参数含义：number 表示需要截尾取整的数字或单元格引用，若为单元格区域时，其将返回第一个单元格的结果。如果该参数为数值以外的文本则返回 "#VALUE!" 错误值；number_digits 表示取整精度的数字，该参数可以是正整数、0 或负整数，如果省略则表示为 0。

下面通过表格展示位数和舍去位置的关系，如表 6-7 所示。

表 6-7 位数和舍去位置

序 号	位 数	舍去的位置
1	正数（n）	小数点后 $n+1$ 位舍去
2	省略（0）	小数点后第 1 位舍去
3	负数（$-n$）	小数点第 n 位舍去

6）ROUND() 函数

ROUND() 函数前返回按照指定的位数四舍五入的运算结果。

表达式：ROUND(number, num_digits)

参数含义：number 表示需要四舍五入的数值或单元格内容；num_digits 表示需要取多少位的参数，该参数大于 0 时，表示取小数点后对应位数的四舍五入数值，若等于 0 时，表示则将数字四舍五入到最接近的整数，若小于 0 时，表示对小数点左侧前几位进行四舍五入。

例如，"=ROUND(15.35,1)"表示根据四舍五入法保留 15.35 的 1 位小数，其结果是 15.4。

7）RAND() 函数

RAND 函数返回 0~1 之间的随机数值。

表达式：RAND()

参数含义：该函数没有参数，如果在括号内输入数值则将弹出提示对话框，显示该公式有问题。

当 RAND() 函数遇到以下情况时会自动刷新生成的数据。

（1）单元格中的内容发生变化时。

（2）打开包含 RAND() 函数的工作簿时。

（3）按 F9 键或 Shift+F9 组合键时。

8）RANDBETWEEN() 函数

RANDBETWEEN 函数可返回指定两个数值之间的随机整数。

表达式：RANDBETWEEN(bottom,top)

参数含义：bottom 表示返回的最小整数；top 表示返回的最大整数。如果任意参数为数值之外的文本或单元格区域时，则其将返回"#VALUE!"错误值，当 bottom 大于 top 时，则返回"#NUM!"错误值。

例如，"=RANDBETWEEN(10000,20000)"表示在单元格中输入 10 000~20 000 之间的随机整数。

2. 文本函数

文本函数是处理文本字符的函数，其可以对文本进行查找、替换、提取等操作。下面主要介绍查找替换文本、转换文本格式、提取字符等。

1）TEXT() 函数

TEXT() 函数表示将数值转换为指定格式的文本。

表达式：TEXT(value,format_text)

参数含义：value 为数值、计算结果为数值的公式或对包含数值的单元格的引用；format_text 表示指定格式代码，应由双引号括起来。

TEXT() 函数的常用格式代码如图 6-118 所示。

	A	B	C	D
1	数值	格式代码	函数公式	返回值
2	357.368	00.0	=TEXT(A2,"00.0")	357.4
3	12.4	00.00	=TEXT(A3,"00.00")	12.40
4	231.65	####	=TEXT(A4,"####")	232
5	2	正数;负数;零	=TEXT(A5,"正数;负数;零")	正数
6	20230523	0000年00月00日	=TEXT(A6,"0000年00月00日")	2023年5月23日
7	20230523	0000-00-00	=TEXT(A7,"0000-00-00")	2023/5/23
8	2023/5/23	dd-mmm-yyyy	=TEXT(A8,"dd-mmm-yyyy")	23-May-23
9	2023/5/23	yyyy年mm月	=TEXT(A9,"yyyy年mm月")	2023年5月
10	2023/5/23	aaaa	=TEXT(A10,"aaaa")	星期二

图 6-118　TEXT() 函数的常用格式代码

2）FIND() 函数

FIND() 函数用于在一个文本中查找另一个文本的位置的数值，区分大小写，该值从第 2 个文本中第 1 个字符算起。

表达式：FIND(find_text,within_text,start_num)

参数含义：find_text 表示需要查找的字符串，如果输入的文本没有被双引号括起来，则 Excel 返回 "#NAME？" 错误值；within_text 表示包含要查找的文本；start_num 表示指定开始查找的字符数，如果省略则为 1。

例如，"=FIND("i",A2)" 表示在 A2 单元格中字母 "i" 的位置；"=FIND("i",A2,3)" 表示在 A2 单元格中从第 3 个字符开始检索字母 "i" 的位置。

3）REPLACE() 函数

REPLACE() 函数可以使用新字符串替换指定位置和数量的旧字符。

表达式：REPLACE(old_text,start_num,num_chars, new_text)

参数含义：old_text 表示需要替换的字符串；start_num 表示替换字符串的开始位置；num_chars 表示从指定位置替换字符的数量；new_text 表示需要替换 old_text 的文本。

例如，"=REPLACE(A2,10,5,"*****")" 公式的作用是将 A2 单元格中的字符从第 10 位（包括第 10 位）之后 5 个字符用 5 个 "*" 代替。

4）SUBSTITUTE() 函数

SUBSTITUTE() 函数用于在文本字符串中使用新文本替换旧文本。

表达式：SUBSTITUTE(text,old_text,new_text,instance_num)

参数含义：text 表示需要替换其中字符的文本，或是对含有文本的单元格的引用；old_text 表示需要替换的旧文本；new_text 表示替换旧文本的新文本；instance_num 表示使用新文本替换第几次出现的旧文本，如果省略则 Excel 将替换 text 中所有旧文本。

例如，"=SUBSTITUTE(A2,MID(A2,6,4),"****")" 表示从 A2 单元格中字符第 6 位开始之后 4 位字符由 4 个 "*" 代替。

5）LEFT() 函数

LEFT() 函数主要从指定文本的左侧第一个字符返回给定数量的字符。

表达式：LEFT(text,num_chars)

参数含义：text 表示提取的文本，可以为单元格引用也可以为文本字符串，必须由双引号括起来；num_chars 表示从左开始提取的字符数量，字符为单字节字符。

例如，"=LEFT("Excel2016",3)"表示从字符"Excel2016"中从左侧提取 3 个字符，结果是"Exc"。

6）RIGHT() 函数

RIGHT() 函数可以从一个文本字符串的最右侧字符开始提取指定数量的字符，目标字符串不区分全角或半角。

表达式：RIGHT(text,num_chars)

参数含义：text 表示提取字符的文本，可以为单元格引用和指定的文本字符；num_chars 表示需要提取字符的数量。

7）MID() 函数

MID() 函数用于返回字符串中从指定位置开始的指定数量的字符。与 LEFT() 和 RIGHT() 函数相比，MID() 函数提取字符的方式更自由。

表达式：MID(text, start_num, num_chars)

参数含义：text 表示需要提取字符串的文本，可以是单元格引用或指定文本；start_num 表示需要提取字符的位置，即从左起第几位开始截取；num_chars 表示从 text 中指定位置提取字符的数量。若 num_chars 为负数，则 Excel 将返回"#VALUE!"错误值；若 num_chars 为 0，则返回空值；若省略 num_chars，则 Excel 将显示该函数输入参数太少。

例如，"=MID(A2,4,5)"表示从 A2 单元格中文本字符中第 4 个字符开始提取 5 个字符。

8）LEN() 函数

LEN() 函数用于返回文本字符串中的字符数量，不区分半角和全角，其视句号、逗号和空格为一个字符。

表达式：LEN(text)

参数含义：text 表示返回文本长度的文本字符串，可以是单元格引用或指定文本，如果是单元格的区域，则返回"#VALUE!"错误值。

例如，"=LEN("Excel2016")"返回字符"Excel2016"的字符数量，结果是 9。

9）CONCATENATE() 函数

CONCATENATE() 函数可以将多个字符串合并。

表达式：CONCATENATE(text1, text2, ...)

参数含义：text1、text2 表示需要合并的文本或数值，也可以是单元格的引用，数量最多为 255 个。

例如，"=CONCATENATE(B2,"/",D2,"/",E2)"表示，将 B2、D2 和 E2 单元格中内容合并在一个单元格中，之间以"/"分开。

3. 查找与引用函数

在 Excel 中需要查找或引用某数据时，可以使用查找与引用类的函数。该类函数是使用最频繁的函数之一，可以用于查找对应单元格的数值或单元格的位置。

1）VLOOKUP() 函数

VLOOKUP() 函数可在单元格区域的首列查找指定的数值，返回该区域的相同行中任意指定的单元格中的数值。

表达式：VLOOKUP(lookup_value,table_array,col_index_num,range_lookup)

参数含义：lookup_value 表示需要在数据表第一列中查找的数值，可以为数值、引用或文本字符串；table_array 表示在其中查找数据的数据表，可以引用区域或名称，数据表的第一列中的数值可以是文本、数字或逻辑值；col_index_num 为 table_array 中待返回的匹配值的列序号；range_lookup 为一逻辑值，指明 VLOOKUP() 函数查找时是精确匹配还是近似匹配。

其中，col_index_num 参数小于 1 时，则返回 "#VALUE!" 错误值，若大于 table_array 的列数时，则返回 "#REF!" 错误值。如果 range_lookup 为 TRUE 或被省略时表示近似匹配，此时首列必须以升序排列，若找不到数值，则返回小于 lookup_value 的最大值；如果为 FALSE，则返回精确匹配，若找不到查找的数值，则返回 "#N/A" 错误值。

例如，"=VLOOKUP(F3,B3:C15,2,0)" 表示在 B3:C15 单元格区域中查找 F3 单元格中的值，并返回对应的第 2 列中的数据，采用精确匹配方式。

2）HLOOKUP() 函数

HLOOKUP() 函数可以在指定范围的首行查找指定的数值，返回区域中指定行的所在列的单元格中的数值。

表达式：HLOOKUP(lookup_value,table_array,row_index_num,range_lookup)

参数含义：lookup_value 表示需要在数据表第一行中进行查找的数值、引用或文本字符串；table_array 表示需要在其中查找数据的数据表；row_index_num 为 table_array 中待返回的匹配值的行序号；range_lookup 为一逻辑值，指明函数 HLOOKUP() 查找时是精确匹配还是近似匹配。

其中，参数 row_index_num 为 1 时显示 table_array 区域中第一行中的数值，如果 row_index_num 值小于 1，则函数将返回 "#VALUE!" 错误值，如果其值大于 table_array 区域的行数，则返回 "#REF!" 错误值。

range_lookup 参数若为 TRUE 或省略，则函数将返回近似匹配值，如果找不到精确匹配的数值，则返回小于需要查找的数值的最大值。如果为 FALSE，则该函数将精确查找，如果找不到匹配值，会返回 "#N/A" 错误值。

3）MATCH() 函数

MATCH() 函数返回指定数值在指定区域中的位置。

表达式：MATCH(lookup_value, lookup_array, match_type)

参数含义：lookup_value 表示需要查找的值，可以为数值或对数字、文本或逻辑值的单元格引用；lookup_array 表示包含有所要查找数值的连续的单元格区域；match_type 表示查询的指定方式，为 -1、0 或 1 数字。

下面以表格形式介绍 match_type 数值的含义，如表 6-8 所示。

表 6-8　match_type 数值的含义

match_type	含　　义
1 或省略	函数查找的数值小于或等于 lookup_value 的最大值，lookup_array 必须按升序排列
0	函数查找的数值等于 lookup_value 的第一个数值，lookup_array 可以按任何顺序排列
-1	函数查找的数值大于或等于 lookup_value 的最小值，lookup_array 必须按降序排列

例如，"=MATCH(B2,$C$2:$C$30,0)" 表示 B2 单元格中内容在 C2:C30 单元格区域中的位置。

4）OFFSET() 函数

OFFSET() 函数可以返回单元格或单元格区域中指定行数和列数区域的引用。

表达式：OFFSET(reference,rows,cols,height,width)

参数含义：reference 作为偏移量参照系的单元格或单元格区域；rows 表示以 reference 为准向上或向下偏移的行数；cols 表示以 reference 为准向左或向右偏移的列数；height 表示指定偏移进行引用的行数；width 表示指定偏移进行引用的列数。

其中，rows 为正数时，表示向下移动；为负数时，表示向上移动。cols 为正数时，表示向右移动，为负数时，表示向左移动。

如果 height 和 width 参数的数值超过工作表的边缘，则函数将返回 "#REF!" 错误值，如果省略这两个参数，则高度和宽度与 reference 相同。

4. 统计函数

统计函数主要用于对数据区域进行统计分析，在复杂的数据中完成统计计算，返回统计的结果。

1）COUNT() 函数

COUNT() 函数计算包含数字的单元格的个数及参数列表中数字的个数。

表达式：COUNT (value1,value2,...)

参数含义：value1,value2,... 表示包含或引用的各种不同类型数据，最为 255 个参数，只对数字型数据统计。

例如，"=COUNT(A2:A20)" 表示统计 A2:A20 单元格区域中包含数据的单元格的个数。

2）COUNTIF() 函数

COUNTIF() 函数可以对指定单元格区域中满足指定条件的单元格进行计数。

表达式：COUNTIF (range,criteria)

参数含义：range 表示对其进行计数的单元格区域；criteria 表示对某些单元格进行计数的条件，其形式为数字、表达式、单元格的引用或文本字符串，还可以使用通配符。

例如，"=COUNTIF($C2:$C20,">=90")"公式可以统计在 C2:C20 单元格区域中数据大于或等于 90 的单元格数量。

3）COUNTIFS() 函数

COUNTIFS() 函数可以返回指定单元格区域满足给定的多条件的单元格的数量。

表达式：COUNTIFS(criteria_range1,criteria1,criteria_range2,criteria2,...)

参数含义：criteria_range1 表示第一条件的单元格区域；criteria1 表示在第一个区域中需要满足的条件，其形式可以是数字、表达式或文本；criteria_range2 为第二个条件的区域；criteria2 为第二条件，依次类推。

4）AVERAGE() 函数

AVERAGE() 函数可以返回参数的平均值。

表达式：AVERAGE(number1,number2,...)

参数含义：number1,number2,... 表示需要计算平均值的参数，数量最多为 255 个，该参数可以是数字、数组、单元格的引用或包含数值的名称。

5）AVERAGEIF() 函数

AVERAGEIF() 函数可以返回某区域内满足指定条件的所有单元格的平均值。

表达式：AVERAGEIF(range, criteria, average_range)

参数含义：range 表示需要计算平均值的单元格或者单元格区域，包含数字或数字的名称、数组或单元格的引用；ctateria 表示计算平均值时指定的条件；average_range 表示计算平均值的实际单元格，如果省略则函数将使用 range 参数。

例如，"=AVERAGEIF(B2:B100," 市场部 ",G2:G100)"用于计算 B2:B100 单元格区域中为"市场部"对应 G2:G100 单元格区域内值的平均数。

6）AVERAGEIFS() 函数

AVERAGEIFS() 函数可以返回某区域中满足指定多条件的所有单元格的平均值。

表达式：AVERAGEIFS (average_range,criteria_range1,criteria1,crileria_range2,criteria2,)

参数含义：average_range 表示计算平均值的区域，该范围内的空白单元格、逻辑值和字符串将被忽略；criteria_range1、crileria_range2 表示满足条件的区域；criteria1、criteria2 表示用于计算平均值的单元格区域。

7）RANK() 函数

RANK() 函数可以返回一个数字在数字列表中的排位。

表达式：RANK (number,ref,order)

参数含义：number 表示需要计算排名的数值，或者数值所在的单元格；ref 是数字列表数组或引用；order 表示排名的方式，1 表示升序，0 表示降序，如果省略此参数则默认采用降序排名。如果指定 0 以外的数值则采用升序方式，如果指定数值以外的文本则返回"#VALUE!"错误值。

例如，"=RANK(B2,$B$2:$B$25)"表示 B2 单元格中的数据在 B2:B25 单元格中的排名。

5. 日期与时间函数

日期与时间函数也是 Excel 中常用的函数之一。

1）年、月、日函数

使用 YEAR()、MONTH() 和 DAY() 函数可以返回指定日期的年、月和天数。

表达式如下。

```
YEAR(serial_number)
MONTH(serial_number)
DAY(serial_number)
```

参数含义：serial_number 表示需要返回天数的日期，可以是单元格引用、日期序列号等，如果是非日期值则返回 "#VALUE!" 错误值。

2）返回当前日期和时间

TODAY() 函数可以返回当前计算机系统的日期。

表达式：TODAY()

NOW() 函数可以返回当前计算机系统的日期和时间，和 TODAY() 函数一样没有参数。

表达式：NOW()

3）DATE() 函数

DATE() 函数可以返回特定日期的序列号，如果输入函数之前单元格的格式为 "常规"，则结果会将之设为日期格式。

表达式：DATE(year,month,day)

参数含义：year 表示年份，是 1~4 位的数字；month 表示月份；day 表示天数，为正整数或负整数。

4）WORKDAY() 函数

WORKDAY() 函数可以计算某日期之前或之后相隔指定工作日数的某一日的日期，其中工作日不包含周末、法定节假日及指定的假日。

表达式：WORKDAY(start_date, days, holidays)

参数含义：start_date 表示开始的日期；days 表示开始日期之前或之后工作日的数量；holidays 表示指定需要从工作日中排除的日期。

5）WEKDAY() 函数

WEKDAY() 函数可以返回指定日期为星期几的数值，默认情况下，返回的值为 1 表示星期天，7 表示星期六，依此类推。

表达式：WEEKDAY(serial_number, return_type)

参数含义：serial_number 表示需要返回日期数的日期，它可以是带引号的文本字符串、日期序列号或其他公式或函数的结果；return_type 表示确定返回值类型的数字。

下面以表格形式介绍 return_type 的数值范围以及数值说明，如表 6-9 所示。

表示 6-9 return_type 参数含义

return_type	说　　明
1 或省略	星期日作为一周的开始，数字 1(星期日) 到数字 7(星期六)
2	星期一作为一周的开始，数字 1(星期一) 到数字 7(星期日)
3	星期一作为一周的开始，数字 0(星期一) 到数字 6(星期日)
11	星期一作为一周的开始，数字 1(星期一) 到数字 7(星期日)
12	星期二作为一周的开始，数字 1(星期二) 到数字 7(星期一)
13	星期三作为一周的开始，数字 1(星期三) 到数字 7(星期二)
14	星期四作为一周的开始，数字 1(星期四) 到数字 7(星期三)
15	星期五作为一周的开始，数字 1(星期五) 到数字 7(星期四)
16	星期六作为一周的开始，数字 1(星期六) 到数字 7(星期五)
17	星期日作为一周的开始，数字 1(星期日) 到数字 7(星期六)

6. 逻辑函数

逻辑函数可根据不同条件处理数据，是判断条件是否成立的函数。逻辑函数的条件需要由比较运算符设置，返回的结果为 TRUE 或 FALSE。

1）AND() 函数

当 AND() 函数所有参数的逻辑值为真时，返回 TRUE；只要有一个参数的逻辑值为假即返回 FALSE。

表达式：AND(logical1,logical2,...)

参数含义：logical1、logical2 表示待检测的条件，条件的数量范围 1~255 个，各条件值可为 TRUE 或 FALSE。

2）OR() 函数

当 OR() 函数参数的逻辑值其中之一为真时，则返回 TRUE；所有参数的逻辑值为假时，则返回 FALSE。

表达式：OR(logical1,logical2,...)

参数含义：logical1、logical2 表示待检测的条件，条件的数量范围 1~255 个，各条件值可为 TRUE 或 FALSE。

3）IF() 函数

IF() 函数根据指定的条件判断真（TRUE）或假（FALSE），根据逻辑计算的真假值返回相应的内容。

表达式：IF(logical_test,value_if_true,value_if_false)

参数含义：logical_test 表示公式或表达式，其计算结果为 TRUE 或 FALSE；value_if_true 为任意数据，表示 logical_test 求值结果为 TRUE 时返回的值，该参数若为字符串时需由双引号包裹；value_if_false 为任意值，表示 logical_test 结果为 FALSE 时返回的值。

例如，"=IF(A2>=60," 合格 "," 不合格 ")" 表示 A2 单元格中的数值如果大于等于 60，则显示"合格"，小于 60 则显示"不合格"。

4）IFERROR() 函数

IFERROR() 函数表示如果表达式错误则返回指定的值，否则返回加表达式计算的值。

表达式：IFERROR(value,value_if_error)

参数含义：value 表示需要检查是否存在错误的参数；value_if_error 表示当公式计算出现错误时返回的信息，当公式计算正确时，则返回计算的值。

例如，"=IFERROR(VLOOKUP($O$4,员工档案,2,FALSE)," 请输入编号 ")" 表示当使用 VLOOKUP() 函数查找数据时，如果找不到则直接返回"请输入编号"文本。

6.5.6 数组公式的应用

数组公式是可以在数组的一项或多项执行多个计算的公式，其可以返回一个或多个结果。和普通公式区别在于，数组公式必须按钮 Ctrl+Shift+Enter 组合键结束，其公式被大括号括起来，而且会对多个数据同时进行计算。

1. 数组的类型

数组是按行、列排列的一组数据元素的集合。位于一行或一列上的数组被称为一维数组，位于多行或多列上的数组称为二维数组。

（1）一维数组：数组是按行和列进行集合，所以一维数组又分为一维水平数组和一维纵向数组两种。

（2）二维数组：二维数组结合了一维数组的输入方法，使用逗号将一行内的常量分开，使用分号将各行分开。

> 提示：删除数组
> 创建数组后，是不可以删除其中部分内容的，只能删除全部的数组内容，同样也不能编辑部分内容的。

2. 数组公式的计算

根据数组的类型可将之分为同方向一维数组的运算、一维数组与二维数组的运算等。

（1）同方向一维数组运算：要求两个数组具有相同的尺寸，然后进行相同元素的一一对应运算。如果运算的两个数组尺寸不一致，则仅两个数组都有的元素的部分参与计算，其他部分返回错误值。

（2）不同方向的一维数组运算：两个不同方向的一维数组运算，其中一个数组中的各数值与另一数组中的各数值分别计算，返回一个矩形阵列的结果。

（3）单值与一维数组的运算：将该值分别和数组中的各个数值运算，最终返回与数组同方向和尺寸的结果数组。

（4）一维数组与二维数组之间的运算：当一维数组与二维数组具有相同尺寸时，返回与二维数组一样特征的结果。

（5）二维数组之间的运算：两个二维数组运算按尺寸较小的数组的位置逐一进行对应的运算，返回结果的数组和较大尺寸的数组的特性一致。

使用数组公式需要注意以下几点。

（1）在输入数组公式之前，必须选择用于保存结果的单元格或单元格区域。

（2）创建多个单元格数组公式时，不能更改结果中单个单元格的内容。

（3）不能在多个单元格数组公式中插入单元格或删除其中部分单元格。

（4）可以移动或删除整个数组公式，但是不能移动或删除部分内容。

3. 数组公式的应用

下面介绍数组公式的应用，分别计算折扣价格，

1）计算折扣价格

（1）打开“进销存表.xlsx”工作簿，切换至“各商品折扣价格”工作表，选择B5:D16单元格区域。

（2）输入“=A5:A16*(1-B2:D2)”公式，该公式包含两个不同方向的一维数组。按Ctrl+Shift+Enter组合键即可计算出折扣的价格了，如图6-119所示。

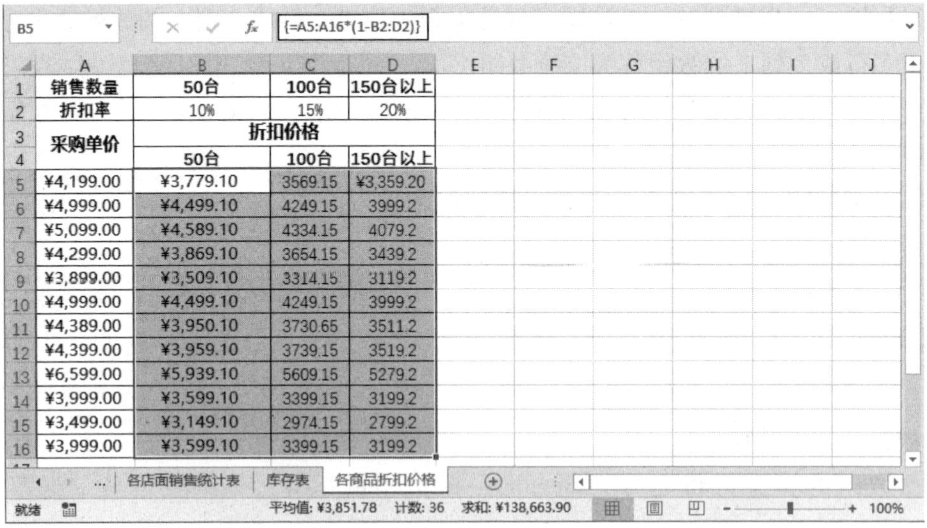

	A	B	C	D
1	销售数量	50台	100台	150台以上
2	折扣率	10%	15%	20%
3	采购单价	折扣价格		
4		50台	100台	150台以上
5	¥4,199.00	¥3,779.10	3569.15	¥3,359.20
6	¥4,999.00	¥4,499.10	4249.15	3999.2
7	¥5,099.00	¥4,589.10	4334.15	4079.2
8	¥4,299.00	¥3,869.10	3654.15	3439.2
9	¥3,899.00	¥3,509.10	3314.15	3119.2
10	¥4,999.00	¥4,499.10	4249.15	3999.2
11	¥4,389.00	¥3,950.10	3730.65	3511.2
12	¥4,399.00	¥3,959.10	3739.15	3519.2
13	¥6,599.00	¥5,939.10	5609.15	5279.2
14	¥3,999.00	¥3,599.10	3399.15	3199.2
15	¥3,499.00	¥3,149.10	2974.15	2799.2
16	¥3,999.00	¥3,599.10	3399.15	3199.2

图6-119　数组公式计算折扣价格

2）计算实发工资前3的数据并查找对应的员工姓名

计算实发工资前3的数据需要使用LARGE()函数结合数组计算。查找对应的员工姓名时，需要使用VLOOKUP()函数，但是VLOOKUP()函数查找数值时存一个问题，就是无法反向查找，即只能从左向右查找，不能从右向左查找。此时，可以使用IF()函数对查找的区域重新编排，下面介绍具体操作方法。

（1）打开“员工工资表.xlsx”工作簿，在右侧制作需要存放计算结果的单元格区域，并选择L2:L4单元格区域。

（2）输入“=LARGE(I2:I22,{1;2;3})”数组公式，按Ctrl+Shift+Enter组合键即可计算

出实发工资前 3 的数据，如图 6-120 所示。

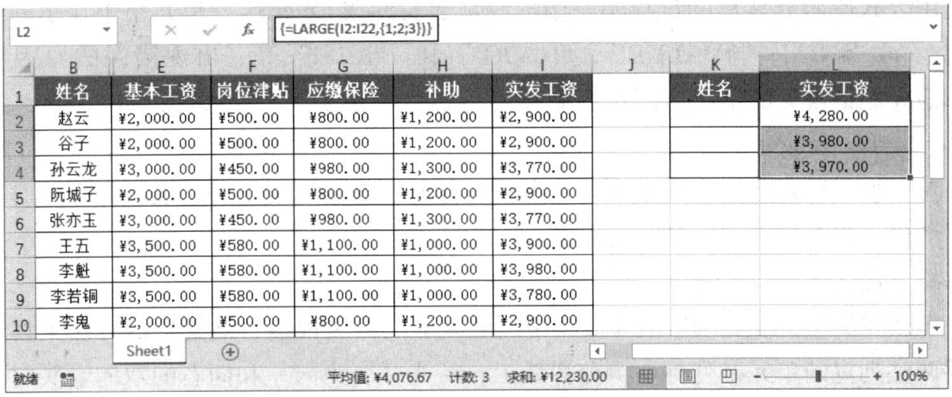

图 6-120　计算实发工资前 3 的数据

提示：公式"=LARGE(I2:I22,{1;2;3})"的含义

公式"=LARGE(I2:I22,{1;2;3})"中 LARGE() 函数的第 1 个参数是一维数组，第 2 个参数为数组形式，表示计算出最大 3 个数值并分行显示。

（3）选中 K2 单元格并输入"=VLOOKUP(L2,IF({1,0},I2:I22,B2:B22),2,FALSE)"公式，按 Enter 键即可查找到"4280"对应的员工的姓名。

（4）将 K2 单元格中的公式向下填充至 K4 单元格，计算的数据如图 6-121 所示。

图 6-121　查看计算的结果

使用数组计算的结果也可能是一个值，即显示在一个单元格中即可。例如，"=SUM(1*(B2:P4<>B6:P8))"用于比较 B2:P4 单元格区域和 B6:P8 单元格区域中数据不一样的数量之和，返回的值是一个数字。

6.5.7　公式的审核、错误检查

在输入公式或函数的过程中，当输入有误时，单元格中经常会出现各种不同的错误结果。Excel 提供了公式审核功能，可以及时帮助用户对公式进行检查。

1. 公式中常见的错误和解决方法

使用公式或函数计算的过程中，用户经常会发现按 Enter 键后单元格中显示的各种错误信息，如"#N/A!""#VALUE!""#DIV/O!"和"#REF!"等。出现错误的原因有很多种，下面介绍最常见的错误值以及解决方法。

1)"####"错误值

在单元格中输入数值型的数字、日期或时间时，如果列宽不够，或者日期或时间公式产生了负值，就会显示"####"错误值。

解决方法如下。

（1）适当调整列宽即可。在 Excel 中调整列宽的方法很多，最直接的方法是将光标移至需要调整列宽的单元格列标右侧分界线上，待光标变为向左和向右的双向箭头时，按住鼠标左键将之向右拖至合适位置，释放鼠标左键即可。

（2）在执行日期和时间计算时，为了确保公式的正确性，现在大部分使用的是 1900 年日期系统，那么如果使用较早的日期或时间值减去较晚的日期或时间值则会产生"####"错误值。如果检查公式正确，必须要计算之间日期或时间的值时，可以设置单元格的格式为非日期时间格式即可。

2)"#DIV/0!"错误值

在输入公式时，如果某个数被零除，或除数引用的单元格为空时（在 Excel 中空白单元格被当作零值），则会显示"#DIV/0!"错误值。

解决方法如下。

（1）将公式中为零的除数修改为非零的值。

（2）在公式中除数引用为空白单元格时，修改单元格的引用或者在该单元格中输入相应的数值。

3)"#N/A"错误值

在使用函数或公式时，若其中没有可用的数值则将产生"#N/A"错误值。

若工作表中某些单元格暂时没有数值，那么可在这些单元格中输入"#N/A"，公式在引用这些单元格时将不再进行数值计算，而是返回"#N/A"。

4)"#NUM!"错误值

当函数或公式中某数字有问题时，就会产生"#NUM!"错误值。

如数字太大或太小导致 Excel 无法计算出正确的结果，则此时只需要修改公式或函数中 Excel 无法表示的数字。

5)"#NAME?"错误值

当在公式中使用了 Excel 不能识别的文本时会产生 #NAME? 错误值，其具体原因很多，针对常见的几个原因，下面给出解决方法。

（1）使用不存在的名称，或删除了正在使用的名称。

解决方法是首先检查在公式中使用的名称是否存在，如果不存在则为其定义对应的存在的名称。

（2）使用文本时没有输入双引号。

解决方法是当公式或函数中有文本参与计算时，必须使用双引号将文本括起来，如""Excel"&"2016""则返回"Excel2016"，如果不添加引号则将返回"#NAME?"错误值。另外，函数的名称输入错误也会产生"#NAME?"错误值，此时需要改正函数名。

（3）在单元格区域引用时未使用冒号。

解决方法是在公式中使用单元格区域时必须使用冒号。

6)"#VALUE!"错误值

在公式中使用错误的参数或运算对象类型、当公式自动更正功能无法正常使用时，会产生"#VALUE!"错误值。

（1）在需要数字或逻辑值时误输入了文本。

在这种情况下，Excel将无法自动将其转换为所需的数字类型，此时，需要确认公式或函数的运算符和参数是否正确，并且引用的单元格中是否包含有效的数值。例如，在A1单元格中为数值型数字，B1单元格中为文本型，在C1单元格中输入"=A1+B1"就会返回"#VALUE!"错误值。在C2单元格中输入"=SUM(A1:B1)"公式就可以返回A1单元格中的数字，因为SUM()函数会忽略文本。

（2）将单元格的引用、公式或函数作为数组常量参与计算。

解决方法是检查数组公式中的常量是否为单元格引用、公式或函数，如果是就对其进行修改。

（3）赋予需要单一数值的运算符或函数一个数值区域。

解决方法是将数值区域改为单一数值。修改数值区域使其包含公式所在的数据行或列。

7)"#REF!"错误值

删除了由其他公式引用的单元格，或将移动单元格粘贴到由其他公式引用的单元格中就会产生"#REF!"错误值。

解决方法是修改公式中引用的单元格，也可恢复被删除的单元格。

8)"#NULL!"错误值

当公式或函数中的区域运算符或单元格引用错误时就会产生"#NULL!"错误值。

解决方法是更改区域的运算符，单元格区域之间则使用逗号隔开。

2. 打开 / 关闭错误检查规则

打开Excel工作表，单击"文件"标签，选择"选项"选项，打开"Excel选项"对话框，选择"公式"选项，在右侧勾选"错误检查"选项区域中的"允许后台错误检查"复选框，单击"使用此颜色标识错误"右侧的"颜色"按钮，在打开的颜色拾取器中选择合适的颜色。并在"错误检查规则"选项区域中勾选相应的复选框，单击"确定"按钮，如图6-122所示。

图 6-122　开启错误检查

下面介绍"错误检查规则"中各选项的含义。

● "所含公式导致错误的单元格"。公式未使用所需的语法、参数或数据类型。错误值包括"#DIV/0""#N/A""#NAMW?""#NULL!""#REF!"和"#VALUE!",每个错误值都有不同的原因。

● "表中不一致的计算列公式"。计算列的某个单元格中包含与列中其他单元格公式不同的独立公式。

● "包含以两位数表示的年份的单元格"。在公式中单元格所包含的文本日期可能被误解为错误的世纪。例如,"=YEAR("1/22/12")"公式中的日期可能是 1912 年或 2012 年。

● "文本格式的数字或者前面有撇号的数字"。该单元格中包含为文本的数字,将其转换为数字。

● "与区域中的其他公式不一致的公式"。公式与其他相邻公式的模式不匹配。

● "遗漏了区域中的单元格的公式"。公式中引用了某区域中的大多数数据而非全部。

● "包含公式的未锁定单元格"。公式未受到锁定保护,默认情况下,所有单元格均受到锁定保护,该单元格已经取消锁定。

● "引用空单元格的公式"。公式中包含空单元格的引用,可能出现意外的结果。

● "表中输入的无效数据"。表中存在数据验证的错误,检查数据验证是否正确。

3. 检查并更正错误

打开工作表,切换至"公式"选项卡,在"公式审核"选项组中单击"错误检查"按钮。打开"错误检查"对话框,Excel 会自动显示错误单元格中公式错误的原因。例如,单元格 F3 为公式不一致,如图 6-123 所示。单击"从上部复制公式"按钮自动修改公式,或者单击"在编辑栏中编辑"按钮,选中 F3 单元格,将光标定位在编辑栏中,修改公式即可。

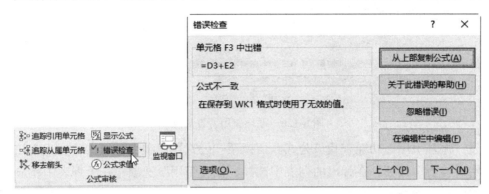

图 6-123 "错误检查"对话框

4. 监视公式及其结果

当表格较大、某些单元格在工作表中不可见时,可以在"监视窗口"中监视指定的单元格中的公式和结果。

(1)打开工作表,切换至"公式"选项卡,在"公式审核"选项组中单击"监视窗口"按钮。

(2)打开"监视窗口"对话框,单击"添加监视"按钮,打开"添加监视点"对话框,选择监视的单元格,单击"添加"按钮,如图 6-124 所示。

图 6-124 添加监视的单元格

(3)返回"监视窗口"对话框,根据相同的方法添加其他单元格,其中将显示单元格、值及公式等相关信息,如图 6-125 所示。

图 6-125 查看监视的单元格信息

5. 查找循环引用

如果某个公式直接或间接引用公式所在的单元格时,它将创建循环引用。循环引用会导致重复执行计算,从而产生错误的结果。

在打开工作簿，Excel 首次检测到循环引用时将弹出提示对话框，显示工作簿中包含循环引用，如图 6-126 所示。

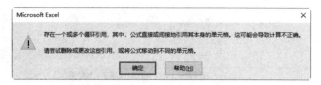

图 6-126　循环引用警告消息

通过"循环引用"功能查找该公式。切换至"公式"选项卡，单击"公式审核"选项组中"错误检查"按钮，在弹出的列表中选择"循环引用"选项，在子列表中将显示循环引用的单元格，如图 6-127 所示。

如果循环引用的单元格所在的工作表为非活动的工作表时，那么在使用"循环引用"功能时，列表中会显示工作簿名称＋工作表名称＋单元格地址，如图 6-128 所示。

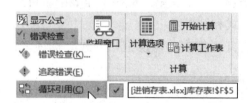

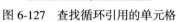

图 6-127　查找循环引用的单元格　　　　图 6-128　跨工作簿查找循环引用

默认情况下循环引用在 Excel 中是不可用的，但是可以通过设置迭代计算次数的方式有限地使用。还是需要在"Excel 选项"对话框中启用迭代计算功能。打开"Excel 选项"对话框，选择"公式"选项，在右侧"计算选项"选项区域中勾选"启用迭代计算"复选框，并设置最多迭代次数和最大误差，如图 6-129 所示。

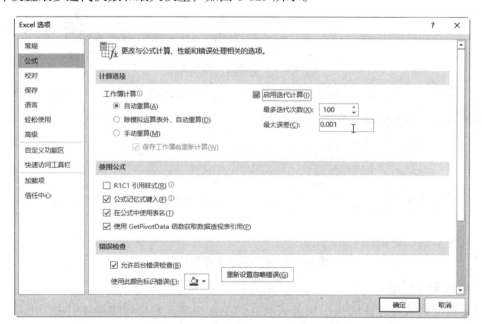

图 6-129　启用迭代计算

6. 追踪公式的引用关系

用户在检查公式时首先要清楚公式中引用的单元格的从属关系。为了帮助用户检查公式，可通过“追踪引用单元格”和“追踪从属单元格”功能以图形的方式显示单元格与公式之间的关系。

1）追踪从属单元格

打开“进销存表 .xlsx”工作簿，切换至“库存表”工作表，选中 F2 单元格，切换至“公式”选项卡，单击“公式审核”选项组中“追踪从属单元格”按钮。可见从 F2 单元格出发的箭头指向 H2，说明 H2 单元格中公式引用了 F2 单元格的，如图 6-130 所示。

	A	B	C	D	E	F	G	H
1	序号	品牌	型号	上期剩余	采购数量	库存总量	当日销量	库存
2	1	联想	Air 14 2020	21	195	216	84	正常
3	2	联想	Pro13	22	187	209	50	正常
4	3	联想	小新15	11	164	175	73	正常
5	4	HP	战66 三代15.6	19	119	138	94	补充库存
6	5	HP	战66 三代 AMD	28	106	134	60	正常
7	6	HP	战X 13.3	19	171	190	80	正常
8	7	华硕	Vivo 15s	26	120	146	128	补充库存
9	8	华硕	Vivo 14	12	127	139	99	补充库存
10	9	华硕	灵耀14	10	103	113	126	调整销量
11	10	宏碁	蜂鸟Fun	25	135	160	104	正常
12	11	宏碁	传奇14	32	166	198	89	正常

采购表 | 各店面销售统计表 | 库存表 | ... 就绪 100%

图 6-130　追踪从属单元格

2）追踪引用单元格

选择 G4 单元格，单击“公式审核”选项组中“追踪引用单元格”按钮，该单元格中公式引用的单元格会指向 G4，如图 6-131 所示。

	A	B	C	D	E	F	G	H
1	序号	品牌	型号	上期剩余	采购数量	库存总量	当日销量	库存
2	1	联想	Air 14 2020	21	195	216	84	正常
3	2	联想	Pro13	22	187	209	50	正常
4	3	联想	小新15	11	164	175	73	正常
5	4	HP	战66 三代15.6	19	119	138	94	补充库存
6	5	HP	战66 三代 AMD	28	106	134	60	正常
7	6	HP	战X 13.3	19	171	190	80	正常
8	7	华硕	Vivo 15s	26	120	146	128	补充库存
9	8	华硕	Vivo 14	12	127	139	99	补充库存
10	9	华硕	灵耀14	10	103	113	126	调整销量
11	10	宏碁	蜂鸟Fun	25	135	160	104	正常
12	11	宏碁	传奇14	32	166	198	89	正常

采购表 | 各店面销售统计表 | 库存表 | ... 就绪 100%

图 6-131　追踪引用单元格

如果需要清除工作表中的箭头，可以切换至“公式”选项卡，单击“公式审核”选项组中“移去箭头”按钮即可。

6.6　图表

图表可以将工作表中的数据以图形的方式表现出来，直观、形象地展示给浏览者，从而提高分析数据的效率。Excel 中的图表与表格数据直接关联，可随数据的改变而更新。

6.6.1 创建 Excel 图表

图表是基于一定的数据画出来的，不同结构的数据若需展示不同的效果，则需要使用不同的图表来展示数据。选择合适的图表类型能才准确表达数据中的信息。

1. 图表的组成元素

图表中包含很多元素，在默认情况下 Excel 只显示其中的一部分，用户可以根据需要添加其他元素，如果不需要某元素也可以将其删除。在制作图表时，用户可以调整各图表元素到合适的位置、更改元素大小或设置格式。下面以柱形图为例展示各图表元素，如图 6-132 所示。

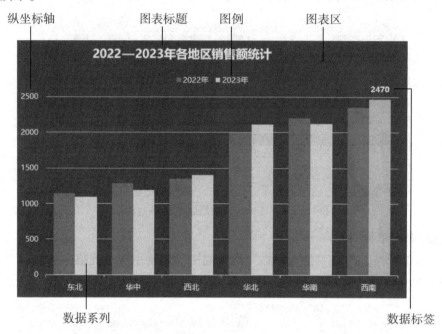

图 6-132 图表的组成

1）图表区

图表区是图表的主体范围，将光标移至图表的空白区域，在光标右下角将显示"图表区"文字，单击即可显示图表的边框和右侧 3 个按钮。图表的四周将会出现 8 个控制点，右侧 3 个按钮分别为"图表元素"按钮、"图表样式"按钮和"图表筛选器"按钮。单击对应的按钮可以快速选取和预览图表元素、图表外观或筛选数据。单击"图表元素"按钮，在右侧列表中勾选元素对应的复选框，在子列表中再勾选对应的复选框即可添加元素。

2）绘图区

绘图区是图表区内的图形表示区域，其包括数据系列、刻度线标志和横纵坐标轴等子元素。图表的绘图区将显示数据表中的数据，是将数据转换为图表的区域，其数据可以根据数据表中数据的更新而更新。

3）图例

图例由图例项和图例项标志组成，主要用于标识图表中数据系列及分类指定的颜色或图案。用户可以根据需要将其放在绘图区右侧、左侧、顶部或底部。

4）数据系列

数据系列可以在图表中绘制的相关数据点，这些数据源自数据表的行或列。图表中的数据系列是源数据的体现，源数据越大，对应的数据系列也就越大。数据系列具有唯一的颜色或图案并且可以在图像中体现。图表的类型不同数据系列的数量也不同，如饼图只有一个数据系列。

5）纵坐标轴和横坐标轴

坐标轴是界定图表绘图区的线条，被用作度量的参照框架。纵坐标轴包含数据，横坐标轴包含分类。坐标轴按位置不同可以分为主坐标轴和次坐标轴两类。在绘图区的左侧和下方的坐标轴为主坐标轴。

6）模拟数据表

模拟数据表显示了图表中所有数据系列的源数据。设置了模拟运算表的图表其模拟运算表将被固定显示在绘图区下方。

7）图表和坐标轴的标题

图表的标题一般位于图表的上方，起到说明的作用。当然，用户也可以额外添加文本框对图表作进一步说明。

坐标轴标题包括纵坐标轴标题、横坐标轴标题、次要纵坐标轴标题和次要横坐标轴标题。图表中只有设置了次要坐标轴才可以添加次要的纵或横坐标轴标题。

2. 图表的类型

Excel 提供了 10 多种类型的图表，用户基本上可以使用图表呈现所有类型的数据。常用的图表类型包括柱形图、折线图、饼图、条形图等。

在"插入图表"对话框的"所有图表"选项卡中显示了 Excel 内置的所有图表类型，如柱形图、折线图、饼图、条形图、面积图、曲面图、直方图和瀑布图等，如图 6-133 所示。

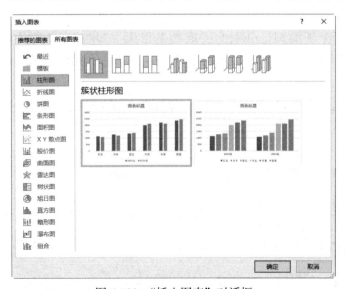

图 6-133 "插入图表"对话框

1）柱形图

柱形图用于显示一段时间内的数据变化或说明各项之间的比例情况，通常情况下其可以沿横坐标轴组织类别，沿纵坐标轴组织数值。柱形图是最常用的图表类型之一。

柱形图包括7个子类型，分别为"簇状柱形图""堆积柱形图""百分比堆积柱形图""三维簇状柱形图""三维堆积柱形图""三维百分比堆积柱形图"和"三维柱形图"。

2）折线图

折线图用于显示在相等时间间隔下数据的变化情况。在折线图中，类别数据沿横坐标均分布，所有数值沿垂直轴均匀分布。

折线图也包括7个子类型，分别为"折线图""堆积折线图""百分比堆积折线图""带数据标记的折线图""带数据标记的堆积折线图""带数据标记的百分比堆积折线图"和"三维折线图"。

3）饼图和圆环图

饼图用于显示单个数据系列各项数值与总和的比例，在饼图中各数据点的大小表示占整个饼图的百分比。

饼图包括5个子类型，分别为"饼图""三维饼图""复合饼图""复合条饼图"和"圆环图"。

使用饼图需要满足几个条件，即数据区域仅包含一列数据系列；绘制的数值没有负值；需要绘制的数值几乎没有零值等。

圆环图被包含在饼图内，但是圆环图可以显示多个数据系列，其中每个圆环代表一个数据系列，每个圆环的百分比值总计为100%。

4）条形图

条形图是用于比较多个值的最佳图表类型之一，其可以显示各项之间的比较情况，类似与水平的柱形图。

条形图包括6个子类型，分别为"族状条形图""堆积条形图""百分比堆积条形图""三维簇状条形图""三维堆积条形图"和"三维百分比堆积条形图"。

5）面积图

面积图是为折线图中折线数据系列下方部分填充颜色的图表，主要用于表示时序数据的大小与推移变化。

面积图包括6个子类型，分别为"面积图""堆积面积图""百分比堆积面积图""三维面积图""三维堆积面积图"和"三维百分比堆积面积图"。

6）XY散点图

XY散点图可以显示若干数据系列中各数值之间的关系，其有两个数值轴（水平数值轴和垂直数值轴），散点图将X值和Y值合并到单一的数据点，按不均匀的间隔显示这些数据点。

XY散点图包括7个子类型，分别为"散点图""带平滑线和数据标记的散点图""带平滑线的散点图""带直线和数据标记的散点图""带直线的散点图""气泡图"和"三维气泡图"。

7）股价图

股价图用于描述股票波动趋势，不过也可以显示其他类型的数据，创建股价图必须按照正确的顺序。

股份图包括 4 个子类型，分别为"盘高 - 盘低 - 收盘图""开盘 - 盘高 - 盘低 - 收盘图""成交量 - 盘高 - 盘低 - 收盘图"和"成交量 - 开盘 - 盘高 - 盘低 - 收盘图"。

8）曲面图

曲面图是以平面显示数据的变化趋势，像在地形图中一样用颜色和图案表示处于相同数值范围内的区域。

曲面图包括 4 个子类型，分别为"三维曲面图""三维线框曲面图""曲面图"和"曲面图（俯视框架图）"。

9）雷达图

雷达图可以用于比较每个数据相对中心的数值变化，可以将多个数据的特点以网状的形式呈现成图表，多用于倾向分析与重点把握。

雷达图包括 3 个子类型，分别为"雷达图""带数据标记的雷达图"和"填充雷达"。

10）直方图

直方图用于展示数据的分组分布状态，常用于分析数据在各个区间分部比例，用矩形的高度表示频数的分布。

11）树状图

树状图用于展示数据之间的层级和占比关系，其中，矩形的面积表示数据的大小。树状图可以显示大量数据，它不包含子类型图表。树状图中各矩形的排列是随着图表的大小变化而变化的。

12）旭日图

旭日图可以表达清晰的层级和归属关系，以父子层次结构的形式显示数据的构成情况。在旭日图中，每个圆环代表同一级别的数据，离原点越近级别越高。

13）箱型图

箱型图是 Excel 2016 新增的图表类型，其优势在于能够很方便地一次看到一批数据的四分值、平均值及离散值。

14）瀑布图

瀑布图是由麦肯锡顾问公司所独创的图表类型，该图表采用绝对值与相对值结合的方式，适合表达数个特定数值之间的数量变化关系。

3. 创建图表

下面介绍两种常用的创建图表的方法。

1）插入指定类型的图表

在工作表中选择需要创建图表的数据区域，切换至"插入"选项卡，单击"图表"选项组中图表类型对应的按钮，在弹出的列表中选择合适的图表即可。例如，单击"插入柱形图或条形"按钮，在弹出的列表中将显示柱形图和条形图所有图表类型，如图 6-134 所示。

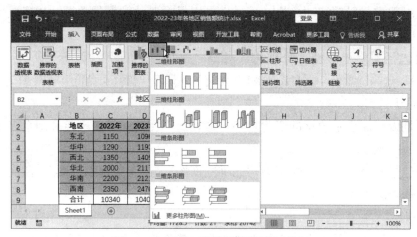

图 6-134 "插入柱形图或条形"列表

2）插入推荐的图表

选择创建图表的数据区域，切换至"插入"选项卡，单击"图表"选项组中"推荐的图表"按钮，打开"插入图表"对话框，在"推荐的图表"选项卡中可以根据数据区域的结构选择推荐的图表，如图 6-135 所示。"所有图表"选项卡中包含了 Excel 中所有图表的类型。

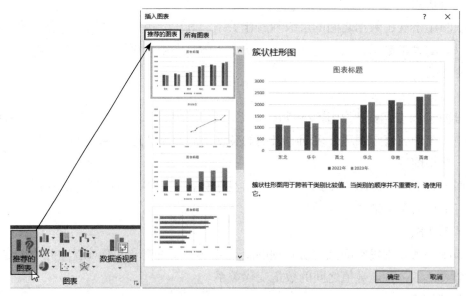

图 6-135 "插入图表"对话框

4. 图表的基本操作

下面介绍图表的基本操作，包括调整图表大小、移动图表、更改图表类型，以及添加图表元素等。

1）调整图表的大小

调整图表的大小可分为手动调整和精确调整两种方法。

（1）手动调整图表大小：选中图表，此时图表四周将出现 8 个控制点，拖动边上的控制点就可以调整图表的高度或宽度。如果调整角控制点则可以任意调整图表的高度和宽度。

在拖动角控制点时，如果按住 Shift 键则可以按照图表纵横比缩小或放大图表。如果按 Ctrl 键则图表会以中心为基准点向四周调整大小。

（2）精确调整图表大小：选中图表，切换至"图表工具 - 格式"选项卡，在"大小"选项组中分别在"高度"和"宽度"的文本框中输入精确的数值（默认情况下单位是厘米）。除此之外，还可以在"设置图表区格式"导航窗格的"大小与属性"选项的"大小"选项区域中设置高度和宽度的值。

在 Excel 中调整表格的行高或列宽，图表的高度和宽度会随之改变，进而影响图表的展示效果。在"设置图表区格式"导航窗格中的"大小和属性"选项卡中展开"属性"区域，选中"不随单元格改变位置和大小"单选按钮，如图 6-136 所示。另外，也可以选中"随单元格改变位置，但不改变大小"单选按钮。

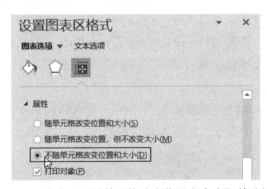

图 6-136 选中"不随单元格改变位置和大小"单选按钮

2）移动图表

在 Excel 中创建图表后，默认情况下图表和数据源在同一工作表中，用户可以根据需要将图表移动到其他工作表中。

选中图表，切换至"图表工具 - 设计"选项卡，单击"位置"选项组中"移动图表"按钮。打开"移动图表"对话框，如图 6-137 所示。

图 6-137 "移动图表"对话框

在"移动图表"对话框中选择"新工作表"单选按钮,在右侧文本框中设置新工作表的名称,单击"确定"按钮即可在当前工作簿中创建新工作表并设置只在新工作表中显示图表,原图表将被移至新工作表中。选中"对话位于"单选按钮,单击右侧列表按钮,在弹出的列表中选择工作表名称,图表将被移至指定工作表。

3）更改图表类型

选中图表,切换至"图表工具 - 设计"选项卡,单击"类型"选项组中"更改图表类型"按钮,打开"更改图表类型"对话框,选择需要更改为的图表类型即可。"更改图表类型"对话框中的参数和"插入图表"对话框中一样,此处不再赘述。

用户还可以通过快捷菜单打开"更改图表类型"对话框,选中图表并右击,在快捷菜单中选择"更改图表类型"命令。

> 提示：更改某一数据系列的类型
> 当图表中有多列数据系列时,可以通过"组合图"更改某一数据系列。在"所有图表"选项卡的左侧自动选中"组合图"选项,在右侧"为您的数据系列选择图表类型和轴"列表区域中设置某一数据系列的类型即可。

4）添加图表元素

选中图表,切换至"图表工具 - 设计"选项卡,单击"图表布局"选项组中"添加图表元素"按钮,在弹出的列表中选择需要添加的图表元素选项,并在子列表中选择位置,如图 6-138 所示。

选中图表后,单击右侧的"图表元素"按钮,在右侧列表中勾选元素的复选框,在子列表中再勾选对应的复选框即可,如图 6-139 所示。

图 6-138　在功能区添加元素

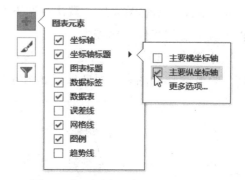

图 6-139　"图表元素"按钮添加元素

6.6.2　编辑图表的数据

图表是数据的形象化,其基础是数据,那么如何向图表中添加数据、修改数据或删除相关数据呢？如下所示。

1. 删除数据

如果不需要在图表中显示相关数据,那么可以将该数据从图表中删除。删除操作可以通过以下三种方法实现。

(1)"图表筛选器"功能:选中图表,单击右侧"图表筛选器"按钮,在打开的列表中切换到"数值"选项卡,在"系列"选项区域取消勾选删除的数据复选框,单击"应用"按钮即可,如图6-140所示。

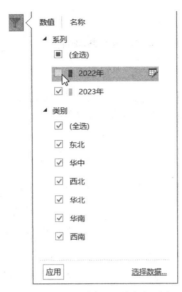

图 6-140　取消勾选对应复选框

(2)"选择数据"对话框:选中图表,切换至"图表工具 - 设计"选项卡,单击"数据"选项组中"选择数据"按钮。打开"选择数据源"对话框,在"图例项(系列)"列表框中取消勾选需要删除的数据,或者选择需要删除的数据,单击"删除"按钮,如图 6-141 所示。

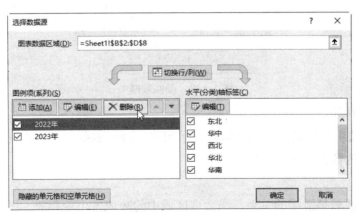

图 6-141　删除对应的数据

(3)拖动源数据的控制点:在 Excel 中选中图表后,在数据区域显示了图表中数据的范围,用户可以通过调整数据范围更改图表显示的数据区域。

2. 添加数据

创建图表后，可以根据需要通过"选择数据"功能添加或拖动源数据的控制点添加数据。

1）通过"选择数据"功能

选中图表，切换至"图表工具 - 设计"选项卡，单击"数据"选项组中"选择数据"按钮。打开"选择数据源"对话框，单击"图表数据区域"右侧折叠按钮，在工作表中选择源数据和添加的数据区域，如图 6-142 所示。

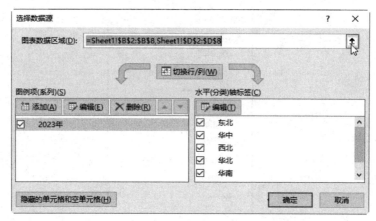

图 6-142　选择源数据

在"选择数据源"对话框中单击"图例项（系列）"选项区域中的"添加"按钮。打开"编辑数据系列"对话框，在"系列名称"文本框中输入名称或引用工作表中单元格的内容。"系列值"为数据系列的数值，单击"确定"按钮即可在图表添加该数据系列，如图 6-143 所示。

图 6-143　添加数据

2）拖动源数据的控制点

在 Excel 中选中图表后，数据区域将显示图表中数据的范围，用户可以通过调整数据范围以更改图表的数据区域。

3. 修改数据

图表和数据区域是链接的关系，当数据区域中的数值发生变化时，图表也会随之而变化。下面介绍修改横坐标轴的数据，具体操作方法如下。

（1）打开"2018—2023 年两店销量对比 .xlsx"工作表，在图表所在的工作表中输入横坐标轴新内容。

（2）右击图表，在快捷菜单中执行"选择数据"命令，打开"选择数据源"对话框，单击"水平（分类）轴标签"选项区域中的"编辑"按钮。

（3）打开"轴标签"对话框，单击"轴标签区域"折叠按钮，在工作表中选择 A10:A15 单元格区域，单击"确定"按钮，如图 6-144 所示。

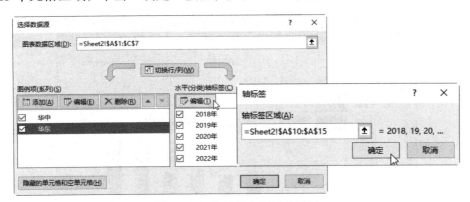

图 6-144　设置横坐标轴的数据

（4）返回"选择数据源"对话框，可见横坐标轴已被修改为指定的内容，单击"确定"按钮即可。

6.6.3　图表的美化

图表美化的目的是更有利地传递和突出信息，让浏览者更直观地、更容易地理解图表要表达的观点，所以图表的任何美化操作都要围绕图表的主题展开。

本节介绍图表美化的相关内容，包括更改图表布局、应用图表样式、应用形状样式。

1. 更改图表布局

在 Excel 中创建的图表只包含默认几种图表元素，用户可以直接使用内置布局，快速调整图表。

选择创建的图表，如柱形图，切换至"图表工具 - 设计"选项卡，单击"图表布局"选项组中"快速布局"按钮，在弹出的列表中可以选择合适的布局效果，如图 6-145 所示。

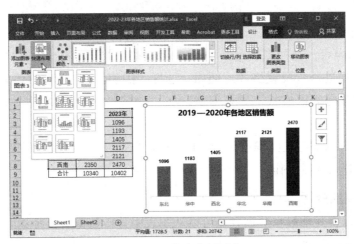

图 6-145　快速布局图表

2. 应用图表样式

Excel 支持根据图表类型选择不同的图表样式，用户可以直接应用图表样式快速进行美化。

选中图表，切换至"图表工具 - 设计"选项卡，单击"图表样式"选项组中"其他"按钮，在列表中显示了内置的图表样式，选择合适的图表样式即可，如图 6-146 所示。

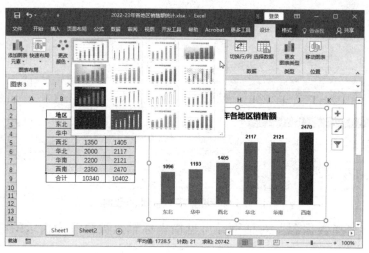

图 6-146 应用图表样式

3. 应用形状样式

通过形状样式可以设置图表中各元素的填充颜色、轮廓样式、形状效果等。

选中图表中任意元素，切换至"图表工具 - 格式"选项卡，在"形状样式"选项组即可设置图表元素的填充颜色、轮廓样式和形状效果，也可以应用形状样式，如图 6-147 所示。

图 6-147 应用形状样式

下面介绍"图表工具 - 格式"选项卡中各功能的含义。

● 设置所选内容：选择图表中某个元素后，单击"设置所选内容格式"按钮即可打开相应的导航窗格进一步设置格式。例如，选择"图表区"，单击"设置所选内容格式"按钮，打开"设置图表区格式"导航窗格，在"填充与线条""效果"和"大小与属性"选项卡中设置。

● 排列：当工作表中包含多张图表时，通过"排列"选项组中的工具可以对图表元素进行对齐、调整层次等操作。

6.6.4 图表的分析

图表不仅可以直观地展示数据，还可以从图表中分析数据所要传达的信息，以便利用这些数据总结或安排工作。

本节主要介绍关于图表分析的相关知识，主要通过添加趋势线、误差线、涨/跌柱线和线条实现数据分析。

1. 趋势线

在图表中添加趋势线可以直观地展现数据的变化趋势，还可以根据现有的数据预测将来的数据。

在 Excel 中，趋势线包括线性、指数、线性预测、移动平均四种。选中图表，切换至"图表工具 - 设计"选项卡，单击"图表布局"选项组中"添加图表元素"按钮，在弹出的列表中即可选择"趋势线"选项，接着可以在子列表中选择对应的选项，如图 6-148 所示。

添加趋势线后，选中并打开"设置趋势线格式"导航窗格，在"填充与线条"选项卡中可以设置线的格式；在"趋势线选项"选项卡中可以设置趋势线的种类其他相关参数，如图 6-149 所示。

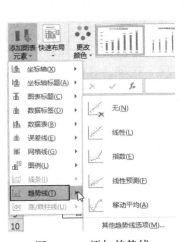
图 6-148 添加趋势线

图 6-149 设置趋势线格式

- 线性趋势线：用于为简单线性数据集创建最佳拟合的直线。线性趋势线通常表示事物是以恒定速率增加或减少的。
- 指数趋势线：用于一个以递增或递减比率上升或下降的数据。指数趋势线看似是一个具有对数的 Y 轴标量和线性的 X 轴标量的图表上的直线，和幂趋势线一样指数趋势线并不适用包含 0 或负数的数据。
- 线性预测：Excel 将根据之前数据预测下一时间点的值。

2. 误差线

在图表中添加误差线可以快速查看误差幅度和标准偏差。误差线主要被用在二维面积图、条形图、折线图、柱形图和散点图等，其在散点图上可以显示 X、Y 值的误差线。

选中图表，切换至"图表工具 - 设计"选项卡，单击"图表布局"选项组中"添加图表元素"按钮，在弹出的列表中选择"误差线"选项，即可在子列表中选择对应的选项，如图 6-150 所示。

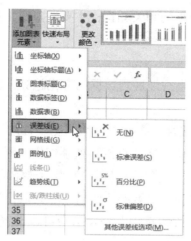

图 6-150 "误差线"列表

3. 涨/跌柱线

涨/跌柱线指示第一个数据系列中的数据点与最后一个数据系列中的数据点之间的差异，通常被用在股价图中，展示开盘价和收盘价之间的关系。

选中图表，切换至"图表工具-设计"选项卡，单击"图表布局"选项组中"添加图表元素"按钮，在弹出的列表中选择"涨/跌柱线"选项，在子列表中选择对应的选项即可，如图 6-151 所示。

图 6-151 "涨/跌柱线"列表

4. 线条

不同的图表类型可以添加不同的线条，Excel 中的线条包括垂直线和高低点连线两种。

垂直线是连接水平轴与数据系列之间的线条，可以在面积图或折线图中使用。高低点连线是连接不同数据系列的对应数据点之间的折线，可以在包含两个及以上二维折线图中显示。

选中图表，切换至"图表工具-设计"选项卡，单击"图表布局"选项组中"添加图表元素"按钮，在弹出的列表中选择"线条"选项，子列表中将包含"垂直线""高低点连线"和"无"选项。

6.6.5 迷你图的应用

迷你图常用于显示数据的经济周期变化、季节性升高或下降趋势，或者突出显示最大值和最小值等，是在单元格中直观地展示一组数据变化趋势的微型图表，Excel 提供了折线、柱形和盈亏 3 种类型的迷你图。

1. 创建迷你图

在 Excel 中通常使用以下两种方法创建迷你图。

1）使用功能区创建迷你图

选择单元格或单元格区域，切换至"插入"选项卡，"迷你图"选项组中包含了 3 种迷你图类型。例如，单击"柱形"按钮可以打开"创建迷你图"对话框，设置"数据范围"和"位置范围"，单击"确定"按钮即可创建迷你图，如图 6-152 所示。

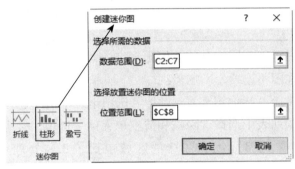

图 6-152　创建迷你图

2）利用"快速分析"功能创建迷你图

选择单元格或单元格区域，单击右侧"快速分析"按钮，在打开的面板中切换至"迷你图"选项卡，可以看到其中包含了 3 种迷你图类型，如图 6-153 所示。

图 6-153　利用"快速分析"功能创建迷你图

2. 编辑迷你图

在"迷你图工具 - 设计"选项卡中可以编辑迷你图，如更改迷你图类型、设置显示、应用迷你图样式等，如图 6-154 所示。

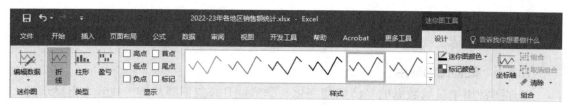

图 6-154　编辑迷你图

1）编辑数据

在"迷你图工具-设计"选项卡的"迷你图"选项组中单击"编辑数据"按钮，在打开的"编辑迷你图"对话框中可以设置数据范围或位置范围。该对话框中的参数和"创建迷你图"对话框中一样。

2）更改迷你图类型

在"迷你图工具-设计"选项卡的"类型"选项组中单击相应的按钮即可。

3）迷你图样式

在"样式"选项组中可以应用迷你图的样式，设置迷你图的颜色和标记颜色。

3. 处理空单元格

统计的数据中有时可能会因为某些原因出现空单元格，此时创建迷你图则因为该位置是空的，所以将使迷你图不连续，影响美观。

选中迷你图，切换至"迷你图工具-设计"选项卡，单击"迷你图"选项组中"编辑数据"按钮，在弹出的列表中选择"隐藏和清空单元格"选项，打开"隐藏和空单元格设置"对话框。在"空单元格显示为"选项区域包括了3种处理空单元格的方式，如图 6-155 所示。

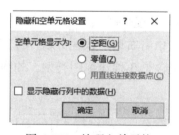

图 6-155　处理空单元格

6.7　数据透视表和数据透视图

数据透视表是 Excel 中最常用的数据分析工具之一，其为用户提供了一种对大量数据快速汇总并建立交叉列表的交互式动态表格。这种表格利用数据本身的特征帮助用户重新组织数据，从而分析出数据的内在含义。

6.7.1　创建数据透视表

在 Excel 中创建数据透视表可以通过两种途径，用户可以使用"推荐的数据透视表"创建，也可以创建空白数据透视表。

1. 使用"推荐的数据透视表"功能

（1）将光标定位在数据区域，切换至"插入"选项卡，单击"表格"选项组中"推荐的数据透视表"按钮。

（2）打开"推荐的数据透视表"对话框，在左侧选择推荐的数据透视表，右侧将显示其结构，单击"确定"按钮，如图 6-156 所示。

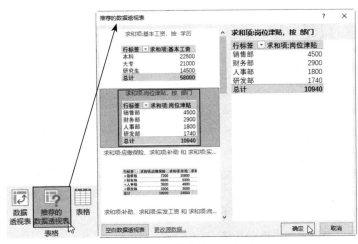

图 6-156 推荐的数据透视表

（3）在新工作表中创建选中的数据透视表结构。

2. 创建空白数据透视表

（1）打开工作表，将光标定位在数据区域中任意单元格。

（2）切换至"插入"选项卡，单击"表格"选项组中的"数据透视表"按钮。

（3）打开"创建数据透视表"对话框，在"表/区域"文本框中自动选中表格中的数据区域，在"选择放置数据透视表的位置"选项区域中设置数据透视表的存放位置，此处保持"新工作表"单选按钮为选中状态，单击"确定"按钮，如图 6-157 所示。

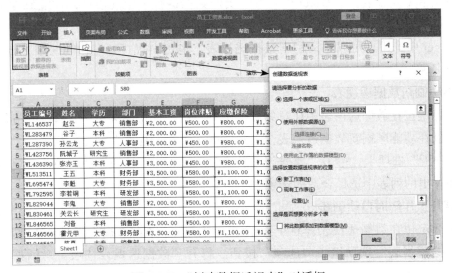

图 6-157 "创建数据透视表"对话框

（4）在当前工作簿中新建工作表并创建空白的数据透视表，同时打开"数据透视表字段"导航窗格，功能区将显示"数据透视表工具"选项卡，如图 6-158 所示。

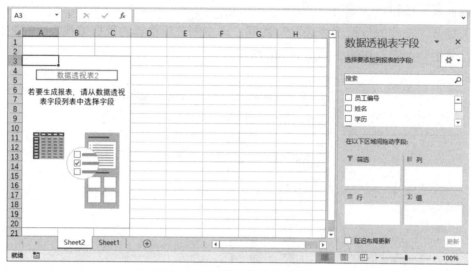

图 6-158 创建空白数据透视表

提示：向空白数据透视表中添加数据

如果将字段放在默认的区域中，那么在字段列表中勾选字段名对应的复选框即可。Excel 默认将非数值字段放在"行"区域中，数字字段放在"值"区域中。

如果将字段放在指定的区域，则可将字段名拖到指定区域。例如，将字段名称拖至"列"区域。

如果要删除某字段，则可在字段列表中取消勾选该字段复选框，或者单击字段名右侧列表按钮，在弹出的列表中选择"删除字段"选项。

6.7.2 刷新数据透视表

当数据源发生变化时，Excel 需要及时更新数据透视表中的数据，才能确保反映真实的数据信息。

在 Excel 中，用户可以手动刷新数据透视表，也可设置打开工作簿时由 Excel 自动刷新数据透视表。

1. 手动刷新数据透视表

将光标定位在数据透视表中任意单元格中并右击，在快捷菜单中选择"刷新"命令即可。也可以在功能区刷新数据透视表，选中数据透视表中任意单元格，切换至"数据透视表工具 - 分析"选项卡，单击"数据"选项组中的"刷新"按钮，或者单击"刷新"列表按钮，在弹出的列表中选择合适的选项。

2. 打开工作簿时自动刷新

将光标定位在数据透视表任意单元格中，切换至"数据透视表工具 - 分析"选项卡，单击"数据透视表"选项组中"选项"按钮。打开"数据透视表选项"对话框，切换至

"数据"选项卡,在"数据透视表数据"选项区域中勾选"打开文件时刷新数据"复选框,单击"确定"按钮即可,如图6-159所示。

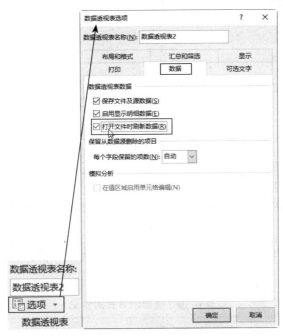

图6-159 设置打开文件时刷新数据透视表

提示:数据透视表的报表布局

数据透视表提供了3种报表布局形式,分别为"以压缩形式显示""以大纲形式显示"和"以表格形式显示"。"以表格形式显示"的透视表更加直观,更便于查看,这种报表布局也是用户首选的显示方式。

6.7.3 数据透视表中值的计算方法和显示方式

数据透视表提供了11种值汇总方式,包括求和、计数、平均值、最小值、标准偏差等。用户可以根据需要设置值的显示方式。

1. 值计算方法

将光标定位在需要设置值计算方法的字段列中任意单元格,切换至"数据透视表工具-分析"选项卡,单击"活动字段"选项组中"字段设置"按钮,打开"值字段设置"对话框。然后,在"值汇总方式"选项卡的"计算类型"列表框中选择合适的计算方式,单击"确定"按钮,如图6-160所示。

也可以右击字段,在快捷菜单中选择"值汇总依据"选项,弹出的子列表中将包含求和、计数、平均值、最大值、最小值、乘积和其他选项等计算值的方式,如图6-161所示。选择"其他选项"命令也可以打开"值字段设置"对话框;在快捷菜单中选择"值字段设置"命令也能打开"值字段设置"对话框。

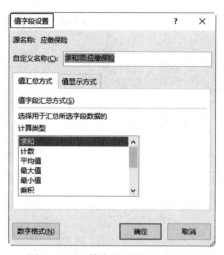 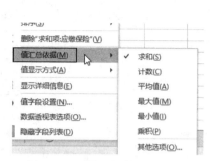

图 6-160 "值字段设置"对话框　　　　图 6-161 "值汇总依据"列表

2. 值显示方式

数据透视表中，值显示方式可以更加灵活地显示数据，具体包括 15 种值的显示方式，如表 6-10 所示。

表 6-10　值显示方式的含义

序　号	值显示方式	功　　能
1	无计算	默认显示方式，数值无任何对比
2	总计的百分比	显示值所占所有汇总的百分比值
3	列汇总的百分比	显示值占列汇总的百分比值
4	行汇总的百分比	显示值占行汇总的百分比值
5	百分比	显示值为参照基本项的百分比
6	父行汇总的百分比	显示值占父行汇总百分比值
7	父列汇总的百分比	显示值占父列汇总百分比值
8	父级汇总的百分比	显示值点参照基本项汇总的百分比
9	差异	显示值与参照基本项的差
10	差异百分比	显示值与参照基本项的面分比差值
11	按某一字段汇总	将基本字段中连续项的值显示为累计总和
12	按某一字段汇总的百分比	将基本字段中连续项的值显示为百分比累计总和
13	升序排列	显示某字段所有值的排列，其中最小项排位为 1，每一个较大的值具有较高的排位值
14	降序排列	显示某字段所有值的排列，其中最大项排位为 1，每一个较小的值具有较高的排位值
15	指数	计算数据的相对重要性

在"值字段设置"对话框中切换至"值显示方式"选项卡，单击"值显示方式"列表按钮，弹出的列表中将包含所有值的显示方式的选项。

6.7.4 创建切片器和日程表筛选数据

要对数据透视表中数据进行动态的筛选，可以使用切片器或日程表。

1. 插入切片器

切片器包含一组按钮，能够快速地筛选数据透视表中的数据，下面介绍插入切片器的方法。

（1）将光标定位在数据透视表内。

（2）切换至"数据透视表工具 - 分析"选项卡，单击"筛选"选项组中"插入切片器"按钮。

（3）打开"插入切片器"对话框，勾选需要插入的切片器的字段，可以勾选数据透视表之外的字段，单击"确定"按钮即可插入切片器，如图 6-162 所示。

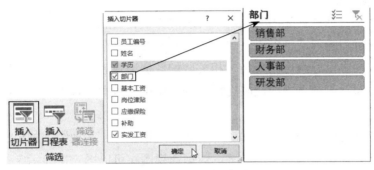

图 6-162　插入切片器

（4）在切片器中单击对应的按钮即可对数据进行筛选，也可以按住 **Ctrl** 键进行多项筛选。

> **提示：取消筛选**
> 如果需要取消某切片器的筛选，可直接全选切片器中所有按钮，或者单击右上角 按钮。

（5）选择切片器，功能区将显示"切片器工具 - 选项"选项卡，在此用户可以设置切片器的样式、排列切片器的层次、调整大小等，如图 6-163 所示。

图 6-163　"切片器工具 - 选项"选项卡

2. 插入日程表

数据透视表日程表是一个动态工具，其可以按日期或时间进行筛选。

（1）将光标定位在数据透视表内。

（2）切换至"数据透视表工具 - 分析"选项卡，单击"筛选"选项组中的"插入日程表"按钮。

（3）打开"插入日程表"对话框，勾选需要插入切片器的字段，单击"确定"按钮即可插入日程表，如图 6-164 所示。

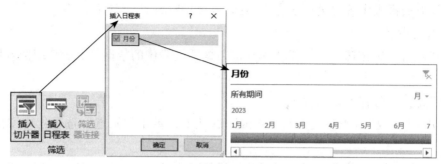

图 6-164　插入日程表

6.7.5　数据透视图

数据透视图是数据透视表内数据的一种表现方式，其和数据透视表的相同点是交互式的，不同点是通过图的形式可以更直观地、形象地展示数据。

为数据透视图提供源数据的是与之相关联的数据透视表，在此数据透视表对字段布局和数据进行修改时，改动会立即反映在数据透视图中。数据透视图与相关联的数据透视表必须在同一个工作簿。

数据透视图和普通图表除了数据源来自数据透视表外，其他图表的组成元素基本上相同，都包含数据系列、图例、坐标轴等。数据透视图在可以图表区显示字符筛选器，方便用户对字段进行筛选，下面介绍创建数据透视图的方法。

1. 通过数据区域创建数据透视图

（1）将光标定位在数据区域任意单元格中。

（2）切换至"插入"选项卡，单击"图表"选项组中"数据透视图"按钮，在弹出的列表中选择"数据透视图"选项或"数据透视图和数据透视表"选项，打开"创建数据透视表"对话框。保持各参数为默认状态，单击"确定"按钮。

（3）创建空白的数据透视图和空白的数据透视表，同时打开"数据透视图字段"导航窗格，在功能区切换至"数据透视图工具"选项卡。

（4）根据创建数据透视表的方法将字段拖曳到不同区域，即可创建数据透视图。

该方法创建数据透视图的同时也会创建数据透视表，二者之间是关联的。

2. 通过数据透视表创建数据透视图

（1）将光标定位在数据透视表任意单元格。

（2）切换至"数据透视表工具 - 分析"选项卡，单击"工具"选项组中"数据透视图"按钮。

（3）打开"插入图表"对话框，选择合适的图表类型，如选择柱形图，单击"确定"按钮，即可创建数据透视图，如图 6-165 所示。

图 6-165　创建数据透视图

提示：删除数据透视表和数据透视图

删除数据透视表时可以将光标定位在数据透视表内，切换至"数据透视表工具 - 分析"选项卡，单击"操作"选项组中"选择"按钮，在弹出的列表中选择"整个数据透视表"选项，然后按 Delete 键。

删除数据透视图时可以选择数据透视图，按 Delete 键即可。

删除数据透视图相关联的数据透视表后，数据透视图将变为普通图表，同时改为从源数据区域中取值。

练习题

一、选择题

1. 在 Excel 工作表多个不相邻的单元格中输入相同数据，最优的操作方法是（　　）。

　　A. 在其中一个单元格中输入数据后，通过复制粘贴方法复制到其他单元格

　　B. 中输入区域最上方单元格中输入数据，向下填充到其他单元格

　　C. 在一个单元格中输入数据，复制后，按住 Ctrl 键选择其他单元格并粘贴

　　D. 同时选中所有不相邻的单元格，输入数据后，按 Ctrl+Enter 组合键

2. 小王在 Excel 工作表的 B2 单元格中输入了 18 位身份证号码，在 C2 单元格中输入公式计算年龄，正确的公式是（　　）。

　　A. =YEAR(TODAY())-MID(B2,7,8)

　　B. =YEAR(TODAY())-MID(B2,6,4)

　　C. =YEAR(TODAY())-MID(B2,7,4)

　　D. =YEAR(TODAY())-MID(B2,6,8)

3. 在 Excel 工作表的 B 列保存了 11 位手机号码，为了保护个人信息，需要将手机号码后 4 位以 "*" 表示，以 B2 单元格为例，其正确公式是（　　）。

　　A. =REPLACE(b2,8,4"****")

　　B. =REPLACE(b2,7,4"****")

C. =FIND(b2,8,4"****")

D. =FIND(b2,7,4"****")

4. 小刘使用 Excel 2016 制作了一份员工档案表，但是部门经理的计算机只安装了 Office 2003，小刘如何保存才能让经理使用 Office 2003 打开此员工档案表？（　　）

　　A. 小刘安装 Office 2003，重新制作一份员工档案表。

　　B. 将文档另存为 Excel 97-2003 文档格式。

　　C. 将其保存为 PDF 格式。

　　D. 建议经理在计算机中安装 Excel 2016。

5. 将 Excel 工作表 A1 单元格中公式"=SUM(B$2:C$4)"复制到 B18 单元格后，则公式将变为（　　）。

　　A. =SUM(C$18:D$19)

　　B. =SUM(C$2:D$4)

　　C. =SUM(B$19:C$19)

　　D. =SUM(B$2:C$4)

6. 某年级各班的成绩分别被保存在不同的 Excel 工作簿中，张老师需要将所有成绩合并到一个工作簿的不同的工作表中，最优的做法是（　　）。

　　A. 通过插入对象功能，将各班成绩单整合到一个工作簿中

　　B. 将各班成绩数据通过复制和粘贴功能，整合到一个工作簿中

　　C. 通过移动或复制工作表，将各班成绩整合到一个工作簿中

　　D. 打开一个班成绩单，将其他班数据录入在不同的工作表中

7. 无法在 Excel 中插入的迷你图是（　　）。

　　A. 折线图　　　　　　　　　　B. 柱形图

　　C. 散点图　　　　　　　　　　D. 盈亏图

8. 以下对 Excel 中高级筛选功能的说法正确的是（　　）。

　　A. 高级筛选通常需要在工作表中设置条件

　　B. 利用"数据"选项卡的"排序和筛选"选项组中"筛选"按钮进行高级筛选

　　C. 高级筛选就是自定义筛选

　　D. 高级筛选之前必须对数据进行排序

9. 在 Excel 中，在 E2:E40 单元格区域中输入所有员工的基本工资，现在需要为每位员工的工资增加 50 元，以下操作最优的是（　　）。

　　A. 在 E2 单元格中输入"=E2+50"公式，然后向下填充公式

　　B. 在 E 列右侧插入 F 列，在 F2 单元格中输入"=E2+50"公式，向下填充公式，再删除 E 列，F 列变为 E 列

　　C. 在数据区域外任意单元格中输入 50 并复制，在 E2 单元格中右击，选择"选择性粘贴"→"加"，再向下填充

　　D. 在数据区域外任意单元格中输入 50 并复制，在 E2:E40 单元格区域中右击，选

择"选择性粘贴"→"加"即可

二、上机题

库存管理人员小李绘制出了公司"进销存表.xlsx"工作簿，其中包括"采购表""各店面销售统计表"和"库存表"，根据要求管理库存。

1. 在"采购表"中根据D列的采购数量和E列的采购单价，在F列使用公式计算采购总价，并填充公式。

2. 将E列和F列中数据设置为"货币"格式，并保留两位小数。

3. 在"各店面销售统计表"中将D列的数据定义名称为"型号"，将E列的数据定义名称为"销售数量"。

4. 在"库存表"中使用VLOOKUP()函数在E列查找对应型号的笔记本于"采购表"中采购的数量。

5. 使用公式在F列计算上期结余和采购数量之和。

6. 在G列使用SUMIF()函数，根据型号计算各店面当日销售的总量，要求使用定义的"型号"和"销售数量"名称。

7. 在H列使用IF()函数判断F列库存总量和G列当日销量之间的关系，要求：库存总量比当日销量大于50时，在H列对应单元格中显示"正常"；库存总量减去当日销量的值大于0和小于等于50时，在对应单元格中显示"补充库存"；库存总量小于当日销量时，在对应的单元格中显示"调整销量"。

8. 使用新建条件格式将"采购表"中库存总题小于当日销量的数据突出显示出来。要求：使用公式进行判断，符合条件的格式为红色填充白色字体。

9. 将结果保存为"进销存表–最终效果.xlsx"文件。

第 7 章 使用 PowerPoint 2016 制作演示文稿

PowerPoint 也是 Office 的主要组件之一,其可以编辑由一系列幻灯片组成的演示文稿,可提供设计、制作和放映功能。PowerPoint 演示文稿集文字、图形、图像、音频、视频和动画等多媒体元素于一体,为用户提供动态的交互演示内容。

本章主要介绍演示文稿的创建、美化、应用动画直到输出和放映幻灯片,通过学习本章,读者可以结合提升技巧和高手进阶的案例,熟练掌握演示文稿的制作过程。

7.1 幻灯片的基本操作

创建演示文稿后,还需要创建多张幻灯片并设计和编辑演示内容,才能形成完整的、图文并茂的演示文稿。幻灯片的基本操作包括新建、复制、删除等。

7.1.1 选择幻灯片

在演示文稿中选择幻灯片时可以在"幻灯片"窗格中单击某张幻灯片,接着可以在编辑区查看这张幻灯片的内容。除此之外,还可以同时选择多张幻灯片。

(1)选择连续的多张幻灯片。选择首张幻灯片,按住 Shift 键不放,并选择最后一张幻灯片,则在这两张幻灯片之间的所有幻灯片都会被选中,编辑区将显示最先被选择的幻灯片内容。

(2)选择不连续的多张幻灯片。选择某张幻灯片后,按住 Ctrl 键不放再选择其他幻灯片,即可选择不连续的多张幻灯片,编辑区会显示最后被选择的幻灯片内容。

(3)选择所有幻灯片:在幻灯片窗格中选择一张幻灯片后,按 Ctrl+A 组合键即可全选幻灯片。

7.1.2 设置幻灯片的大小

PowerPoint 2016 默认的幻灯片的大小是"宽屏 (16:9)",之前老版本的 PowerPoint 幻灯片的大小是"标准 (4:3)"。

通过"设计"选项卡中"幻灯片大小"功能可以设置幻灯片的大小。在"幻灯片大小"列表中默认包含 4∶3 和 16∶9 两种常用的选项。如果设置的大小不是这两个选项，则可以选择"自定义幻灯片大小"选项。

"幻灯片大小"对话框提供了多种常用的纸及幻灯片规格的尺寸可供选择。如果需要进一步设置幻灯片大小，可以调整宽度和高度的具体值，默认的单位是"厘米"，如图 7-1 所示。

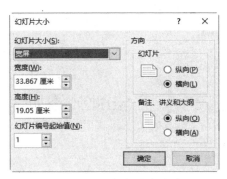

图 7-1 设置幻灯片的大小

需要特别注意，一定要在制作 PPT 前确定幻灯片的大小，否则会使页面上内容编排混乱。

不同的幻灯片大小会影响排版的设计。4∶3 的页面在纵向上会有很大的空间，可以考虑上下方向（纵向）的延伸；16∶9 的页面在横向上会有很大的空间，可以考虑左右方向（横向）的延伸。采用合理的长宽比可以很好地避免不合适方向上的内容过于密集。

7.1.3 复制和移动幻灯片

如果需要新建的幻灯片与现有的某张幻灯片非常相似，则可以复制幻灯片然后再进行编辑，可节省大量设计时间。

1. 复制幻灯片

在幻灯片窗格中选择需要复制的幻灯片，然后可以按照以下方法复制粘贴幻灯片。

（1）在"开始"选项卡的"剪贴板"选项组中单击"复制"按钮，再选择需要粘贴的位置，单击"剪贴板"选项组中"粘贴"按钮，即可将复制的幻灯片粘贴到指定幻灯片的下方。

（2）在需要复制的幻灯片中右击，在快捷菜单中选择"复制"命令，选择粘贴的位置右击，在快捷菜单中选择"保留源格式"命令即可。

（3）选择复制的幻灯片按 Ctrl+C 组合键，再选择粘贴的位置按 Ctrl+V 组合键。

2. 移动幻灯片

移动幻灯片和复制幻灯片的操作类似，只是在前两种方法下不是选择"复制"功能，而是选择"剪切"功能。使用组合键时，是按 Ctrl+X 组合键剪切。

最直接的方法是将光标移到需要移动的幻灯片上，按住鼠标左键不放，然后将之拖动到合适的位置，释放鼠标左键即可。

7.1.4 修改幻灯片的版式

PowerPoint 2016 中包含 11 种默认版式，用户可以根据内容设计的需要修改版式。选择需修改版式的幻灯片（可以选择 1 张也可以选择多张），切换至"开始"选项卡，单击

"幻灯片"选项组中"版式"按钮,在打开的列表中选择合适的版式即可完成修改,如图 7-2 所示。

图 7-2 "版式"列表

单击"版式"按钮左侧的"新建幻灯片"下方的列表按钮,弹出的列表中将包含和"版式"相同的幻灯选项,选择后即可在当前幻灯片的下方新建对应版式的幻灯片。

如果 PowerPoint 内置的版式没有合适的,那么用户可以自定义幻灯片的版式,这需要使用幻灯片母版的相关内容。在排版时,应当遵循排版的原则:亲近、对齐、对比和重复。

7.1.5 设置幻灯片的背景格式

幻灯片的主题背景通常是预设的背景格式,其与内置主题一起提供。设置幻灯片的背景时可以设置纯色填充、渐变填充、图片或纹理填充和图案填充。

1. 改变背景样式

PowerPoint 中每个主题提供了 12 种背景样式,应用背景样式后即可改变演示文稿所有幻灯片的背景,也可以只改变指定的幻灯片背景。

(1)切换至"设计"选项卡,单击"变体"选项组中"其他"按钮,在列表中选择"背景样式"选项,在子列表中选择合适的背景样式即可,如图 7-3 所示。

(2)选择一款合适的背景样式选项,将之应用于整个演示文稿。切换至"开始"选项卡,单击"幻灯片"选项组中"新建幻灯片"下方的列表按钮,在弹出的列表中幻灯片都将应用背景样式。

从背景样式库列表中选择一种背景样式,则所有幻灯片都会应用该背景样式。如果只需要改变部分幻灯片的背景,则可以选中这些幻灯片,在"设计"选项卡的"主题"选项组中为其应用"Office 主题",即可更改选中幻灯片为默认的效果。在"新建幻灯片"列表中包含了两种主题模板,如图 7-4 所示。

第 7 章 使用 PowerPoint 2016 制作演示文稿

图 7-3 应用背景样式

图 7-4 改变部分幻灯片的背景

2. 自定义背景格式

自定义背景格式功能可以更加灵活地设置背景，也可将设置的背景格式应用到整个演示文稿。

（1）选择需要自定义背景的幻灯片。

（2）切换至"设计"选项卡，单击"变体"选项组中"其他"按钮，在列表中选择"背景样式"选项，在子列表中选择"设置背景格式"选项。或者单击"自定义"选项组中"设置背景格式"按钮。

（3）打开"设置背景格式"导航窗格，在这里可以设置纯色、渐变、图像、纹理等背景样式。

（4）设置完成后，背景格式将被应用到选中的幻灯片上，单击"全部应用"按钮则可将之应用到所有幻灯片上，如图 7-5 所示。

317

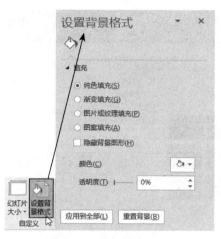

图 7-5　自定义背景格式

提示：设置背景图片为幻灯片背景

在"设置背景格式"导航窗格选择"图片或纹理填充"单选按钮，单击"文件"按钮，打开"插入图片"对话框，选择合适的图像，单击"打开"按钮。选中的图像将被填充到当前幻灯片中，在"设置背景格式"导航窗格的下方将会显示关于图像的设置参数，用户可以设置图像的透明度、偏移量等。

7.1.6　按节组织幻灯片

若演示文稿中有较多幻灯片，为了方便组织和管理并快速导航和定位，用户可以使用"节"功能对幻灯片分节，以类似文件夹的方式整理幻灯片。

使用"节"功能可以将原来线性排列的幻灯片划分成若干段，将每一段设置为一"节"，使幻灯片更具有逻辑性。

1. 新增节

在幻灯片窗格中将光标定位到需要新增节的幻灯片上方的空白处，右击鼠标，在快捷菜单中选择"新增节"命令，或者切换至"开始"选项卡，单击"幻灯片"选项组中"节"列表按钮，在列表中选择"新增节"选项。

在弹出的"重命名节"对话框中，用户可以在"节名称"文本框中输入节的名称，单击"重命名"按钮。将光标定位之后所有幻灯片都将在已创建的节中，如图7-6所示。根据相同的方法将之后的幻灯片再分节即可。

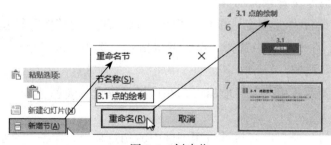

图 7-6　创建节

2. 节的基本操作

节的基本操作主要包括选择节、展开节、移动节和删除节。

（1）选择节：在幻灯片窗格中单击节名称即可选中该节所有幻灯片。

（2）展开/折叠节：单击节名称左侧三角按钮可以展开或折叠节；或在节名称上右击，在快捷菜单中选择"全部折叠"或"全部展开"命令亦可。

（3）移动节：在节名称上按住鼠标左侧移动，在幻灯片窗格中选择所有节的名称拖到合适位置释放鼠标左键即可。或者右击节名称，在快捷菜单中选择"向上移动节"或"向下移动节"命令。

（4）删除节：在节名称上右击，在快捷菜单中选择删除节的命令，如图7-7所示。"删除节"表示删除节，节中的幻灯片不变；"删除节和幻灯片"表示删除节和节中包含的幻灯片；"删除所有节"表示将节全部删除，仅保留幻灯片。

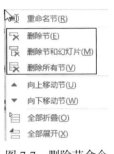

图7-7 删除节命令

7.2 幻灯片母版

幻灯片母版控制了整个演示文稿的外观，如颜色、背景、字体等。在设置母版时放入的元素在新建幻灯片时会被直接采用，无须再插入。使用母版设计幻灯片时可以很方便地修改幻灯片，只需要修改母版则所有幻灯片都会随之更新。

7.2.1 认识幻灯片母版

母版是存储信息的模板。幻灯片母版用于保存演示文稿的外观样式信息，包括版式、占位符、主题、背景、字体字号、字体颜色、背景等。

要在幻灯片母版中添加元素，首先要进入幻灯片母版视图。PowerPoint中母版分为幻灯片母版、讲义母版和备注母版3类。

切换至"视图"选项卡，单击"母版视图"选项组中"幻灯片母版"按钮，此时可进入幻灯片母版视图，左侧显示了母版和11个版式，同时在功能区将显示"幻灯片母版"选项卡。母版幻灯片中的设置将被应用到所有版式中，所以需要在所有幻灯片都显示的元素可以在母版中添加。如果在版式中添加某元素，则这些元素将只在该版式幻灯片中显示。

幻灯片母版包括标题、正文、日期、页脚和幻灯片的编号，在标题和正文部分可以对格式、位置、大小进行设置，在其他部分可以设置日期、编号等，如图7-8所示。

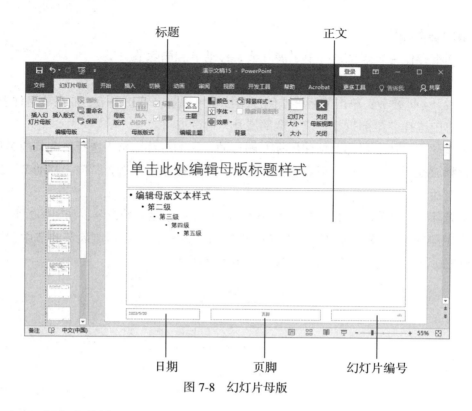

图 7-8 幻灯片母版

7.2.2 插入占位符

占位符是幻灯片母版的重要组成要素，其可以存放并供显示的内容包括文本、图像、图表、表格等。

幻灯片母版包括标题、正文、日期、页脚和幻灯片的编号 5 个文本占位符，Power Point 不支持直接插入其他占位符，可以通过"母版版式"对话框来调整这 5 个文本点位符的显示。切换至"幻灯片母版"选项卡，单击"母版版式"选项组中"母版版式"按钮，打开"母版版式"对话框，勾选需要在母版上显示的点位符后单击"确定"按钮，在母版上会显示相应的点位符，如图 7-9 所示。

图 7-9 编辑母版版式

占位符只能在幻灯片版式上添加，首先单击"幻灯片母版"选项卡的"编辑母版"选项组中"插入版式"按钮，添加幻灯片版式。

然后选择新建的幻灯片版式，单击"母版版式"选项组中"插入占位符"下方列表按钮，在弹出的列表中显示所有占位符，如图 7-10 所示。选择占位符后，例如，选择"图片"占位符，光标将变为黑色十字形状。在幻灯片中绘制占位符，如图 7-11 所示。退出幻灯片母版，在"开始"选项卡下"幻灯片"选项组中单击"新建幻灯片"下方的列表按钮，在弹出的列表中将包含自定义的幻灯片，选择后，单击"图片"的图标，会打开"插入图片"对话框。选择合适的图像，单击"打开"按钮即可将图像填充到占位符中。

图 7-10　点位符列表

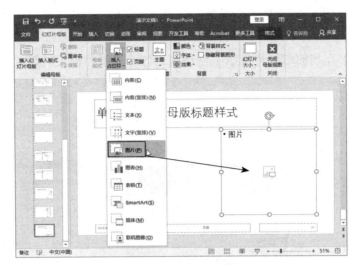

图 7-11　绘制占位符

占位符默认是矩形的，用户可以将占位符更改为其他形状，在插入图像时，图像将会以更改后的形状显示，其功能类似"裁剪为形状"。选择插入的占位符，切换至"绘图工具 - 格式"选项卡，单击"插入形状"选项组中"编辑形状"按钮，在列表中可以选择"更改形状"选项，在子列表中选择形状选项即可。

提示： 为幻灯片母版命名

在幻灯片母版中插入的幻灯片版式默认是以"数字"+"_"+"自定义版式"命名的。通常使用以下两种方法为幻灯片命名。

（1）右击幻灯片母版，在快捷菜单中选择"重命名版式"命令。

（2）选择幻灯片母版，在"幻灯片母版"选项卡的"编辑母版"选项组中单击"重命名"按钮。通过以上两种方法打开"重命名版式"对话框，在"版式名称"文本框中输入名称，单击"重命名"按钮即可，如图 7-12 所示。

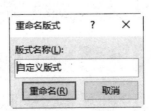

图 7-12　重命名版式

7.2.3 使用多个幻灯片母版样式

如果需要使一份演示文稿包含两个或多个不同样式或主题，那么可以在演示文稿中创建多个幻灯片母版，然后为每个幻灯片母版应用不同主题，下面介绍具体操作方法。

（1）切换至"视图"选项卡，单击"母版视图"选项组中"幻灯片母版"按钮，进入"幻灯片母版"视图。

（2）切换至"幻灯片母版"选项卡，单击"编辑母版"选项组中"插入幻灯母版"按钮。

（3）在当前幻灯片母版下创建新幻灯片母版和相关的版式，如图 7-13 所示。

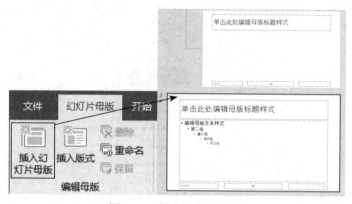

图 7-13 插入幻灯片母版

（4）在"幻灯片母版"选项卡的"编辑主题"选项组中单击"主题"按钮，在弹出的列表选择主题，即可为新幻灯片母版应用选中的主题。

（5）退出幻灯片母版，在"开始"选项卡下"幻灯片"选项组中单击"版式"按钮，弹出的列表中将包含多套幻灯片母版和版式，如图 7-14 所示。

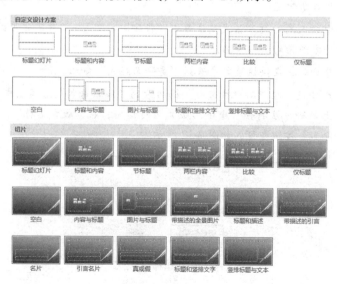

图 7-14 演示文稿中包含两套幻灯片母版

7.3 幻灯片元素的应用

在制作演示文稿时，文本、图像和形状等是幻灯片中最基本的元素。文本可以清晰地表明该演示文稿的观点或内容，图像和形状是对演示文稿的美化，表格和图表能更全面地展示数据。

7.3.1 文本的应用

PowerPoint 中的文本都通常显示在文本框中，用户需要通过绘制文本框创建文本，可以创建横排文本框和竖排文本框。

PowerPoint 中创建文本框的方法和 Word 相同，其区别在于 PowerPoint 中的文本框默认是无填充、无轮廓的。

在 PowerPoint 中设置文本的格式和 Word 也相同，在"开始"选项卡下"字体"和"段落"选项组中可以设置相关参数，或者单击对话框启动器按钮，打开"字体"或"段落"对话框进一步设置，此处不再赘述。

PowerPoint 中的文本框也可以应用形状样式、设置形状填充、形状轮廓、形状效果，具体操作和 Word 一样，请参照第 5 章相关内容。

7.3.2 图像的应用

在 PowerPoint 使用图像可以使演示文稿内容更丰富、表现力更强。但是使用的图像冲击力太强则容易过度吸引浏览者的眼光，所以，使用图像时应根据需要强化或弱化图像的效果。

1. 插入图像

选择需要插入图像的幻灯片，切换至"插入"选项卡，在"图像"选项组中可以插入本地图像、联机图像和屏幕截图，具体操作方法和 Word 一样，此处不再赘述。

2. 调整图像

插入图像并选中之，功能区将会显示"图片工具-格式"选项卡，如图 7-15 所示。在该选项卡中，用户可以调整图像的大小、颜色、边框，还可以删除背景、校正并为之应用艺术效果、"图片样式"以及调整图像的层次。读者可以参照 5.3.1 节中的相关内容设置，此处不再赘述。

图 7-15 "图片工具-格式"选项卡

3. 制作相册

如果需要将大量的图像插入到演示文稿中，可以利用"相册"功能将其制作成相册，下面介绍具体操作方法。

（1）把将要制作成相册的图像保存在一个文件夹中。

（2）切换至"插入"选项卡，单击"图像"选项组中"相册"下方的列表按钮，在弹出的列表中选择"新建相册"选项。

（3）打开"相册"对话框，单击"文件/磁盘"按钮，在打开的"插入图片"对话框中选择图像文件，可以按 Ctrl 键或者 Shift 键连续选择多个图像文件，单击"插入"按钮。

（4）返回"相册"对话框，在"相册中的图片"列表中将显示插入的图像文件名称，选中后可在右侧预览图像。也可以通过下方按钮调整图像的位置、旋转、明暗度等，如图 7-16 所示。

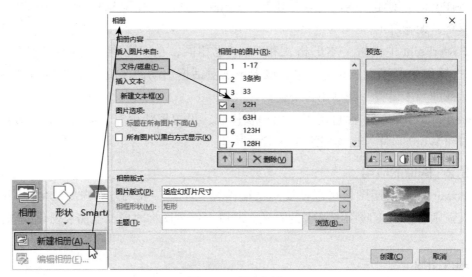

图 7-16　插入图像

（5）在"相册版式"选项组中设置图像的版式、相框的形状等。

（6）单击"创建"按钮，在新的演示文稿中创建相册，为每页幻灯片应用版式。

创建相册完成后，在"相册"列表中的"编辑相册"功能将被激活，选择该选项可以在打开的"编辑相册"对话框中进一步编辑相册。

7.3.3　形状和 SmartArt 图表的应用

制作演示文稿时，合理地使用形状可以达到不逊于图像的展示效果。形状的可塑性比较高，通过简单的绘制功能可以创造满足条件的图案，使展示的效果更加直观。

在 PowerPoint 中绘制、编辑形状，应用形状样式、形状的组合等与 Word 操作方法一样，具体请参考 5.3.4 节中相关内容。

1. 形状的运算

本节将介绍 PowerPoint 中的形状运算的功能，在 Power Point 中，不仅形状与形状之间可以运算，形状和图像之间也可以运算。PowerPoint 可以对多个形状进行运算，如结合、组合、拆分、相交和剪除。选择两个或两个以个形状，在"绘图工具 - 格式"选项卡的"插入形状"选项组中单击"合并形状"下方的列表按钮，弹出的列表中包含形状运算的选项,如图 7-17 所示。

图 7-17　形状运算的类型

结合是将多个形状结合为一个形状,结合后的形状将被应用最先被选择的形状格式;组合形状是将多个形状去除相交部分再行组合,组合后的形状将被应用最先被选择的形状格式;拆分是将选中的形状拆分为多个形状;相交是将多个形状相交部分保留,其他部分清除;剪除是从先选择的形状中剪除与其他形状相交的部分。

以矩形和图形两个形状为例,在执行形状运算时,需要先选择矩形,再选择圆形,执行 5 种运算后观察填充颜色和轮廓,如图 7-18 所示。

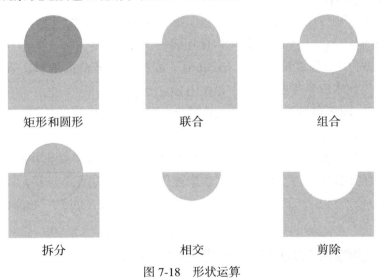

图 7-18　形状运算

2. SmartArt 图形

PowerPoint 中 SmartArt 图表的插入、添加形状、输入文本、美化等操作和 Word 一样,具体请参考 5.3.5 节内容。

下面介绍在 PowerPoint 中将文本转化为 SmartArt 图形的操作。

(1)在幻灯片中添加文本框并输入文本,通过 Tab 键设置文本的层次。

(2)选择文本框中的文本并右击,在快捷菜单中选择"转换为 SmartArt"命令,在子菜单中选择 SmartArt 图形,如图 7-19 所示。

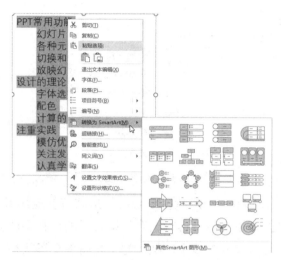

图 7-19　选择 SmartArt 图形

（3）选择文本转换为选中的 SmartArt 图形。

7.3.4　表格的应用

PowerPoint 也提供表格功能，它是表达多维数据的最好形式，因为表格能整齐、清晰地展示数据。在制作 PowerPoint 时还可以使用表格美化幻灯片。

在 PowerPoint 中绘制表格、插入 Excel 电子表格、对表格的编辑、表格的美化等和 Word 方法一样，具体请参考 5.3.2 节中相关内容。

在演示文稿中创建多行数据时，经常会需要根据幻灯片版面批量调整表格中的字体边距，下面介绍具体操作。

（1）选择表格，切换至"表格工具 - 布局"选项卡，单击"对齐方式"选项组中"单元格边距"下方的列表按钮，在弹出的列表中选择"自定义边距"选项。

（2）打开"单元格文本布局"对话框，设置"顶部"和"底部"的值为 0，如图 7-20 所示。

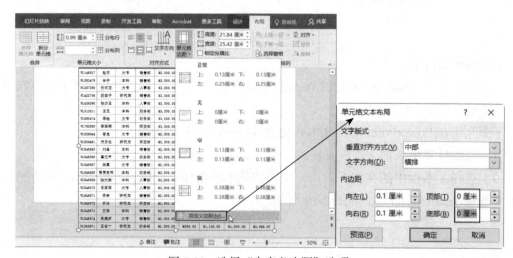

图 7-20　选择"自定义边距"选项

（3）此时，表格已经大部分都在页面之内了，然后调整列宽使单元格中的文本显示在一行，最后再缩小行高即可。在"单元格大小"选项组中，用户可以设置行高，保证表格内容完全显示在页面中。

7.3.5 图表的应用

图表可以将数据以图形的方式直观地展示出来，让受众产生深刻的印象。图表和表格和文字相比，其优势在于可将数据可视化，从而减少受众的视觉负担和思考负担。

在 PowerPoint 中插入图表和编辑图表的方法和 Word、Excel 一样，用户也可以参照 Excel 中图表的制作和设置方法（5.3.2 节和 6.6 节中相关内容），一定能制作出专业的图表。

7.3.6 音频的应用

在演示文稿中除了添加文本、图像、形状和表格等对象外，还可以添加音频和视频，从视觉和听觉上提高表现力。

1. 插入文件中的音频

从文件中插入音频可以将计算机中存储的声音文件插入到幻灯片中。选中需要开启音乐的幻灯片（通常为演示文稿中第 1 张幻灯片），切换至"插入"选项卡，单击"媒体"选项组中"音频"下方的列表按钮，在弹出的列表中选择"从文件中的音频"选项。

打开"插入音频"对话框，选择保存音频文件的路径，在打开的列表框中选择合适的音乐，然后单击"插入"按钮，即可在当前幻灯片中插入喇叭的图标并使之显示插入音频的浮动工具栏，如图 7-21 所示。

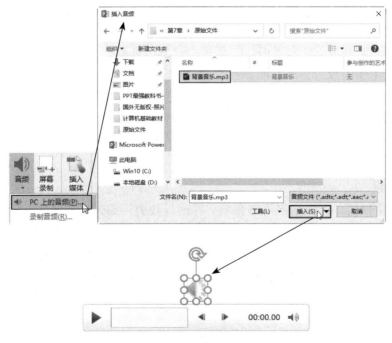

图 7-21　插入音频

2. 录制音频

用户可以根据演示文稿的需要为其添加录制的声音，在放映的时候浏览者可以边看幻灯片的内容边听讲解。单击"音频"下方的列表按钮，在弹出的列表中选择"录制音频"选项，打开"录音"对话框，单击"开始录制"按钮，即可通过麦克风录制声音，如图 7-22 所示。

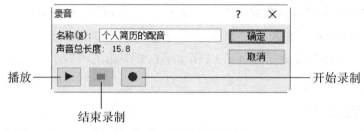

图 7-22 "录音"对话框

3. 设置音频播放方式

选择幻灯片上的声音图标，切换至"音频工具 - 播放"选项卡，在"音频选项"选项组中单击"开始"右侧的列表按钮，在弹出的列表中可选择"自动"或"单击时"选项，设置音频播放方式，如图 7-23 所示。

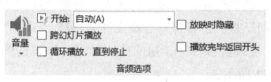

图 7-23 设置播放方式

- "自动"：表示在放映幻灯片时自动播放音频。
- "单击时"：在放映幻灯片时，通过单击音频图标放映音频。
- "跨幻灯片播放"：表示该音频文件所在幻灯片及之后的幻灯片均会播放直至停止。
- "放映时隐藏"：在放映幻灯片时自动隐藏音频图标。
- "循环播放，直到停止"：在放映当前幻灯片时连续播放音频，直至手动停止播放或转到下一张幻灯片为止。

4. 裁剪音频

插入音频文件后，可根据需要对音频文件进行裁剪，编辑出需要的音乐片段。选择插入的音频图标，切换至"音频工具 - 播放"选项卡，单击"编辑"选项组中"剪裁音频"按钮可以打开"剪裁音频"对话框，在"开始时间"和"结束时间"数值框中设置起始和结束的时间，或者通过拖动绿色和红色的剪裁标尺设置剪裁时间，最后单击"确定"按钮即可裁剪音频，如图 7-24 所示。

图 7-24　裁剪音频

7.3.7　视频的应用

在演示文稿中插入或链接视频文件可以丰富演示内容，提高表现力，用户可以直观地将视频文件插入到幻灯片中，也可以将视频文件链接到幻灯片中。

1. 添加视频

选择需要添加视频的幻灯片，切换至"插入"选项卡，单击"媒体"选项组中"视频"下方的列表按钮，弹出的列表中将包含"联机视频"和"PC 上的视频"两个选项。

- "联机视频"：在"插入视频"对话框中可以检索 YouTube 上的视频。
- "PC 上的视频"：插入本地计算机中保存的视频。

将视频插入幻灯片中后，其是以类似图像的形态呈现的，用户可以调整其大小和位置。其下方将显示播放条，单击"播放/暂停"按钮可在幻灯片上预览视频。

2. 链接到视频文件

通过链接视频文件可以减小演示文稿的磁盘占用，下面介绍具体操作方法。

（1）将演示文稿和视频文件保存在同一文件夹中。

（2）切换至"插入"选项卡，单击"媒体"选项组中"视频"下方的列表按钮，在弹出的列表中选择"PC 上的视频"选项。

（3）打开"插入视频文件"对话框，选择链接的视频文件，单击"插入"右侧的列表按钮，在弹出的列表中选择"链接到文件"选项即可，如图 7-25 所示。

图 7-25　链接到文件

3. 多媒体文件的压缩

音频和视频文件通常都比较大，会导致演示文稿磁盘占用比较大。用户可以对多媒体文件进行压缩。

单击"文件"标签，在列表中选择"信息"选项，单击右侧"压缩媒体"下方的列表按钮，在列表中选择演示文稿质量的选项。例如，选择"全高清"选项，将打开"压缩媒体"对话框，并显示压缩演示文稿中所有音频压缩的进度，完成后单击"关闭"按钮即可，如图7-26所示。

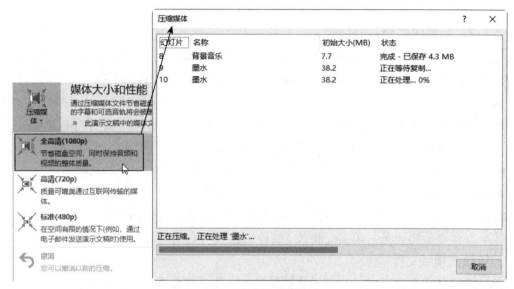

图 7-26 压缩多媒体

7.4 动画

演示文稿中的文本、图像、形状、表格、图表和其他对象都可以添加动画效果，在放映时按一定的规则和顺序呈现特定的形式，既能突出重点，又能吸引观众的注意力。

PowerPoint支持为对象设置动画，也支持为幻灯片之间设置切换动画。

7.4.1 幻灯片对象的动画

在PowerPoint中动画共包含4种类型，160多种，基本上涵盖了人们实际需要的所有类型。

1. 认识动画

在幻灯片中选中元素后，在"动画"选项卡下"动画"选项组中单击"其他"按钮，弹出的列表中将显示4种类型的动画，如图7-27所示。

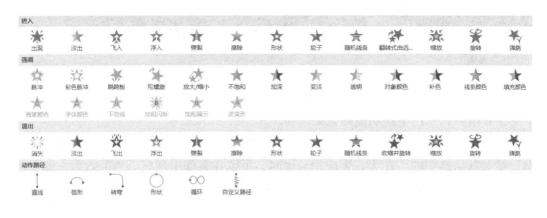

图 7-27　4 种动画类型

- 进入：设置对象从外部进入或出现在幻灯片中的方式，用绿色表示。
- 退出：在放映时画面中的对象离开画面的方式，用红色表示。
- 强调：在放映时突出显示对象的方式，用黄色表示。
- 动作路径：放映时对象沿指定的路径运动，用线条表示。

用户可以为对象应用一种动画，也可以将多种动画效果组合应用。例如，可以为对象应用"浮入"的进入动画，然后再应用"放大/缩小"动画强调。其中，"放大/缩小"动画需要在"动画"选项卡的"高级动画"选项组中单击"添加动画"下的列表按钮，在弹出的列表中选择动画。

在列表中用户还可以选择"更多进入效果""更多强调效果""更多退出效"或"其他动作路径"选项，在打开的对话框中将显示更多动画效果，如图 7-28 所示。

图 7-28　更多动画效果

2."动画"选项卡

选择添加动画元素后，将激活"动画"选项卡中大部分功能，如图 7-29 所示。

图 7-29 "动画"选项卡

下面介绍各选项组中各功能的含义。

- "预览":在"预览"选项组中单击"预览"下的列表按钮,弹出的列表中"自动预览"是被默认选中的。在为元素应用动画时,可以在页面中预览动画的效果,如果取消选择,将不再显示动画效果;如果在列表中选择"预览"选项,那么 PowerPoint 将直接在幻灯片中显示所有动画效果。
- "效果选项":在应用不同的动画时,"效果选项"列表中的选项也是不同的。
- "添加动画":通过"高级动画"选项组中"添加动画"功能可以为元素添加多个动画效果,其列表和"动画"选项组中"其他"列表相同。
- "动画窗格":单击该按钮可打开"动画窗格",显示页面中所有动画,基本上所有动画操作都可以在这里完成。
- "触发":指通过怎样的方式让当前元素的动画出现。选中应用动画的元素后,单击"触发"按钮,在弹出的列表中选择"通过单击"选项,在子列表中选择页面中对应的元素,单击该元素即可执行该动画。

3. 调整动画的执行顺序

在 PowerPoint 中主要有 3 种方法调整动画在播放时的顺序。

(1)选择元素,在"动画"选项卡下"计时"选项组中单击"向前移动"或"向后移动"按钮。

(2)在"动画窗格"中选择动画,单击右上角向上或向下按钮。

(3)在"动画窗格"中选择动画,按住鼠标左键将之拖到合适的位置,释放鼠标即可。

4. 设置动画开始的方式

在 PowerPoint 中动画开始的方式主要有 3 种:单击时、与上一动画同时、上一动画之后。下面介绍这 3 种方法设置动画开始的方式。

(1)选择元素,在"动画"选项卡下"计时"选项组中单击"开始"下方的列表按钮,在弹出的列表中选择即可。

(2)在"动画窗格"中单击动画右侧列表按钮,在弹出的列表中选择相关选项。

(3)通过"效果选项"打开动画对应的对话框,在"计时"选项卡中单击"开始"下方的列表按钮,在弹出的列表中选择即可。

5. 设置动画的时间

在设置动画时,主要需要设置两个时间,分别为动画的持续时间和延迟时间。持续时间指动画执行的时间,时间越长动画越慢;延迟时间指在执行动画时动画向后推迟的时间。

用户可以通过 3 种方法设置时间,一种为精确设置,另一种为粗略设置。

(1)选择动画,在"计时"选项组中设置"持续时间"和"延迟"的数值。

（2）通过"效果选项"打开动画的对话框，在"计时"选项卡中设置"期间"和"延迟"的值。

（3）在"动画窗格"将光标移至动画的矩形的边上，待其变为左右箭头 ↔ 时，按住鼠标左键拖动即可调整动画持续时间。当光标移到动画的矩形上方变为 ↔ 时，按住鼠标左键拖动可调整延迟时间。

7.4.2 幻灯片的切换方式

幻灯片切换动画是在放映过程中，从一张幻灯片播放到下一张幻灯片时过渡的动画效果，设置切换动画可以使幻灯片在放映时更加生动。

1. 添加切换动画

切换至"切换"选项卡，单击"切换到此幻灯片"选项组中"其他"按钮即可查看所有的切换动画，如图 7-30 所示。

图 7-30 切换动画

在选择一种切换动画后，在该选项组中单击"效果选项"下方的列表按钮，在弹出的列表中展示了该动画的其他效果。选择不同的切换动画，其列表中的选项也不同。

2. 设置切换动画的效果

为幻灯片应用切换动画后，在"切换"选项卡的"计时"选项组中激活相应的功能，这些功能可以进一步设置切换动画的效果，如图 7-31 所示。

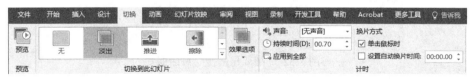

图 7-31 "切换"选项卡

单击"预览"选项组中的"预览"按钮可以在页面中预览设置的切换动画的效果。"计时"选项组中主要可以设置切换动画的声音、持续时间、切换幻灯片的方式等。

- "声音"：单击右侧的列表按钮，弹出的列表中显示了 19 种内置的声音效果，用户也可以选择"其他声音"选项,在打开的对话框中设置外在的声音。添加声音时一定要谨慎,否则会让观众产生唐突的感觉。
- "换片方式":PowerPoint 支持两种换片方式,而且两种方式可以同时使用。"单击鼠标时"表示放映时单击鼠标即可执行切换动画;"设置自动换片时间"表示幻灯片将在设置的时间内自动切换,不需要人工操作。
- "应用到全部":单击该按钮可以将幻灯片中设置的切换动画应用到演示文稿的其他所有幻灯片中。

7.5 交互、放映与输出

演示文稿制作完成后,用户可以为幻灯片中的元素创建超链接或动作按钮,实现交互应用,使演示文稿更加多样化。制作演示文稿的最终目的是将演示文稿中的幻灯片放映出来,让广大观众能够认识和了解演示文稿的内容。

7.5.1 超链接和动作

通常情况下,幻灯片是按照默认的顺序依次放映的,如果在演示文稿中添加超链接,那么观看者就可以通过单击链接对象跳转到其他幻灯片、电子邮件或网页。使用动作按钮也可以实现幻灯片之间的交互。

1. 创建超链接

在演示文稿中,用户可以为文字、图形、图像、艺术字等对象添加超链接。

选择需要添加超链接的对象,然后切换至"插入"选项卡,单击"链接"选项组中"链接"按钮。打开"插入超链接"对话框,在"链接到"列表框中选择链接的类型,然后在右侧指定需要链接的文件、幻灯片、新建文档或电子邮件地址等,如图 7-32 所示。

图 7-32 "插入超链接"对话框

例如,在"链接到"列表框中选择"本文档中的位置"选项,在"请选择文档中的位置"列表框中选择需要链接的幻灯片,在"幻灯片预览"选项区域中预览选中幻灯片的内容,然后即可单击"确定"按钮,完成链接操作。

设置完超链接后的文本将显示为蓝色,在文本下方将显示蓝色横线。在放映幻灯片时只需要单击该文本即可跳转至链接的幻灯片。

下面介绍"链接到"列表框中各类型的含义。

- "现有文件或网页"：用于链接已经存在的文件或网页。在放映幻灯片时，单击超链接可以打开链接的文件，如 Word 文档、Excel 工作表、可执行的文件或其他文档。若在"地址"文本框中输入网址，那么其也可以打开对应的网页。
- "本文档中的位置"：用于设置跳转到本演示文稿的其他幻灯片的超链接。在视图中会列出演示文稿的所有幻灯片，只要选择即可。
- "新建文档"：用于设置创建一个如 Word、Excel 等新文档的超链接，在右侧面板中可以设置新建文档的名称，以及保存的路径，还可以设置何时编辑新文档。
- "电子邮件地址"：用于链接收件人的地址。播放演示文稿时，单击该链接则系统会自动启动邮件客户端，用户即可撰写电子邮件。

2. 编辑链接

如果需要编辑创建的链接，可以在链接对象上右击，在快捷菜单中选择"编辑链接"命令，在打开的"编辑超链接"对话框中重新设置或删除链接即可。

3. 添加动作

用户可以将演示文稿中的内置按钮形状作为动作按钮添加到幻灯片，并为其分配单击鼠标或光标移过的动作，下面介绍具体操作方法。

（1）切换至"插入"选项卡，单击"插图"选项组中"形状"下方的列表按钮，在弹出的列表中选择"动作按钮"下方的按钮形状。例如，选择"动作按钮：空白"形状。

（2）在幻灯片中绘制动作按钮形状，打开"操作设置"对话框，在"单击鼠标"选项卡中选中"超链接到"单选按钮，并在列表中选择"幻灯片"选项。

（3）打开"超链接到幻灯片"对话框，在"幻灯片标题"列表中选择切换到的幻灯片。例如，选择"幻灯片 5"，通过预览查看幻灯片的内容，依次单击"确定"按钮，如图 7-33 所示。

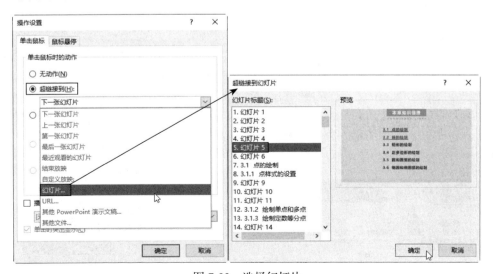

图 7-33　选择幻灯片

（4）放映幻灯片时，在按钮上单击即可切换至"幻灯片 5"中。

（5）在"绘图工具 - 格式"选项卡的"形状样式"选项组中设置无轮廓、填充灰色，并应用圆形棱台效果。

（6）右击按钮在快捷菜单中选择"编辑文字"命令，然后输入"返回目录"文本并设置格式，如图 7-34 所示。

图 7-34　查看动作按钮的效果

如果需要设置鼠标悬停在按钮上执行动作，则可以在"操作设置"对话框中切换至"鼠标悬停"选项卡再行设置，设置的方法和"单击鼠标"的动作一样。

7.5.2　放映演示文稿

精心制作完成演示文稿后，用户可以根据需要设置放映的方式，或将幻灯片发布给更多的人。

1. 设置放映方式

PowerPoint 提供了 3 种幻灯片的放映方式以满足不同场合使用。3 种幻灯片的放映方式为"演讲者放映""观众自行浏览"和"在展台浏览"。

切换至"幻灯片放映"选项卡，单击"设置"选项组中"设置幻灯片放映"按钮，可以打开"设置放映方式"对话框，在"放映类型"选项区域中就包含了 3 种放映类型的单选按钮，如图 7-35 所示。

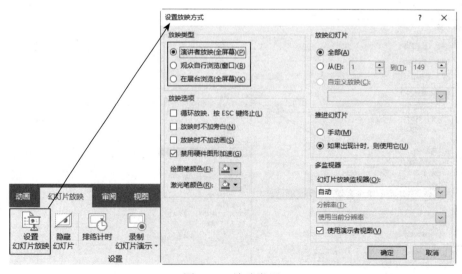

图 7-35　放映类型

- "演讲者放映（全屏幕）"是全屏放映，用于演讲者演讲，演讲者对幻灯片有绝对的控制权，可以手动切换动画。
- "观众自行浏览（窗口）"是窗口模式，不能通过单击鼠标放映。
- "在展台浏览（全屏幕）"全屏并且循环放映，不支持通过单击鼠标手动切换演示文稿，只有按 Esc 键才可退出放映。

2. 放映幻灯片

在 PowerPoint 中放映幻灯片主要有以下几种方式。

（1）按 F5 功能键从第一张幻灯片开始放映。

（2）按 Shfit+F5 组合键从当前幻灯片开始放映。

（3）切换至"幻灯片放映"选项卡，在"开始放映幻灯片"选项组中单击"从头开始"按钮，可以从第一张幻灯片开始放映。

（4）切换至"幻灯片放映"选项卡，在"开始放映幻灯片"选项组中单击"从当前幻灯片开始"按钮可以从当前幻灯片开始放映。

（5）单击状态栏右侧的"放映幻灯片"按钮可以从当前幻灯片开始放映。

3. 自定义放映

一份演示文稿中可以包含多项主题，适用于不同的场合、面对不同的受众，放映前需要对幻灯片重新组织归类。自定义放映功能可以在不改变演示文稿内容的前提下只对放映的内容进行组合。下面介绍具体操作方法。

（1）切换至"幻灯片放映"选项卡，单击"开始放映幻灯片"选项组中"自定义幻灯片放映"按钮，在弹出的列表中选择"自定义放映"选项。

（2）打开"自定义放映"对话框，单击"新建"按钮，如图 7-36 所示。

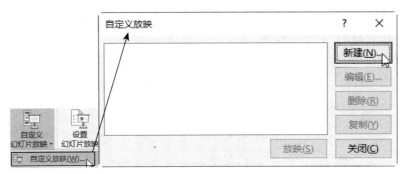

图 7-36 新建自定义放映

（3）打开"定义自定义放映"对话框，在"幻灯片放映名称"文本框中输入幻灯片放映的名称，然后在"演示文稿中的幻灯片"列表框中将显示演示文稿中所有幻灯片，选择合适的幻灯片，单击"添加"按钮即可将选中的幻灯片添加至"在自定义放映中的幻灯片"列表框中，单击"确定"按钮，如图 7-37 所示。

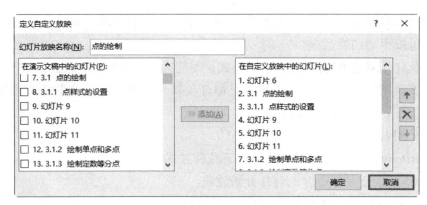

图 7-37　添加幻灯片

（4）返回"自定义放映"对话框，可见"自定义放映"列表框中显示的已创建的自定义幻灯片。关闭该对话框，返回演示文稿中再次单击"自定义幻灯片放映"列表按钮，在弹出的列表中选择自定义幻灯片的名称，即可全屏放映选中的幻灯片了，如图 7-38 所示。

图 7-38　自定义放映

4. 排练计时和录制旁白

为了更加准确地掌握演示文稿的时长，可以事先对放映过程进行排练并记录排练时间。如果将演示文稿转换成视频或传递给他人观看，则可以适当添加旁白进行解说。

1）排练计时

打开需要排练计时的演示文稿，切换至"幻灯片放映"选项卡，单击"设置"选项组中"排练计时"按钮。此时，幻灯片会进入放映状态，同时弹出"录制"工具栏，如图 7-39 所示。

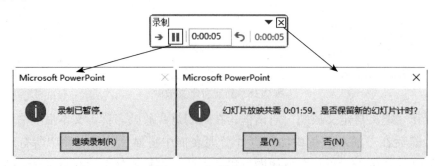

图 7-39　"录制"工具栏

（1）单击"下一项"按钮，放映当前幻灯片的下一个动画对象或进入下一张幻灯片。

（2）单击"暂停"按钮，打开提示对话框，单击"继续录制"按钮，继续录制幻灯片。

（3）单击"关闭"按钮，打开提示对话框，如果需要保存排练时间则应单击"是"按钮。

（4）中间显示的是当前幻灯片录制时间，右侧为总的录制时间。

录制完成后，切换至"切换"选项卡，在"计时"选项组中设置"设置自动换片时间"参数可以修改当前幻灯片的放映时间，如图7-40所示。

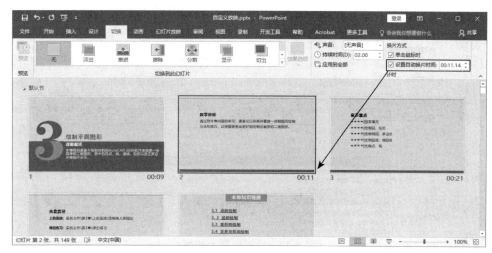

图 7-40　设置幻灯片放映时间

2）录制旁白

打开演示文稿，切换至"幻灯片放映"选项卡，单击"设置"选项组中"录制幻灯片演示"下方的列表按钮，在弹出的列表中选择录制的方式。例如，选择"从头开始录制"选项，打开"录制幻灯片演示"对话框，单击"开始录制"按钮，如图7-41所示。

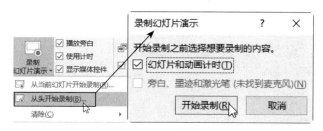

图 7-41　录制旁白

进入幻灯片放映视图可以边演示边朗读旁白。右击幻灯片，在快捷菜单中选择"指针选项"命令后，在子菜单中可以选择激光笔的类型和墨迹的颜色等，使用激光笔在幻灯片中标注重要的内容。

7.5.3　将演示文稿转换为 PDF 文件

将演示文稿转换为 PDF 文件后，即使计算机没有安装 PowerPoint 也可以通过 Edge、Firefox 等浏览幻灯片的内容，也可以有效地保护文件内容不被他人修改。下面介绍具体操作方法。

打开演示文稿，单击"文件"标签，选择"另存为"选项，打开"另存为"对话框，设置文件的保存位置，单击"保存类型"右侧的列表按钮，在弹出的列表中选择"PDF(*.pdf)"，单击"保存"按钮，如图 7-42 所示。

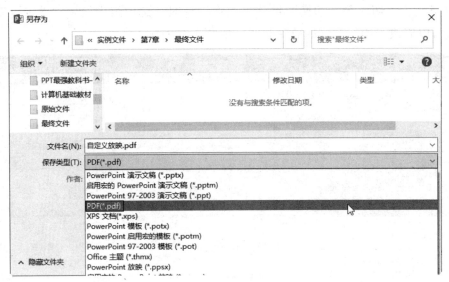

图 7-42 设置保存的类型

系统将显示正在发布，在保存的文件夹中会显示已创建的 PDF 格式的文件，打开后其将包括演示文稿中所有幻灯片。

7.5.4 将演示文稿转换为视频

发布为视频文件就是将演示文稿转换为视频文件，用户不需要安装 PowerPoint 也可以浏览演示文稿中的内容。

打开演示文稿，单击"文件"标签，选择"另存为"选项，打开"另存为"对话框，设置文件的保存位置，单击"保存类型"右侧的列表按钮，在弹出的列表中选择"MPEG-4 视频 (*.mp4)"，单击"保存"按钮，如图 7-43 所示。

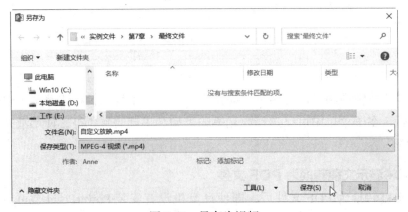

图 7-43 另存为视频

除此之外，还可以通过"创建视频"打开"另存为"对话框并发布视频。单击"文件"标签,选择"导出"选项,在中间区域选择"创建视频"选项,在右侧区域中可以设置视频的质量、是否使用录制的计时和旁白及每张幻灯片的时间,单击"创建视频"按钮,如图 7-44 所示。打开"另存为"对话框并设置保存类型为"MPEG-4 视频 (*.mp4)",单击"保存"按钮即可。

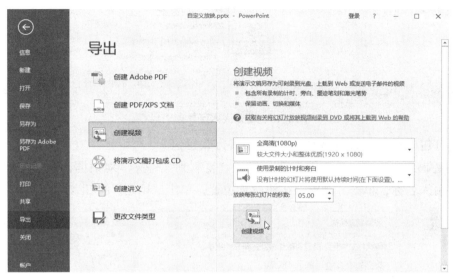

图 7-44　创建视频

7.5.5　打包为 CD

打开 演示文稿,单击"文件"标签,选择"导出"选项,在中间区域选择"将演示文稿打包成 CD"选项,单击右侧"打包成 CD"按钮,如图 7-45 所示。

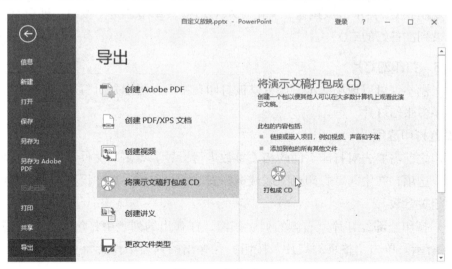

图 7-45　打包成 CD

打开"打包成 CD"对话框,在"将 CD 命名为"文本框中重命名,可以通过右侧的"添加"或"删除"按钮增加或删除要打包的演示文稿或其他文件。

单击"打包成 CD"对话框中"选项"按钮,在打开的对话框中设置嵌入的字体和演示文稿的密码，如图 7-46 所示。

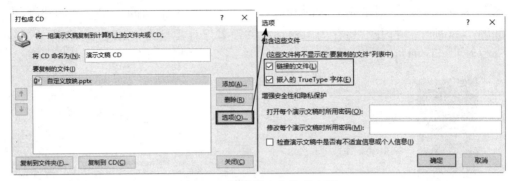

图 7-46 设置嵌入字体或密码

在"打包成 CD"对话框中可以采用两种方式打包。

（1）复制到文件夹：单击该按钮，打开"复制到文件夹"对话框，在"文件夹名称"文本框中输入名称，单击"浏览"按钮设置位置，单击"确定"按钮，如图 7-47 所示。

图 7-47 "复制到文件夹"对话框

（2）复制到 CD：单击该按钮，弹出提示对话框，单击"是"按钮，即可将演示文稿打包并刻录到准备好的 CD 中。

7.5.6 打印幻灯片

演示文稿不仅可以现场演示，还可以被打印在纸上，可以每页打印一张幻灯片，也可以每页打印多张幻灯片。

1. 设置打印选项

在打印之前需要先对打印页面的相关参数进行设置。单击"文件"标签，在列表中选择"打印"选项，在中间"打印机"区域选择安装的打印机，在"设置"区域可设置打印幻灯片的相关参数。

单击"打印全部幻灯片"右侧的列表按钮，在弹出的列表中将包含打印范围的选项，如图 7-48 所示。单击"整页幻灯片"按钮，在弹出的列表中设置每页打印幻灯片的数量和排列方式，如图 7-49 所示。

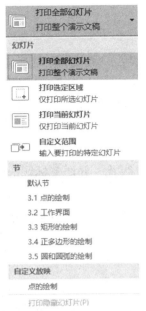

图 7-48　设置打印范围

图 7-49　设置打印版式

2. 打印备注页

单击"文件"标签，在列表中选择"打印"选项，单击"整页幻灯片"按钮，在列表中单击"打印版式"中的"备注页"按钮即可打印演示文稿中的备注页。

练习题

一、选择题

1. 在一次校园户外活动中，某同学拍摄了很多照片，现在需要使用 PowerPoint 整理这些照片，快速制作的最优的方法是（　　）。

　　A. 创建一个 PowerPoint 相册

　　B. 创建演示文稿，批量添加照片

　　C. 创建演示文稿，为每张幻灯片添加照片并调整大小

　　D. 在文件夹中选中所有照片并右击，发送到 PowerPoint 中

2. 朱老师使用 PowerPoint 制作期末总结，制作 SmartArt 图形，她希望将该 SmartArt 图形的动画效果设置为逐个形状播放，最优的操作是（　　）。

　　A. SmartArt 图形不能分开设置动画

　　B. 先将 SmartArt 图形取消组合，然后为各个形状设置动画

　　C. 为该 SmartArt 图形选择一个动画，然后再进行适当的动画效果设置

　　D. 先将 AmartArt 图形转换为形状，再分离，最后为各个形状设置动画

3. 如果需要在演示文稿的每页幻灯片左上角相同位置添加校徽图像，最优的方法是（　　）。

　　A. 打开幻灯片放映视图，将校徽图像插入幻灯片中

B. 打开幻灯片母版视图，将校徽图像插入母版中

C. 打开幻灯片普通视图，将校徽图像插入幻灯片中

D. 在一张幻灯片中插入校徽图像，通过复制粘贴功能复制到其他幻灯片中

二、上机题

项目部小张使用 PowerPoint 绘制"项目计划书 .pptx"演示文稿，为了让演示文稿更加美观，请根据以下要求进行设置。

1. 为演示文稿应用美观的主题样式，如使用"切片"。

2. 将演示文稿的第一页幻灯片的版式调整为"仅标题"版式，并调整标题的位置，适当设置文本格式。

3. 设置正文的字体格式和段落格式，要求：字体为"华文细黑"、颜色为"白色"，字符间距为 1.2 磅；行距为 1.3 倍行距；段前段后均为 6 磅。

4. 为幻灯片设置一种切换动画，并应用到所有幻灯片。

5. 为每章幻灯片添加节并以章的名称重命名。

6. 在第一页幻灯片插入"背景音乐 .mp3"，并设置自动播放，一直循环播放到演示文稿结束。

7. 将制作的演示文稿另存为"项目计划书 – 最终效果 .pptx"文件。

第 8 章 计算机网络及应用

Internet 是 20 世纪人类最伟大的发明之一,是由那些使用公用语言互相通信的计算机连接而成的全球网络。计算机网络的出现推动了信息产业的发展,对当今社会经济的发展起着重要的作用,为人类社会的进步做出了巨大的贡献。

本章将介绍计算机网络、Internet 的相关内容。

8.1 计算机网络概述

21 世纪的重要特征就是数字化、网络化和信息化,这是一个以网络为核心的信息时代。计算机网络是计算机技术与通信技术紧密结合的产物,它出现的历史虽然不长,但是发展非常迅速。

8.1.1 计算机网络的定义

计算机网络是计算机技术与通信技术高度发展、紧密结合的产物,其被定义为"以能够相互共享资源的方式互连起来的自治计算机系统的集合",即将地理位置不同的、具有独立功能的多台计算机,及其外部设备通过通信线路连接起来,在网络操作系统、网络管理软件及网络通信协议的管理和协调下,实现资源共享和信息传递的计算机系统。

从逻辑功能上看,计算机网络是以传输信息为基础目的,用通信线路将多个计算机连接起来的计算机系统的集合,计算机网络包括传输介质和通信设备。

从用户角度看,计算机网络存在一个能为用户自动管理的网络操作系统,由该系统调用各种用户资源,而整个网络像一个大的计算机系统一样,对用户是透明的。

从整体上看,计算机网络就是把分布在不同地理区域的计算机与专门的外部设备用通信线路互联成一个规模大、功能强的系统,从而使众多的计算机可以方便地互相传递信息,共享硬件、软件、数据信息等资源。

"网络"主要包含连接对象、连接介质、连接的控制机制等要素。计算机网络的连接对象是各种类型的计算机(如大型计算机、工作站、微型计算机等)或其他数字终端设备(如各种计算机外部设备、终端服务器等);其连接介质是通信线路(如光缆、同轴电缆、微波、卫星等)和通信设备(如网关、网桥、路由器等);其控制机制是各层的网络协议和各类网络软件。

8.1.2 计算机网络的分类

计算机网络的分类方式有很多种。例如，可以按网络的覆盖范围、交换方式、网络拓扑结构等分类。

1. 按网络的覆盖范围分类

网络的覆盖范围即网络中各结点分布的地理范围，据此可以将计算机网络分为局域网、广域网和互联网。

1）局域网

局域网（Local Area Network，LAN）是在一个局部的地理范围内（如一个学校、工厂和机关内，一般是方圆几千米以内），将各种计算机，外部设备和数据库等互相连接起来组成的计算机通信网。它可以通过数据通信网或专用数据电路与远方的局域网、数据库或处理中心相连接，构成一个较大范围的信息处理系统。

局域网的主要特点如下。

（1）地理范围有限，一般在 1~2 平方千米以内。

（2）数据传输可靠，误码率低。

（3）具有较高的带宽，一般为 10~1000Mb/s。

（4）布局规范，大多数局域网采用总线及"星形"拓扑结构，结构简单，而且容易实现。

（5）结点间具备高度的互联能力，每个联网设备都能与其他设备通信。

（6）能直接在任何两个结点之间传输数据。

（7）网络控制趋向于分布式，一般不需要中心结点或中央控制器，这样可以避免或减小某个结点故障对整个网络工作的影响。

2）广域网

广域网（Wide Area Network，WAN）又被称为远程网，当人们提到计算机网络时，通常指的就是广域网，是连接不同地区局域网或城域网计算机通信的远程网络。通常能跨接很大的物理范围，所覆盖的范围从几十千米到几千千米，它能连接多个地区、城市和国家，或横跨几个洲并能提供远距离通信，形成国际性的远程网络。广域网通常是邮电事业部门经营和管理、超越部门和局域地向公众提供远程公用信息通信。

广域网的特点如下。

（1）覆盖范围广，可达数千千米，甚至全球。

（2）没有固定拓扑结构。

（3）误码率高，由于传输距离远又依靠公共传输网，因此误码率较高。

（4）网络分布不规则。

广域网分为通信子网与资源子网两部分，主要由一些结点交换机和连接这些交换机的链路组成，其中，结点交换机执行分组存储转发的功能。广域网的链路一般分为传输主干和末端用户线路，根据末端用户线路和广域网类型的不同，目前应用的有多种接入广域网的技术，并支持各种接口标准。

3）互联网

20 世纪 80 年代 ARPANET 开发使用了 TCP/IP 协议，并把它加入到 UNIX 系统内核中，解决了异种计算机网络互联的一系列理论与技术问题，使 ARPANET 与 MILNET 等几个计算网络构成互联网。此后由于局域网和广域网的迅速发展，为了共享资源、提高网络的整体可靠性，互联网又有了进一步的发展。

网络互联包括局域网和局域网互联，局域网与广域网互联，以及广域网之间互联。互联网是树形结构（又被称为层次结构）。位于树形结构不同层次上的结点，其地位是不同的。不同层次的网络在管理、信息交换等问题上是不平等的。

互联网受欢迎的根本原因在于它的成本低，优点介绍如下。

（1）互联网能够不受空间限制地实现信息交换。

（2）信息交换具有时域性。

（3）交换的信息具有互动性（人与人，人与信息之间可以互动交流）。

（4）信息交换的成本低（通过信息交换，代替实物交换）。

（5）信息交换的发展趋向于个性化（满足每个人的个性化需求）。

（6）使用者众多。

（7）有价值的信息被资源整合，信息储存量大、高效、快速。

（8）信息交换能以多种形式存在（视频、图像、文字等）。

2. 按网络拓扑结构分类

按网络拓扑结构可以将计算机网络分为五类："星形"网络、"树形"网络、总线型网络、"环形"网络、"网状"网络。网络的拓扑结构是网络中各结点之间互联的构型，不同拓扑结构的网络其信首的访问技术、利用率，以及信息的延迟、吞吐量、设备开销等各不相同，因此分别满足不同规模、不同用途的需求。

1）"星形"拓扑结构

"星形"布局是以中央结点为中心与各结点连接而组成的，各个结点间不能直接通信，必须经过中央结点控制。这种结构适用于局域网，特别是近年来连接的局域网大都采用这种连接方式。"星形"拓扑结构如图 8-1 所示。

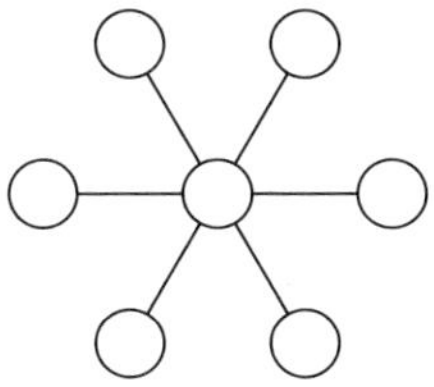

图 8-1 "星形"拓扑结构

2）"环形"拓扑结构

"环形"网中各结点通过环路接口连在一条首尾相连的闭合"环形"通信线路中，环路上任何结点均可以请求发送信息。这种结构特别适用于实时控制的局域网系统。"环形"

拓扑结构如图 8-2 所示。

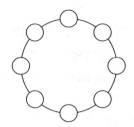

图 8-2 "环形"拓扑结构

"环形"拓扑结构的优点是安装容易，费用较低，容易查找和排除电缆故障。有些网络系统为了提高通信效率和可靠性采用了双环结构，即在原有的单环上再套一个环，使每个结点都具有两个接收通道，简化了路径选择的控制，可靠性较高、实时性强。

3）总线型拓扑结构

网络中各结点连接在一条公用的通信电缆上，采用基带传输，任何时刻只允许一个结点占用线路，并且占用者拥有线路的所有带宽，即整个线路只提供一条信道。总线型拓扑结构如图 8-3 所示。

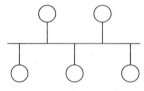

图 8-3 总线型拓扑结构

4）"树形"拓扑结构

"树形"网络把所有的结点按照一定的层次关系排列起来，最顶层只有一个结点，越往下结点越多。"树形"拓扑结构就像一棵"根"朝上的树，与总线拓扑结构相比，其主要区别在于总线拓扑结构没有"根"。"树形"拓扑结构的网络一般采用同轴电缆，用于军事单位、政府部门等上、下界限相当严格和层次分明的部门。树型拓扑结构如图 8-4 所示。

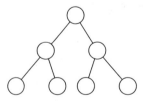

图 8-4 "树形"拓扑结构

5）"网状"拓扑结构

将多个子网或多个网络连接起来就可以构成"网状"拓扑结构。在每个子网中，集线器、中继器将多个设备连接起来，而桥接器、路由器及网关则将子网连接起来。"网状"拓扑结构如图 8-5 所示。

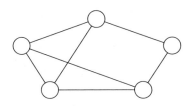

图 8-5 "网状"拓扑结构

3. 按交换方式分类

按交换方式计算机网络可以分为电路交换网、报文交换网和分组交换网。

1) 电路交换

电路交换（circuit switching）类似传统的电话交换方式，用户在开始通信前必须申请建立一条从发送端到接收端的物理信道，并且在双方通信期间始终占用该信道。

2) 报文交换

报文交换（message switching）类似古代的邮政通信方式，数据单元要发送一个完整报文，其长度并无限制，采用的是存储-转发原理。

3) 分组交换

分组交换（packet switching）也被称为包交换方式，采用分组交换方式前，发送端需要先将数据划分为一个个等长的单位（即分组），这些分组逐个由各中间结点采用存储-转发的方式传输。

按网络的使用范围还可将计算机网络分为公用网和专用网；按通信介质可将之分为有线网和无线网；按通信速率可将之分为低速网、中速网和高速网；按网络环境可将之分为部门网络、企业网络和校园网络。计算机网络的分类很多，此处不再一一列举，有兴趣的读者可以查阅相关书籍或网络资源。

8.1.3 计算机网络协议

网络协议就是计算机网络通信的规则，是各种硬件和软件共同遵循的守则。实际上，要让连接在网络上的计算机做任何工作都需要有协议的支持。协议的出现让不同厂商之间生产的计算机能实现正常通信，通畅交流。

网络协议由三个要素组成。

1) 语义

语义可以解释控制信息每个部分的意义。它规定了需要发出何种控制信息，以及完成的动作与应做出什么样的响应。

2) 语法

语法是用户数据与控制信息的结构与格式，以及数据出现的顺序。

3) 时序

时序是对事件发生顺序的详细说明，也可被称为同步，其包括两方面的特征：数据何时发送，以及以多快的速率发送。

以表格的形式展示常用的协议，如表 8-1 所示。

表 8-1 常用的协议

网络体系结构	协议	主要用途
TCP/IP	IP、ICMP、TCP、UDP、HTTP、TELNET、SMTP…	互联网、局域网
IPX/SPX (NetWare)	IPX、SPX、NPC…	个人计算机局域网
AppleTalk	DDP、RTMP、AEP、ZIP…	苹果公司产品局域网
OSI	FTAM、VT、MOTIS、CLNP、CONP…	计算机或通信系统间的互联
XNS	IDP、SPP、PEP…	施乐公司网络

TCP/IP 协议毫无疑问是以上协议中最重要的一个，作为互联网的基础协议，任何设备没有它就根本不可能上网，所有与互联网有关的操作都离不开 TCP/IP 协议。尽管已是目前最流行的网络协议，但 TCP/IP 协议在局域网中的通信效率并不高，使用它浏览"网上邻居"中的计算机时，经常会出现不能正常浏览的现象，因此，许多基于 TCP/IP 的其他协议才得以有充分的发挥空间。

8.2 Internet 基础

Internet 是世界范围内实现互联的各种网络的集合，它是由那些使用公用语言互相通信的计算机连接而成的全球网络。一旦连接到它的任何一个结点上，就意味着计算机已经连入 Internet 了。在 Internet，通过 Web 技术可实现全球信息资源共享，如信息查询、文件传输、电子邮件等。

8.2.1 Internet 的发展

Internet 是人类历史发展中的一个伟大里程碑，也是未来信息高速公路的雏形，人类正由此进入一个前所未有的信息化社会。20 世纪 80 年代末，在网络领域最引人注目的事件就是 Internet 的飞速发展，现在 Internet 已发展成为世界最大的国际性计算机网络。

1. Internet 的发展阶段

Internet 的基础结构大体上经历了 3 个阶段，分别为 ARPANET 向互联网发展、三级结构互联网、多级结构互联网。

1) ARPANET 向互联网发展

1969 年，美国国防部创建的第一个分组交换网 ARPANET，其最初只是一个分组交换网，所有要连接在 ARPANET 上的主机都直接与就近的交换结点机相连。ARPANET 问世后发展迅速，是 Internet 最早的雏形。

1983 年，TCP/IP 协议成为 ARPANET 的标准协议。同年，ARPANET 被分解成两个网络，一个仍被称为 ARPANET，是进行实验研究用的科研网。另一个是军用的计算机网络 Milnet（Milnet 拥有 ARPANET 当时 113 个结点中的 68 个）。这样，在 1983—1984 年间，Internet 形成了雏形。

2）三级结构互联网

ARPANET 的发展使美国国家科学基金（National Science Foundation，NSF）认识到计算机网络对科学研究的重要性，因此从 1985 年起，就围绕 6 个大型计算机中心建设计算机网络。1986 年，NSF 建立了国家科学基金网 Nsfnet，它是一个三级计算机网络，分为主干网、地区网和校园网。这种三级计算机网络覆盖了全美国主要的大学和研究所。

3）多级结构互联网

从 1993 年开始，由美国政府资助的 Nsfnet 逐渐被若干个商用的互联网主干网替代。这种主干网也叫作服务提供者网络（service provider network），任何人只要向互联网服务提供者（Internet Service Provider，ISP）交纳规定的费用，就可通过该 ISP 接入到互联网。考虑到互联网商用化后可能会出现很多的 ISP，为了使不同 ISP 经营的网络都能够互通，1994 年开始美国创建了 4 个网络接入点（Network Access Point，NAP），分别由 4 家电信企业经营。

从 1994 年到现在，互联网逐渐演变成多级结构网络，如图 8-6 所示。NAP 是最高级的接入点，它主要向不同的 ISP 提供交换设施，使它们能够互相通信。NAP 又被称为对等点。

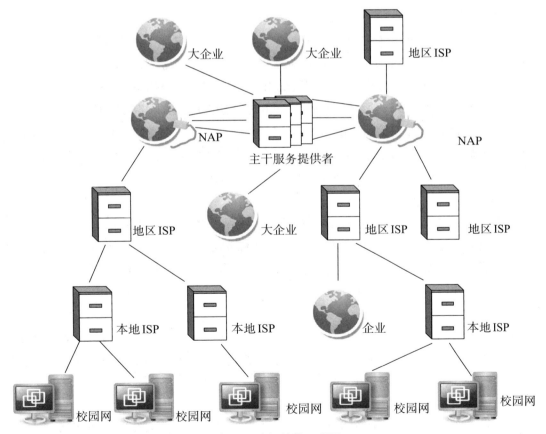

图 8-6　多级结构互联网

2. Internet 在我国的发展

Internet 进入我国较晚，但发展却异常迅猛，1987 年，中国科学院高能物理研究所通过国际网络线路接入 Internet，Internet 才进入我国。1994 年我国正式接入 Internet，通过国内四大骨干网连接国际 Internet，从而开通了 Internet 的全功能服务，并申请了中国的域名（.cn），建立 DNS 服务器管理 cn 域名。

我国在实施国家信息基础设施 CNII 计划的同时，也积极参与了国际下一代互联网的研究和建设。1998 年，由 CERNET 牵头，以现有的网络设施和技术力量为依托，建设了我国第一个 IPv6 试验网络，两年后开始分配 IP 地址。2000 年，中国高速互联研究试验网络 NSFCNET 开始建设，它采用密集波分多路复用技术。

2004 年 12 月，我国第一个下一代互联网暨我国下一代互联网示范工程核心网正式开通，这标志我国下一代互联网建设全面拉开序幕。2012 年 6 月，我国网民人数达到了 5.38 亿人，互联网普及率为 39.9%。

8.2.2　IP 地址和域名地址

Internet 将全世界的计算机连成一个整体，可以使通信系统中任何两个主机实现通信，为了识别这类计算机，需要建立一种被普遍接受的主机标识方法。

1. IP 地址

IP 地址共 32 位，常被写成 4 个十进制数，相互之间以 "." 符号间隔开，被称作点分十进制计数法，如 202.168.0.58。IP 地址标明了网络上某计算机的位置，所以在一个遵守 TCP/IP 协议的网络中，不应出现两个相同的 IP 地址。IP 地址不是随意分配的，用户必须向网络中心提出申请。我国顶级的 IP 地址管理机构是中国互联网络信息中心。

IP 有 5 种格式，分别为 A、B、C、D、E 类，其中 D 和 E 类地址用于特殊用途，一般被分配给 Internet 服务提供商和网络用户是前三类地址。IP 地址分为网络号（netid）和主机号（hostid）两部分。下面分别介绍 5 类 IP 地址的构成。

1）A 类地址

A 类地址通常被分配给少量大型网络使用，其第一个最高位始终为 0，随后 7 位 netid 表示网络地址，总共可表示 128 个网络，但有效网络数为 126 个，其中全部为 0 表示本地网络，全部为 1 保留作为诊断用。最后 3 个字节为网内主机的 hostid，每个网络最多可连入 224 台主机。

2）B 类地址

B 类地址被用于中等规模网络，第一个 8 位组前两位始终为 10，剩余的 6 位和第二个 8 位组共 14 位表示网络地址，其 16 位表示主机地址。因此，B 类网络最多 214 个，网内主机数为 28~214 之间。

3）C 类地址

C 类地址被用于大量的小型网络，地址最高位始终为 110，剩余的 5 位和第二、三个 8 位组共 21 位表示网络地址，第四组共 8 位表示主机地址。因此 C 类网络最多为 221 个，每个网络内主机数为 28 台。

4）D、E 类地址

D 类是多址广播地址，E 类是试验地址。

各类 IP 地址结构如图 8-7 所示。

	0		7		15		23	31
A类	0	网络号			主机号			
B类	1	0		网络号			主机号	
C类	1	1	0		网络号			主机号
D类	1	1	1	0		多播地址		
E类	1	1	1	1		保留为今后使用		

图 8-7 IP 地址中的网络号和主机号

2. 域名地址

IP 地址提供了一种全局性的通用地址，这样网上任意一对主机的上层软件才能相互通信，所以 IP 地址为上层软件设计提供了极大的方便。IP 地址很抽象也难于记忆，为了向用户提供直观的主机标识符，TCP/IP 专门设计了一种字符型的主机命名机制，也就是域名系统。

每个域名地址包含几个层次，每个部分被称为域，并由 "." 符号隔开。一般域名地址可表示为：主机名 . 单位名 . 网络名 . 顶层域名。

在域名系统中，根是唯一的中央管理机构，被称为网络信息中心，它不被放入域名中，除根系统外的最高层系统的域被称为顶级域。顶级域中的组织机构代码一般由三个字符组成，表示了域名所属的领域和机构性质，如表 8-2 所示。

表 8-2 常见的组织机构代码

域名代码	机构性质
com	商业机构
edu	教育机构
gov	政府部门
mil	军事机构
net	网络组织
int	国际机构
org	其他非营利组织

随着 Internet 变成一个国际的网络后，为了标识各国网络，人们开始采用 ISO-3166 标准的两字国家码作为顶级域名。世界上每个申请加入 Internet 的国家和地区都有自己的域名代码。由于 Internet 起源于美国，而且早期并没有考虑其他国家会加入该网络，所以美国的网络站点大多直接使用组织机构代号作为顶层域。一些常见的国家和地区代码如表 8-3 所示。

表 8-3 常见国家和地区代码

域名代码	国家或地区	域名代码	国家或地区
ar	阿根廷	nl	荷兰
au	澳大利亚	nz	新西兰
at	奥地利	ni	尼加拉瓜
br	巴西	no	挪威
ca	加拿大	pk	巴基斯坦
fr	法国	ru	俄罗斯
de	德国	sa	沙特阿拉伯
gr	希腊	sg	新加坡
is	冰岛	se	瑞典
in	印度	ch	瑞士
ie	爱尔兰	th	泰国
il	以色列	tr	土耳其
it	意大利	uk	英国
jm	牙买加	us	美国
jp	日本	vn	越南
mx	墨西哥	tw	中国台湾地区
cn	中国大陆地区	hk	中国香港地区

8.2.3 Internet 接入方法

ISP 是众多企业和个人用户接入 Internet 的驿站和桥梁。当计算机连接 Internet 时，它并不直接连接到 Internet，而是采用某种方式与 ISP 提供的某一服务器连接起来，通过它再接入 Internet。将一台单独的计算机连入 Internet 可以使用下面几种方法。

1. 拨号接入

拨号接入是个人用户接入 Internet 最早使用的方式之一，也是目前我国个人用户接入 Internet 使用最广泛的方式之一。拨号接入主要分为电话拨号（PSTN）、ISDN 和 ADSL 三种方式。

电话拨号接入是早期非常流行的一种方法，是使用已有的电话线路，通过安装在计算机上的 MODEM 拨号连接到 ISP 从而享受互联网服务的一种上网接入方式，如图 8-8 所示。

ISDN 就是综合业务数字网，它是一种能够同时提供多种服务的综合性的公用电信网络。使用标准 ISDN 终端的用户需要电话线、网络终端、各类业务的专用终端等三种设备。一般家庭用户使用的是非标准 ISDN 终端，其在原有的设备上再添加网络终端和适配器就可以实现上网功能。

ADSL 接入是非对称数字用户线路，它是数字用户线路技术中最常用、最成熟的技术。所谓非对称主要体现在上行速率（最高为 1.5Mbps）和下行速率（最高为 8Mbps）的非对称性上。

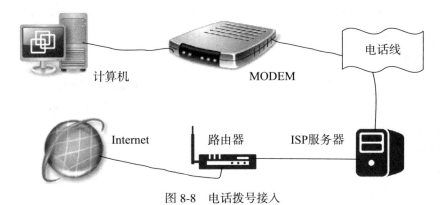

图 8-8 电话拨号接入

2. 局域网接入

使用局域网方式接入 Internet 时，由于全部利用数字线路传输，不再受传统电话网带宽的限制，故可以提供高达十兆甚至上千兆的接入速度，比拨号接入速度要快得多，因此也更受用户青睐。

采用局域网接入 Internet 非常简单，在硬件配置上用户只需要一台计算机、一张以太网卡和一根双绞线，然后通过 ISP 的网络设备就可以连接到 Internet。

3. 无线接入

通过无线接入 Internet 可以省去铺设有线线路的麻烦，用户也可以随时随地上网。目前个人无线接入的方式主要有两种，一种是使用无线局域网的方式，用户终端使用计算机和无线网卡，服务端则使用无线信号发射装置提供连接信号，如图 8-9 所示。

图 8-9 无线局域网接入

另一种方式是直接使用手机卡通过移动通信服务上网。用户需要购买一种卡式设备（PC 卡），将其直接插入计算机的 PCMCIA 槽或 USB 接口，即可完成无线上网。

8.2.4 Internet 提供的服务

Internet 之所以发展如此迅猛，主要是因为它提供许多实用的、发展的、便捷的服务，下面介绍 Internet 提供的常用服务。

1. WWW 服务

WWW(World Wide Web)，中文译为万维网，它是一张附着在 Internet 上的、覆盖全球的信息"蜘蛛网",镶嵌着无数以超文本形式存在的信息。WWW除了可以浏览文本信息外,还可以通过相应的软件显示与文本内容相配合的图像、视频和音频等信息。WWW的成功在于它制订了一套标准的、易为人们掌握的超文本标记语言(HTML)、信息资源的统一定位标识符(URL)和超文本传输协议(HTTP)。

2. 信息搜索服务

Internet上的信息资源非常丰富,提供了成千上万个信息源和各种各样的信息服务,而且信息源和服务种类、数量还在不断快速地增长。目前人们使用著名的搜索引擎包括Google、百度、必应等。

3. 电子邮件服务

电子邮件(e-mail,或electronic mail)指Internet上或常规计算机网络上的各个用户之间,通过电子信件的形式进行通信的一种现代通信方式。电子邮件是Internet提供最早、最广泛的服务之一。在世界不同国家、地区的人们都可以通过电子邮件服务在最短的时间内相互收发信件、传递信息,如图8-10所示。

图8-10 电子邮件服务原理

在Internet上发送电子邮件时需要e-mail地址标识用户在邮件服务器上信箱的位置。e-mail地址由用户名、主机名、域名组成,如Wangkdong@shou.com。其中@表示"在"的意思,主机名和域名则标识了该用户所属的机构或计算网络。

4. 文件传输

文件传输技术可以在两台远程计算机之间传输文件,它曾经是Internet中的一种重要的交流形式。目前,人们常常用它从远程主机中复制所需的各类软件。

与大多数Internet服务一样,文件传输也是一个客户机/服务器系统。用户通过一个支持FTP协议的客户机程序连接到远程主机上的FTP服务器程序,通过客户机程序向服务器程序发出命令,服务器程序执行用户所发出的命令,并将执行的结果返回到客户机。例如,用户发出一条命令,要求服务器向用户传送某一个文件的一份副本,服务器会响应这条命令,将指定文件送至用户的计算机。客户机程序代表用户接收到这个文件,将其存放在用户目录中。

5. 电子商务

电子商务可以利用计算机技术、网络技术和远程通信技术实现整个商务过程中的电子化、数字化和网络化，其通常指在全球各地广泛的商业贸易活动中，在 Internet 开放的网络环境下，基于浏览器/服务器应用方式，交易双方不谋面地进行的各种商贸活动，其可以实现消费者的网上购物、商户之间的网上交易和在线电子支付，以及各种商务活动、交易活动、金融活动和相关的综合服务活动的一种新型的商业运营模式。

电子商务可提供网上交易和管理等全过程的服务，因此，它具有广告宣传、咨询洽谈、网上订购、网上支付、电子账户、服务传递和交易管理等功能。

6. 其他服务

除了上述介绍的各种服务外，Internet 还提供了远程登录、网络新闻系统、电子公告牌、即时通信等服务。

8.3 计算机病毒及防范

随着计算机的不断普及和网络的发展，伴随而来的计算机病毒传播问题也越来越引起人们的关注。目前来说，计算机病毒已经成为计算机应用领域的一大公害，因此，在使用计算机时，对计算机病毒的知识和防范都应该有一定的了解。

8.3.1 计算机病毒的定义

计算机病毒在《中华人民共和国计算机信息系统安全保护条例》中得到明确定义，它指"编制者在计算机程序中插入的破坏计算机功能或者破坏数据，影响计算机使用并且能够自我复制的一组计算机指令或者程序代码"。

计算机病毒具有以下几个特征。

1）传染性

计算机病毒可以将自身代码主动复制到其他文件或存储区域中，而且整个过程不需要人为干预。它就像生物病毒一样可以自我繁殖，当正常程序运行时，它也运行并复制自身，具有繁殖、感染的特征是判断某段程序是否为计算机病毒的首要条件。

2）破坏性

计算机病毒可能会导致正常的程序无法运行，把计算机内的文件删除或使之遭受不同程度的损坏，破坏引导扇区及 BIOS，或是窃取私密的信息等。

3）传染性

传染性指计算机病毒可以通过修改别的程序将自身的复制品或其变体传染到其他无毒的对象上，这些对象可以是一个程序也可以是系统中的某一个组件。

4）潜伏性

计算机病毒不是单独、完整的程序，它往往是一段程序代码，附着在其他程序中，就像生物界的寄生虫。

5）隐蔽性

计算机病毒具有很强的隐蔽性，其可以通过一些技术手段防止自身被发现或被删除，并"骗"过防病毒软件。具备隐蔽性的计算机病毒时隐时现、变化无常，这类病毒处理起来非常困难，计算机被病毒传染后一般不会立即发作，而是会潜伏一定时间，并遭到进一步感染,但计算机并不知道已经感染病毒了。通常情况下潜伏期越长的病毒传播的范围越广,也意味着可能造成的破坏范围也越大。

6)可触发性

编制计算机病毒的人一般都会为病毒程序设定一些触发条件。例如,系统时钟的某个时间或日期、系统运行了某些程序等。一旦条件满足,计算机病毒就会"发作",使系统遭到破坏。

7)不可预见性

随着防毒杀毒软件的广泛应用,计算机病毒也在不断地更新,人们永远无法预测下一次在什么时候出现什么样的病毒,会造成什么样的破坏。

8.3.2 计算机病毒的分类

计算机病毒的分类方法有许多种。因此,同一种病毒可能有多种不同的分法。下面介绍几种常见的分类。

1. 按被传染的操作系统分类

1)DOS 系统病毒

这类病毒出现最早、变种也较多,过去(20 世纪 90 年代)我国出现的计算机病毒基本上都是这类病毒,此类病毒占当年病毒总数的 99%。

2)Windows 系统病毒

由于 Windows 的图形用户界面(GUI)和多任务操作系统深受用户的欢迎,Windows 在 21 世纪已全面取代 DOS,从而成为病毒攻击的主要对象。过去被发现的首例破坏计算机硬件的 CIH 病毒就是一个 Windows 95/98 病毒。

3)类 UNIX 系统病毒

当前,类 UNIX 系统应用非常广泛,并且许多大型的操作系统均采用类 UNIX 系统(如 Linux 的各种发行版)作为其主要的操作系统,所以类 UNIX 系统病毒的出现对人类的信息安全而言是一个严重的威胁。

2. 按传播媒介分类

1)单机病毒

单机病毒的载体是各种存储设备,常见的是病毒从 U 盘等可移动存储器传入计算机硬盘,感染系统,然后再传染其他设备。

2)网络病毒

网络病毒的传播媒介不再是移动式载体,而是网络通道,这种病毒的传染能力更强,破坏力更大。

3. 按危害性分类

1)良性计算机病毒

这类病毒为了表现其存在,只是不停地扩散,从一台计算机传染到另一台,并不破坏计算机内的数据。但是该类病毒也会驻留系统、占用内存、占用 CPU 算力,造成系统资源紧张,影响系统正常运行。

2）恶性计算机病毒

恶性病毒就指在其代码中包含有破坏计算机系统的功能，在其传染或发作时会对系统产生直接的破坏作用。

4. 按链接方式分类

1）源码型病毒

该病毒攻击高级语言编写的程序，在高级语言所编写的程序编译前插入到原程序中，经编译成为合法程序的一部分。

2）嵌入型病毒

这种病毒可以将自身嵌入到现有程序中，把计算机病毒的主体程序与其攻击的对象以插入的方式链接。这种计算机病毒是难以编写的，一旦侵入程序体后也较难消除。如果同时采用多态性病毒技术，超级病毒技术和隐蔽性病毒技术，则其将给当前的反病毒技术带来严峻的挑战。

3）外壳型病毒

外壳型病毒可以将其自身包围在主程序的四周，对原来的程序不做修改。这种病毒最为常见，易于编写，也易于发现，一般测试文件的大小即可发现。

4）操作系统型病毒

这种病毒用它自己的程序意图加入或取代部分操作系统进行工作，具有很强的破坏力，可以导致整个系统的瘫痪。

8.3.3 计算机病毒的预防

预防是保护计算机不受病毒侵害的主要方式，但一旦计算机出现了感染病毒的症状，还是需要学会清除计算机病毒的方法。

1. 预防计算机病毒

计算机病毒通常通过移动存储介质（如移动硬盘、U盘）和计算网络两个途径传播。要预防计算机病毒的侵入，可采用以下方法。

（1）安装杀毒软件，并进行安全设置。

（2）扫描系统漏洞，及时更新系统补丁。

（3）禁用远程功能，关闭不需要的服务。

（4）使用具有查病毒功能的电子邮箱，不要打开可疑的邮件。

（5）下载文件或浏览网页时选择正规的网站。

（6）修改浏览器中与安全相关的设置。

（7）在使用U盘和移动硬盘前首先使用杀毒软件查毒。

（8）按照反病毒软件的要求制作应急盘、急救盘、恢复盘。

（9）不使用盗版的软件。

（10）注意计算机有没有异常现象，发现可疑情况及时杀毒。

2. 计算机病毒的清除

当发现计算机感染了病毒，需要立即关闭计算机，因为继续使用会感染更多的文件。

此时最好的方法使用防病毒软件全面杀毒。

需要注意的是，有一些清除病毒的软件在运行过程中可能影响可执行文件（.EXE），因此，在清除病毒后，需要重新安装这些程序。

练习题

1. 下面关于计算机病毒说法中错误的是（　　）。
   A. 计算机病毒一般具有寄生性、破坏性、潜伏性和隐蔽性的特征
   B. 混合型病毒兼有文件型病毒和引导区病毒的特点
   C. 计算机病毒大多通过 e-mail 传播
   D. 计算机本身对计算机病毒没有免疫性

2. 下列四种网络中不属于局域网的是（　　）。
   A. 建筑物内的网　　　　　　　　　　B. 城市网
   C. 校园网　　　　　　　　　　　　　D. 办公室的网络

3. 下列四种网络中不属于广域网的是（　　）。
   A. 城市网　　　　　　　　　　　　　B. 国家网
   C. 办公室的网络　　　　　　　　　　D. 洲际网

4. Internet 通过（　　）协议将各个计算机连接起来相互享资源。
   A. TCP/IP　　　　　　　　　　　　　B. NETBEUI
   C. IPX/SP　　　　　　　　　　　　　D. NETBIOS

5. 在 OSI 参考模型中，传输层的上一层是（　　）。
   A. 网络层　　　　　　　　　　　　　B. 会话层
   C. 互联网层　　　　　　　　　　　　D. 应用层

6. 计算机病毒是（　　）。
   A. 生物病毒
   B. 计算机自动生成的程序
   C. 特制的具有破坏性的程序
   D. 被用户破坏的程序

7. 计算机病毒产生的原因是（　　）。
   A. 用户程序有错误
   B. 计算机硬件故障
   C. 计算系统软件有错误
   D. 人为制作的

8. DNS 域名的顶级域有 3 个部分：通用哉、国家域和反向域，在通用域中的 edu 表示的是（　　）。
   A. 商业机构　　　　　　　　　　　　B. 教育机构
   C. 政府机构　　　　　　　　　　　　D. 网络服务商

9. 以下对恶意软件特征的描述不正确的是（　　）。
    A. 弹出广告　　　　　　　　　　B. 难以卸载
    C. 询问用户是否进行安装　　　　D. 恶意捆绑

10. 预防计算机病毒不正确的方法是（　　）。
    A. 慎用外来移动存储设备，使用前要先查毒
    B. 经常对计算机中的数据进行备份
    C. 安装防病毒软件，定期检测和清除病毒
    D. 安装多种反病毒软件，会取得更好的防毒效果

11. 某家庭采用 ADSL 宽带接入方式连接 Internet，ADSL 调制解调器连接一个4口的路由器，路由器连接4台计算机实现上网的共享，此网络采用拓扑结构为（　　）。
    A. "环形"拓扑　　　　　　　　　B. 总线型拓扑
    C. "网状"拓扑　　　　　　　　　D. "星形"拓扑

12. 拥有计算机并以拨号方式接入 Internet 网的用户需要使用（　　）。
    A. U盘　　　　　　　　　　　　B. MODEM
    C. CD-ROM　　　　　　　　　　D. 鼠标

全书练习题答案

第 1 章　计算机基础知识

1. B	2. D	3. A	4. D
5. D	6. A	7. B	8. B
9. D	10. B	11. C	

第 2 章　进制和数据结构

| 1. C | 2. B | 3. D | 4. B |
| 5. B | 6. C | 7. B | 8. D |

第 3 章　Windows 10 操作系统

1. C	2. B	3. D	4. C
5. B	6. B	7. B	8. A
9. D	10. A	11. B	

第 4 章　Office 的通用操作

| 1. A | 2. C | 3. D | 4. B |

第 5 章　使用 Word 2016 高效创建电子文档

1. D	2. A	3. B	4. B
5. C	6. A	7. B	8. C
9. C			

第 6 章　使用 Excel 2016 创建并处理电子表格

1. D	2. C	3. A	4. B
5. B	6. C	7. C	8. A
9. D			

第 7 章　使用 PowerPoint 2016 制作演示文稿

| 1. A | 2. C | 3. B | |

第 8 章　计算机网络及应用

1. C	2. B	3. C	4. A
5. D	6. C	7. D	8. B
9. C	10. D	11. D	12. B